# 社会文化
# 对企业环境信息披露的影响

SHEHUI WENHUA
DUI QIYE HUANJING XINXI
PILU DE YINGXIANG

李南海 著

中国财经出版传媒集团
中国财政经济出版社

**图书在版编目（CIP）数据**

社会文化对企业环境信息披露的影响/李南海著. --北京：中国财政经济出版社，2023.6
ISBN 978-7-5223-2181-3

Ⅰ.①社… Ⅱ.①李… Ⅲ.①企业环境管理-信息管理-研究-中国 Ⅳ.①X322.2

中国国家版本馆 CIP 数据核字（2023）第 097106 号

责任编辑：胡 懿　　责任校对：徐艳丽
封面设计：卜建辰　　责任印制：党 辉

**社会文化对企业环境信息披露的影响**
Shehui Wenhua Dui Qiye Huanjing Xinxi Pilu De Yingxiang

中国财政经济出版社 出版

**URL**：http：//www.cfeph.cn
E-mail：cfeph@cfeph.cn

社址：北京市海淀区阜成路甲 28 号　邮政编码：100142
营销中心电话：010-88191522
天猫网店：中国财政经济出版社旗舰店
网址：https：//zgczjjcbs.tmall.com
北京财经印刷厂印刷　各地新华书店经销
成品尺寸：170mm×240mm　16 开　15.25 印张　251 000 字
2023 年 6 月第 1 版　2023 年 6 月北京第 1 次印刷
定价：66.00 元
ISBN 978-7-5223-2181-3
（图书出现印装问题，本社负责调换，电话：010-88190548）
本社质量投诉电话：010-88190744
**打击盗版举报热线：010-88191661　QQ：2242791300**

韩山师范学院科研处专著出版基金资助出版

# 前　言

企业环境信息披露对环境保护和环境治理的国家战略具有重要意义。通过企业环境信息披露，社会公众得以了解企业环境责任履行程度，企业环境信息披露是社会公众了解企业环境责任履行的重要渠道。随着社会经济持续发展和生活品质提高，社会公众对企业环境责任履行和企业环境信息披露的关注越来越高。为推动企业环境信息披露，监管部门就环境信息的披露原则和披露内容等颁布了《中华人民共和国环境保护法》等一系列企业环境信息披露法律法规，学术界就企业环境信息披露的影响因素和经济后果进行了大量研究，推动了企业环境信息披露的发展。但企业环境信息披露仍然存在重数量而轻质量以及企业环境信息披露整体水平较低等现实状况，难以满足社会公众对企业环境信息披露的社会期望。面对企业环境信息披露越来越高的社会期望以及企业环境信息披露的制度现状和理论研究现状，企业同样需要了解披露环境信息带来的实际意义，了解企业环境信息披露带给企业的实际利益。

实际上，体现企业负外部性的企业环境信息披露，不可避免受外部具体制度环境影响，受社会公众对环境问题的集体社会认知以及社会行为规范习俗等社会文化影响。不同社会文化构成了社会公众对企业环境信息披露的不同社会期望，给予企业环境信息披露不同社会压力和组织合法性压力；不同社会文化因社会行为规范习俗不同而形成不同社会信任水平，影响了相应企业环境信息披露获取的组织合法性回报和企业环境信息披露水平。社会文化与企业环境信息披露之间的密切关系以及环境保护和环境治理国家战略的实施，使社会文化影响企业环境信息披露的研究具有一定现实意义和理论意义，但现有文献较少关注社会文化与企业环境信息披露之间的关系，较少关注不同社会文化对企业环境信息披露的具体影响。此外，作为企业战略项目的企业环境信息披露是企业的一项投资选择，企业是否披露环境信息和披露哪些环境信息，是企业对环境信息披露投资选择权的执行，赋予企业环境信息披露不同的期权价值，企业环境信息披露影响了企业增长机会和企业期权价值；不同社会文化，企业环境信息披露对企业增长机会和企业期权价值的影响不同。企业是否进行环境信息披露以及企业环境信息披露质量高低，对企业增长机会和企业期权价值的影响不同。为此，本书就社会文化影响企业环境信息披露以及社会文化和企业环境信息披露影响企业期权价值进行探讨，分析社会文化对企业环境信息披露的影响以及社会文化和企业环境信息披露对企业期权价值的影响。

鉴于此，以企业环境信息披露为研究对象，以组织合法性理论、环境伦理理论、嵌入性理论和信息不对称理论为理论基础，借鉴 Kroeber 和 Kluckhohn 的社会文化理论，将社会文化分为体现社会成员对某些普遍性社会问题看法的社会价值文化和反映日常社会行为规范习俗的社会结构文化，从理论上阐述社会价值文化和社会结构文化影响企业环境信息披露的作用机理以及社会文化和企业环境信息披露影响企业期权价值的作用机理，建立“社会文化—企业环境信息披露”理论分析框架。以 2015 年开始实施的《中华人民共和国环境保护法》为时间起点，选取 2015 年至 2018 年中小板上市公司为研究样本，通过文本分析法获取样本公司企业环境信息披露水平指数，采用多元回归分析法、问卷调查法以及因子分析法等对社会价值文化和社会结构文化影响企业环境信息披露以及社会文化和企业环境信息披露影响企业期权价值进行实证检验，通过进一步分析加深研究深度，通过内生性检验和稳健性检验确保研究结论稳定性。首先，以 Hofstede 社会价值文化理论为理论基础，运用 VSM2013 调查问卷获取各省级行政区社会价值文化指数，从权力距离、集体主义、男性化气质和不确定性规避四个维度对社会价值文化影响企业环境信息披露水平进行实证检验；其次，以费孝通差序格局理论为基础，设计社会结构文化调查问卷获取各省级行政区社会结构文化指数，从差序格局社会结构文化以及家族取向社会结构文化、人情取向社会结构文化和恩威取向社会结构文化对社会结构文化影响企业环境信息披露水平进行实证检验；再次，结合社会价值文化和社会结构文化，对社会价值文化和社会结构文化综合影响企业环境信息披露水平进行实证检验；最后，以企业期权价值为研究视角，对社会文化和企业环境信息披露影响企业期权价值进行实证检验。研究发现：

第一，社会价值文化影响企业环境信息披露方面。权力距离显著降低了企业环境信息披露水平，男性化气质和不确定性规避显著提升了企业环境信息披露水平，集体主义不显著影响企业环境信息披露水平。相比非低碳试点省份，低碳试点省份权力距离和集体主义对企业环境信息披露水平的减少程度更大，男性化气质对企业环境信息披露水平的增加程度更大；相比普通话方言区，非普通话方言区的权力距离对企业环境信息披露水平的减少程度更大，不确定性规避对企业环境信息披露水平的增加程度更高。进一步分析表明，权利距离显著降低了企业硬披露环境信息水平，男性化气质和不确定性规避显著增加了企业硬披露环境信息水平，集体主义和男性化气质显著增加了企业软披露环境信息水平；保留意见等审计意见类型和董事会成员领取薪酬显著降低了权力距离对企业环境信息披露水平的减少程度和不确定性规避对企业环境信息披露水平的增加程度。内生性检验结果表明，权力距离、男性化气质和不确定性规避对企业环境信息披露水平的显著影响不存在内生性。改变社会价值文化和企业环境信息披露度量水平方法的稳健性检验结果表明，权力距离、男性化气质和不确定性规避对企业环境信息披露水平的显著影响不变。

第二，差序格局社会结构文化影响企业环境信息披露方面。差序格局社会结构文化与企业环境信息披露水平显著负相关，家族取向社会结构文化与企业环境信息披露水平显著正相关，人情取向社会结构文化和恩威取向社会结构文化与企业环境信息披露水平显著负相关。相比非低碳试点省份，低碳试点省份差序格局社会结构文化对企业环境信息披露水平的减少程度更高，家族取向社会结构文化对企业环境信息披露水平的增加程度更低；相比接受大学教育程度较高的省级行政区，接受大学教育程度较低的省级行政区差序格局社会结构文化以及人情取向社会结构文化和恩威取向社会结构文化对企业环境信息披露水平的减少程度更高。进一步分析表明，差序格局社会结构文化以及人情取向社会结构和恩威取向社会结构文化显著降低了企业硬披露环境信息水平，家族取向社会结构文化显著增加了企业硬披露环境信息水平，人情取向社会结构文化显著降低了企业软披露环境信息水平；保留意见等审计意见类型和董事会成员领取薪酬降低了差序格局社会结构文化以及人情取向社会结构文化和恩威取向社会结构文化对企业环境信息披露水平的减少程度，提升了家族取向社会结构文化对企业环境信息披露水平的增加程度。内生性检验结果表明，差序格局社会结构文化及家族取向社会结构文化、人情取向社会结构文化和恩威取向社会结构文化对企业环境信息披露水平的显著影响不存在内生性问题。改变企业环境信息披露水平和社会结构文化度量方法的稳健性检验结果表明，差序格局社会结构文化及其家族取向社会结构文化、人情取向社会结构文化和恩威取向社会结构文化对企业环境信息披露水平的显著影响不变。

第三，社会价值文化和社会结构文化综合影响企业环境信息披露方面。差序格局社会结构文化显著影响了权力距离和不确定性规避与企业环境信息披露之间的关系，不显著影响男性化气质与企业环境信息披露之间的关系。差序格局社会结构文化特征越显著，权力距离对企业环境信息披露水平的减少程度越高，不确定性规避对企业环境信息披露水平的增加程度越低，但差序格局社会结构文化对权力距离和不确定性规避与企业环境信息披露水平之间关系的显著影响只体现在居民受大学教育程度较低和市场化进程较低的省级行政区。进一步分析表明，差序格局社会结构文化显著提升了权力距离对企业硬披露环境信息水平的减少程度，显著降低了不确定性规避对企业硬披露环境信息水平和企业软披露环境信息水平的减少程度；家族取向社会结构文化显著提升了男性化气质对企业环境信息披露水平的增加程度，人情取向社会结构文化和恩威取向社会结构文化不显著影响权力距离、男性化气质和不确定性规避与企业环境信息披露之间的关系。基于制造业样本和删减2018年度样本的稳健性检验结果保持不变。

第四，社会文化和企业环境信息披露影响企业期权价值方面。企业环境信息披露水平显著增加了企业增长期权价值和清算期权价值；权力距离显著提升了企业环境信息披露水平对企业增长期权价值的增加程度，集体主义和男性化气质显著降低了企业环境信息披露水平对企业增长期权价值的增加程度，不确定性规避不显著影响企业环境信息披露水平对企业增长期权价值的增加程度；差序格局社会结构文化显著减少了企业环境信息披露水平对企业增长期权价值的增加程度；社会价值文化和社会结构文化不显著影响企业环境信息披露水平对企业清算期权价值的增加程度。进一步分析表明，企业硬披露环境信息水平和企业软披露环境信息水平显著增加了企业增长期权价值和清算期权价值；权力距离显著提升了企业硬披露环境信息水平对企业增长期权价值的增加程度，集体主义和男性化气质显著降低了硬披露环境信息水平对企业增长期权价值的增加程度，集体主义显著降低了企业软披露环境信息水平对企业增长期权价值的增加程度，差序格局社会结构文化显著降低了企业硬披露环境信息水平和企业软披露环境信息水平对企业增长期权价值的增加程度；权力距离、集体主义、男性化气质和不确定性规避以及差序格局社会结构文化不显著影响企业硬披露环境信息水平和企业软披露环境信息水平对企业清算期权价值的增加程度。改变企业权益价值度量方法的稳健性检验结果表明，企业环境信息披露水平对企业增长期权价值和清算期权价值的显著增加作用不变，社会价值文化和社会结构文化对企业环境信息披露与企业增长期权价值和清算期权价值之间关系的影响不变。

与现有研究相比，本书的研究拓展了企业环境信息披露影响因素的研究视角，为财务学革命提供了企业环境信息披露的微观证据；将社会文化划分为社会价值文化和社会结构文化，拓展了社会文化影响公司治理的研究视角；社会价值文化和社会结构文化影响企业环境信息披露的研究，为宗教伦理与经济发展之间关系的马克斯·韦伯命题提供了微观层面经验证据，为马克斯·韦伯关于中国传统社会适应现世理性主义妨碍了中国社会经济发展的论述提供了微观层面经验证据；关于差序格局的理论阐述和经验分析，充实了差序格局理论研究；对社会文化和企业环境信息披露影响企业期权价值的研究，拓展了企业环境信息披露经济后果的研究视角。总之，本书研究拓展了企业环境信息披露影响因素和经济后果的研究视角，丰富了财务学革命和企业环境信息披露的研究文献。

本书的研究在具有一定学术意义的同时，还可为监管部门提供政策制定参考。首先，可将财务会计概念框架理念引入企业环境信息披露政策制定过程，提高企业环境信息披露监管政策的整体性和逻辑性。其次，完善企业环境信息披露资本市场监管政策，提高企业环境信息披露对公司治理和企业期权价值的积极作用，促进管理层积极主动披露环境信息。最后，创造良好社会文化氛围，形成有利于管理层积极披露企业环境信息的社会价值文化和社会结构文化，推动企业环境信息披露发展。

李南海

2023 年 4 月

# 目　录

# 1 导 论

## 1.1 研究背景与意义

围绕社会文化影响企业环境信息披露的研究背景和研究意义，从企业环境信息披露的现实背景、理论背景和我国企业环境信息披露制度背景三个方面阐述研究背景，从理论意义和实践意义两个方面阐述社会文化影响企业环境信息披露的研究意义。

### 1.1.1 研究背景

1978年的改革开放取得了举世瞩目经济发展成就，但伴随经济的快速发展，我国环境问题也日益严峻。重大环境污染事件引发社会巨大反响，促使社会公众和政府监管部门关注越来越严峻的环境问题，关注环境问题对社会经济发展和人们生活质量的严重影响。2016年颁布的《国民经济和社会发展第十三个五年规划纲要》要求绿色发展，明确提出“创新环境治理理念和方式，实行最严格环境保护制度……形成政府、企业和公众共治的环境治理体系，实现环境质量总体改善”的建议。

环境库兹涅茨曲线理论认为，环境污染排放量与经济增长水平在长期内存在“倒U形”关系：经济发展水平较低时，环境污染排放量随经济发展而增加；经济发展水平较高时，环境污染排放量随经济增长而下降（Grossman和Krueger，1991）[152]。受居民对污染物敏感程度和污染物治理技术发展影响，不同污染物环境库兹涅茨曲线拐点出现时间不同。由于居民对废水污染较为敏感和污水治理技术较为成熟，我国废水污染库兹涅茨曲线拐点在人均收入2.7万元时已出现，二氧化硫库兹涅茨曲线拐点预计在人均收入为8.8

万元时才出现（李鹏涛，2017）[40]。此外，各地经社会济发展程度不同，环境库兹涅茨曲线拐点出现时间不同：东部地区传统污染物排放已经达到并越过峰值，中部地区正处于环境库兹涅茨曲线峰值阶段，西部地区总体处于环境库兹涅茨曲线爬升阶段（王勇等，2016）[80]。整体上，我国处于环境库兹涅茨曲线拐点顶峰，环境污染严重，持续曝光重大环保事件时刻提醒社会，环境治理和环境保护仍任重而道远。

环境治理和环境保护是一项综合性社会工程，需要各社会经济主体积极参与。作为经济发展主体，企业环境表现直接影响到环境治理成效。为此，中国证券监督管理委员会（以下简称证监会）1997 年 1 月发布《公开发行股票公司信息披露的内容与格式（试行）》，明确要求上市公司在招股说明书中应适当提及能源制约、环保政策限制以及严重依赖于有限自然资源等与环境相关的风险因素。证监会 2002 年 1 月发布《上市公司治理准则》，要求企业主动及时披露环境保护等社会责任信息，企业环境信息披露被纳入正式监管制度。随后 2003 年《中华人民共和国清洁生产促进法》强制性要求环境主管部门在当地主要媒体上定期公布所在地污染严重企业名单，要求列入公布名单企业依据环保部门规定公布主要污染物排放情况，否则将承担法律责任。

此后，环保部就重点污染行业名单、企业环境信息披露内容和披露原则进行了规定，2008 年发布的《上市公司环保核查行业分类管理名录》明确了火电和钢铁等企业环境信息披露重点污染行业名单，2010 年发布的《上市公司环境信息披露指南》就上市公司环境信息披露要求和披露内容进行了规定，2014 年发布的《企业事业单位环境信息公开办法》提出了重点污染行业企业强制性披露环境信息、非重点污染行业企业自愿性披露的强制性披露与自愿性披露相结合披露原则。在环保部一系列企业环境信息披露规定基础上，2015 年开始实施的《中华人民共和国环境保护法》和 2017 年证监会颁布的《上市公司年度报告和半年度报告信息披露内容与格式公告》完善了强制性与自愿性相结合的企业环境信息披露原则，提出了上市公司不披露就解释的企业环境信息披露原则，进一步完善了企业环境信息披露内容和披露格式。实际上，自 2002 年发布《上市公司治理准则》以来，监管部门出台了一系列企业环境信息披露法律法规，企业环境信息披露成为我国环境保护和环境治理国家战略的重要组成部分。

虽然企业环境信息披露法规的颁布促进了企业环境信息披露公开化（毕

茜等，2012）[3]，但我国企业环境信息披露仍然存在重数量、轻质量（沈洪涛和李余晓璐，2010）[61]，重低价值非货币性信息而轻高价值货币性信息（武剑锋，2015）[86]等情况。企业环境信息披露整体质量较低的披露现状说明，企业环境信息披露除受法律法规影响外，还受其他因素影响。为此，研究者们就我国企业环境信息披露影响因素进行了研究，发现除受环境法规（郑建明和许晨曦，2018）[118]和政策实施力度（王霞等，2013；张秀敏等，2016）[77][112]影响外，企业环境信息披露还受公司规模（汤亚莉等，2006）[69]、环境绩效（沈洪涛等，2014）[59]及媒体监督（沈洪涛和冯杰，2012）[58]等影响。公司规模越大和环境业绩越好，企业环境信息披露水平越高；媒体报道产生的强大舆论压力促使管理层披露更多环境信息。此外，企业之所以披露环境信息，除考虑遵守法律法规和缓解社会压力外，还在于企业环境信息披露影响和增加了企业价值（Belkauoi，1976）[128]及预期现金流量（任力和洪喆，2017）[57]，同时降低了权益资本成本（吴红军，2014）[82]和债务资本成本（倪娟和孔令文，2016）[53]等。经济后果同样是影响企业环境信息披露的重要因素。

如上文所述，企业环境信息披露整体质量较低使我们需要探讨除企业环境信息披露法律法规影响因素外，还需要对企业环境信息披露其他影响因素做进一步研究。此外，我国正处于环境库兹涅茨曲线拐点及环境污染排放量仍处于较高阶段的现实状况，说明环境保护和环境治理仍任重而道远。环境保护和环境治理现实状况、企业环境信息披露理论研究状况、企业环境信息披露法律法规等制度背景和企业环境信息披露的经济后果等，使下述问题值得进一步思考。

（1）社会文化是否影响企业环境信息披露？环境问题的负外部性说明企业环境信息披露不仅涉及企业自身和政府监管部门，还涉及社会公众等利益相关者。实际上，基于自身生存发展正当性和组织合法性而在环境表现方面进行自我辩护的企业环境信息披露（肖华和张国清，2008）[87]，不仅包括遵守企业环境信息披露法律法规等正式制度的组织合法性，还包括遵循社会文化等非正式制度的组织合法性。如果仅局限于正式制度而忽略数千年社会历史文化积累所形成的非正式制度，将无法客观认识企业环境信息披露全貌。社会文化等非正式制度对企业环境信息披露的影响同样值得研究者重视。一般来说，社会文化中某些共同价值观念和某些共同行为规范习俗对企业环境表现形成了强大的外部社会压力。为缓解企业环境表现面临的外部社会压力，需要通过披露环境信息与社会公众就企业环境表现进行沟通。为此，需要分析社会文化影响企业环境信息披露的作用机理，建立理论分析框架，探讨社会文化对企业环境信息披露的具体影响。

(2) 不同社会文化对企业环境信息披露的具体影响是什么？社会文化既包括社会群体后天习得并可分享和代代传递的社会价值观，也包括日常交往仪式和特殊场合中的社会行为规范。社会文化可分为群体成员评价事务社会标准的社会价值文化和社会成员评价社会行为社会标准的社会结构文化。但是，社会价值文化和社会结构文化对企业环境信息披露的具体影响是什么，社会价值文化和社会结构文化之间的具体关系以及社会价值文化与社会结构文化对企业环境信息披露的影响是什么，值得进一步分析。

(3) 社会文化和企业环境信息披露是否影响企业期权价值？我国政府监管部门颁布了一系列企业环境信息披露法律法规，但环境信息整体披露质量仍有提高的空间，说明企业环境信息披露存在被动应付监管部门和法律法规的可能，企业缺乏进行企业环境信息披露的积极性和主动性。实际上，与其他经济行为一样，促使企业积极主动进行企业环境信息披露还应在于披露环境信息能给企业带来利益。只有披露环境信息能给企业带来利益，才有更大动力进行企业环境信息披露。但是，现有企业环境信息披露与企业期权价值之间关系的研究尚未形成明确结论，需要对企业环境信息披露与企业期权价值之间的关系进行分析，从经济利益方面诱导企业提高企业环境信息披露质量。同时，考虑经济行为社会嵌入性及外部非正式制度对经济行为的影响，企业环境信息披露对企业期权价值的作用同样需要考虑不同社会文化制度的环境的影响。由此，要在探讨企业环境信息披露影响企业期权价值基础上，结合具体社会文化制度环境，分析社会价值文化和社会结构文化对企业环境信息披露与企业期权价值之间关系的影响，分析社会文化和企业环境信息披露对企业期权价值的影响。

本书基于社会文化影响企业环境信息披露以及社会文化和企业环境信息披露影响企业期权价值的分析，以我国 A 股中小板上市公司为研究样本，以企业环境信息披露为研究对象，建立“社会文化—企业环境信息披露”理论分析框架。具体而言，在借鉴 Kroeber 和 Kluckhohn (1963)[170]将社会文化划分为社会结构文化和社会价值文化的基础上，以社会文化为影响因素视角，分析社会价值文化和社会结构文化对企业环境信息披露的影响；以企业期权价值为经济后果视角，分析企业环境信息披露对企业期权价值的作用以及社会文化对企业环境信息披露与企业期权价值之间关系的影响。

### 1.2.1 研究意义

#### 1.2.1.1 理论意义

第一，为财务学的革命提供了企业环境信息披露微观证据。作为社会运行基本规则的非正式制度，社会文化广泛而深刻地影响着政治法律等正式制度，影响着人们的信念行为，并在此基础上深刻改变着公司治理结构（Williamson，2000）[200]。North（1981）[183]明确提出，社会文化中的道德伦理法则是降低交易成本的重要制度安排和市场经济有效运行的重要条件，是推动经济演进和发展的重要因素。Zingales（2015）[206]将从社会文化视角对公司财务问题进行的研究视为财务学的革命。本书通过社会文化与企业环境信息披露之间关系的分析，从社会文化视角分析社会价值文化和社会结构文化对企业环境信息披露的影响，为社会文化与公司治理以及财务学的革命提供了来自中国层面的微观经验证据，丰富了财务学革命的研究内容。

第二，为马克斯·韦伯命题①提供了来自中国微观层面的经验证据。马克斯·韦伯（2004）[51]在其关于社会文化与经济发展关系的论述中，认为社会文化影响了经济发展。实际上，传统社会中国人好面子以及基于为人和善的礼仪习俗，使中国社会极为重视对包括君臣、父子、兄弟、朋友等由各种社会关系构成的社会伦理义务的履行，建立了处理协调各种人际关系的社会行为规范习俗和社会文化体系。此外，中国社会对权力敬畏、强调集体主义、强调男性在社会经济发展和家庭中的责任以及节俭勤劳等传统美德，形成了针对某些社会普遍性问题共同看法的社会价值观和社会价值文化。通过对社会价值文化影响企业环境信息披露的经验研究，为马克斯·韦伯（2004）[51]关于宗教伦理与经济发展之间关系的论述提供了来自微观企业层面的经验证据；对社会结构文化影响企业环境信息披露的经验研究，为马克斯·韦伯（2004）[51]关于中国传统社会适应现世理性主义妨碍了社会经济发展的论述（韦伯命题的中国表现）提供了来自微观企业层面的经验证据。

第三，充实了差序格局社会结构文化的理论研究和实证研究。针对中国传统社会结构特征提出的差序格局理论，强调差序格局理论社会结构层面。

---

① 韦伯命题由帕森斯总结提出，指关于马克斯·韦伯针对世界不同宗教与社会经济发展之间关系的系列研究。韦伯命题强调社会文化与社会经济发展之间的关系，认为某一地区的社会文化影响了该地区的社会经济发展，社会文化差异性是导致世界各地社会经济发展程度不同的重要因素。

中国传统社会差序格局社会结构特征映射到社会文化层面，形成了差序格局社会结构文化，差序格局理论不仅是对具体社会结构特征的反映和抽象，还是对具体社会结构文化的反映和抽象。实际上，差序格局社会结构传统在其长期历史发展过程中形成了关于中国人日常生活社会行为规范和社会习俗等规范人们社会行为选择的差序格局社会结构文化体系和社会结构文化传统。从社会文化视角分析差序格局社会结构理论，有助于丰富拓展差序格局理论内涵，提高差序格局理论解释程度。此外，本书设计的差序格局社会结构文化调查问卷，从社会文化视角对我国差序格局社会结构传统进行了概念化操作，丰富了差序格局的理论研究和实证研究。

1.2.1.2　实践意义

第一，引导企业从社会文化视角关注企业环境信息披露的组织合法性问题。当前，基于组织合法性理论对企业环境信息披露进行解释的众多研究文献，从非正式制度视角对企业环境信息披露影响因素进行研究的文献相对较少。实际上，组织合法性中的“法”不仅包括法律法规等正式制度范畴，还包括社会文化等非正式制度范畴。依据组织合法性理论，遵守正式制度和非正式制度是企业环境信息披露的两个重要动机，非正式制度的社会价值文化和社会结构文化是影响企业环境信息披露的重要因素。因此，本书研究有助于促进企业在进行企业环境信息披露过程中重视非正式制度因素，关注社会文化对企业环境信息披露的具体影响。

第二，建立社会文化与企业环境信息披露之间的理论分析体系和实证分析体系，检验社会文化对企业环境信息披露的作用及影响路径。处于社会网络中的企业主体，其公司治理行为受到正式制度和非正式制度影响，非正式制度的社会文化影响了企业环境信息披露。但社会文化的非强制性特征，使社会文化对企业环境信息披露的影响受审计意见类型和董事会成员薪酬水平等公司内部治理结构特征约束。本书在社会文化与企业环境信息披露之间建立分析框架，探讨社会文化对企业环境信息披露的影响，丰富了企业环境信息披露影响因素的研究文献。

第三，引导利益相关者从企业期权价值视角看待企业环境信息披露的经济后果。企业环境信息披露半强制披露属性和会计政策选择的弹性，赋予企业环境信息披露较大选择权。本书将实物期权理论引入企业环境信息披露研究，将企业环境信息披露这一投资行为视为企业对企业环境信息披露期权的执行，分析企业环境信息披露的期权价值，分析企业环境信息披露对企业增长期权价值和清算期权价值的影响，以及社会文化对企业环境信息披露与企业增长期权价值和清算期权价值之间关系的影响。对企业环境信息披露与企业期权价值之间关系的分析，有助于拓展投资者对企业环境信息披露的关注视角，丰富企业环境信息披露经济后果的研究文献。

企业生存发展无法脱离具体社会制度环境，包括社会文化在内的非正式制度，虽不如正式制度以及公司内部治理结构对公司治理的影响直接，但社会文化通过潜移默化等途径同样影响了公司治理。本书基于中国企业环境信息披露现实背景和制度背景，基于企业环境信息披露理论研究背景，结合中国社会文化制度环境，通过问卷调查获取各省级行政区的社会价值文化数据和社会结构文化数据，分析各省级行政区社会价值文化和社会结构文化对企业环境信息披露的影响，分析社会文化和企业环境信息披露对企业增长期权价值和清算期权价值的作用，并在总结研究结论基础上提出政策建议，指出研究局限和展望未来研究方向。

## 1.2 研究思路与内容

### 1.2.1 研究思路与技术路线

在 Kroeber 和 Kluckhohn（1963）[170]社会文化概念基础上，我们将社会文化划分为社会价值文化和社会结构文化，对企业环境信息披露进行影响因素分析，从理论和实证两方面探讨社会价值文化和社会结构文化对企业环境信息披露的影响；在实物期权理论基础上，对社会文化和企业环境信息披露进行经济后果分析，从理论和实证两个角度探讨社会文化和企业环境信息披露对企业增长期权价值和清算期权价值的作用。具体而言：

本书首先立足于我国环境保护法律法规制度状况，环境治理现实状况，企业环境信息披露现实状况，以及企业环境信息披露影响因素和企业环境信息披露经济后果理论研究状况，提出研究问题，确定研究思路和研究方法。

其次，在回顾梳理社会文化经济后果、企业环境信息披露影响因素和企业环境信息披露经济后果，以及企业期权价值影响因素等文献基础上，介绍企业环境信息披露、社会文化及企业期权价值等主要概念及其含义，介绍嵌入性理论、组织合法性理论、环境伦理理论和信息不对称理论等理论基础。

再次，在介绍我国企业环境信息披露制度背景基础上建立理论分析框架，分析社会价值文化和社会结构文化对企业环境信息披露影响的作用机理，分析社会文化和企业环境信息披露对企业期权价值影响的作用机理。社会价值文化对企业环境信息披露影响作用机理包括权力距离、集体主义、男性化气质和不确定性规避四个方面；社会结构文化对企业环境信息披露作用机理包括差序格局社会结构文化、家族取向社会结构文化、人情取向社会结构文化和恩威取向社会结构文化四个方面。随后依据所建立理论分析框架确定研究样本、收集数据和构建实证模型，通过问卷调查获取各省级行政区社会价值文化数据和社会结构文化数据，通过文本分析法获取中小板上市公司环境信息披露水平数据，并证实社会价值文化和社会结构文化对企业环境信息披露的影响，证实企业环境信息披露对企业期权价值及社会文化对企业环境信息披露与企业期权价值之间关系的调节作用。

最后，对上述内容进行总结，指出研究不足，提出未来研究方向，并就引导社会文化，完善基于企业环境信息披露制度及加强资本市场建设提出政策参考。研究技术路线如图 1.1 所示。

### 1.2.2 研究内容

以企业环境信息披露为研究对象，结合社会文化从企业环境信息披露影响因素与企业环境信息披露经济后果分别展开分析。

第一，从我国处于环境库兹涅茨曲线峰值现实背景以及企业环境信息披露研究理论背景和企业环境信息披露法律法规制度背景，提出社会文化影响企业环境信息披露及社会文化和企业环境信息披露影响企业期权价值的理论基础，阐述研究意义、研究方法和研究贡献。

第二，围绕社会文化经济后果，企业环境信息披露影响因素和企业环境信息披露经济后果及企业期权价值影响因素进行文献综述。分别从信息披露行为和其他公司治理行为视角对社会价值文化和社会结构文化经济后果进行文献回顾，从外部影响因素、内部影响因素和高管个体特征影响因素等视角对企业环境信息披露影响因素文献进行回顾，从企业价值、预期现金流量和权益资本成本视角对企业环境信息披露经济后果文献进行回顾，从外部制度

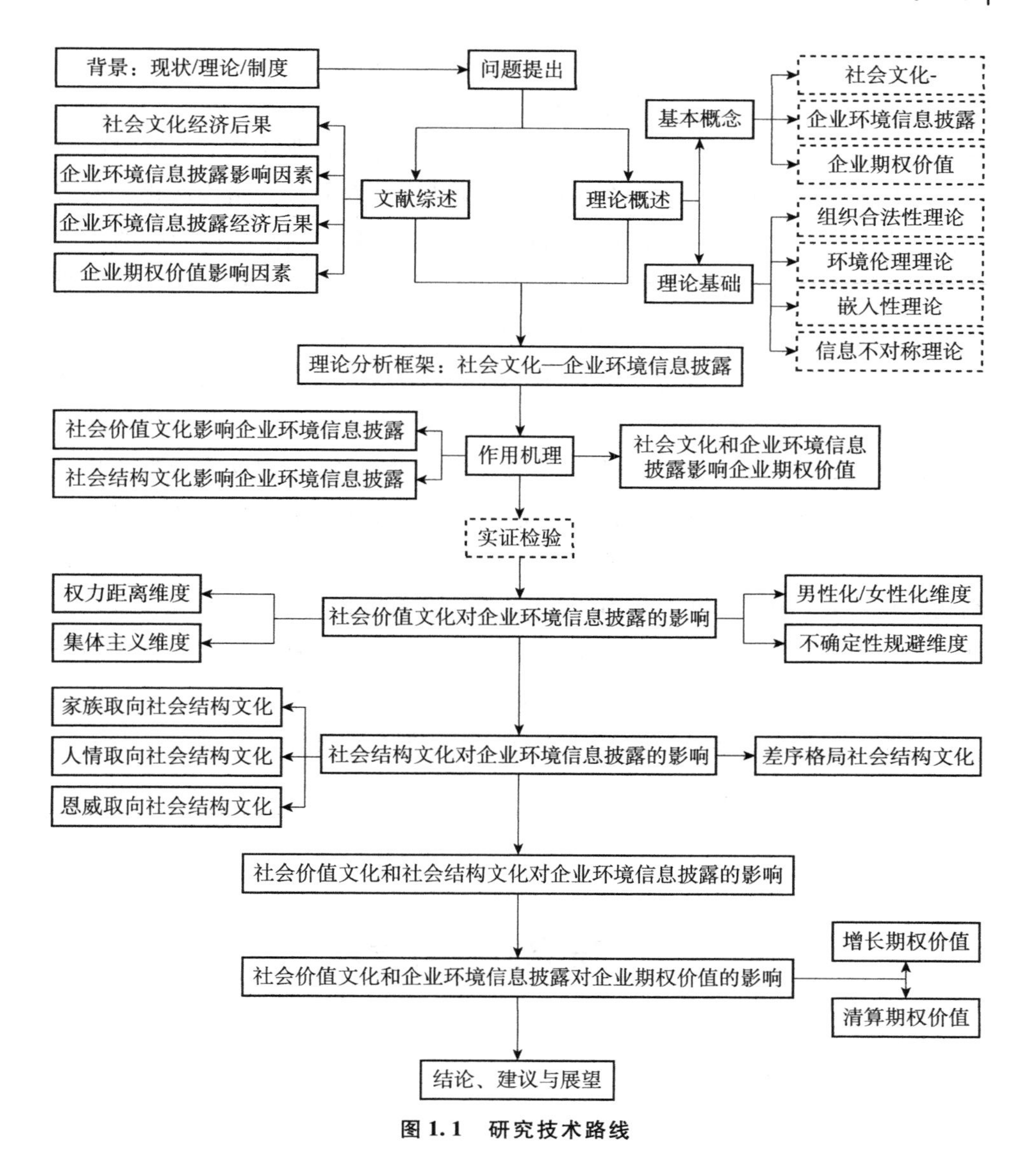


**图 1.1 研究技术路线**

环境和内部制度环境视角对企业期权价值影响因素文献进行回顾。对社会文化经济后果、企业环境信息披露影响因素和企业环境信息披露经济后果及企业期权价值影响因素研究文献进行述评，指出现有研究可继续推进或拓展的方向，主要是社会文化对企业环境信息披露的影响，以及社会文化与企业环境信息披露对企业期权价值的作用。

第三，阐述本书研究基本概念和理论基础，就社会价值文化和社会结构文化理论解释与度量方法、企业环境信息披露概念与度量方法、企业期权价值概念和度量方法，以及本书研究涉及的嵌入性理论、信息不对称理论、环境伦理理论和组织合法性理论进行阐述。在建立理论分析框架基础上，阐述权力距离、集体主义、男性化气质和不确定性规避对企业环境信息披露影响的作用机理，阐述差序格局社会结构文化及其家族取向社会结构文化、人情取向社会结构文化和恩威取向社会结构文化对企业环境信息披露影响的作用机理，阐述企业环境信息披露对企业期权价值的影响，以及社会文化对企业环境信息披露与企业期权价值之间关系影响的作用机理。

第四，依据所建立理论分析框架，以《中华人民共和国环境保护法》开始实施的2015年为研究时间起点，以上市公司最近披露的财务报告为时间截止点，选取2015—2018年中小板上市公司为研究样本，通过文本分析法从样本公司年度财务报告和社会责任报告等环境信息披露载体获取企业环境信息披露水平指数，通过问卷调查法获取各省级行政区社会价值文化指数和社会结构文化指数，从CSMAR和RESSET数据库获取度量企业期权价值及各控制变量的数据。就社会价值文化影响企业环境信息披露、社会结构文化影响企业环境信息披露，以及社会文化与企业环境信息披露影响企业期权价值进行实证分析，通过进一步分析和治理效应分析增加企业环境信息披露社会文化影响因素的分析深度，通过内生性分析和稳健性分析确保研究结论可靠性。最后归纳本书研究结论及其实践启示，指出研究局限并展望未来。

## 1.3 研究方法与贡献

### 1.3.1 研究方法

本书研究方法包括文献资料法、问卷调查法和统计分析法。

#### 1.3.1.1 文献资料法

文献资料法为研究过程中文献收集、鉴别和整理分析提供方法指导，为研究假设、理论推导和实证检验结果分析提供方法依据，有助于全面了解企业环境信息披露、社会价值文化理论、差序格局理论、企业期权价值，以及关于中国家族文化和人情文化等知识领域的优秀成果和最新研究动态。文献资料法奠定了文献基础，确定了研究思路。

#### 1.3.1.2 问卷调查法

基于 Hofstede 等（2013）[165] 2013 年版社会价值调查量表（VSM2013）和基于差序格局社会结构的华人社会调查量表，通过对全国各地不同人口群体进行随机抽样调查，获取各省级行政区社会价值文化和社会结构文化相关数据，通过运用相关数据，检验相关假设是否成立。问卷调查法提供了对社会价值文化和社会结构文化对企业环境信息披露影响进行研究的数据基础。

#### 1.3.1.3 统计分析法

本书研究所获取数据采用 Stata14.0 统计分析软件，运用多元回归分析法等对社会文化与企业环境信息披露之间的关系进行统计分析，研究社会价值文化和社会结构文化对企业环境信息披露的影响；对社会文化和企业环境信息披露与企业期权价值之间的关系进行统计分析，研究企业环境信息披露对企业期权价值的作用，以及社会文化对企业环境信息披露与企业期权价值之间关系的影响。通过进一步分析和治理效应分析，增加分析深度和分析广度；通过内生性检验和稳健性检验，确保研究结论可靠性。具体而言，统计分析法包括指数法、重测信度法、因子分析法、描述性统计法、多元回归分析法、遗漏变量法和工具变量法等。通过指数法构建企业环境信息披露水平指数，并用重测信度法对企业环境信息披露进行信度检验；通过因子分析法提取社会结构文化的家族取向因子、人情取向因子和恩威取向因子和差序格局社会结构文化总因子；通过遗漏变量法或工具变量法对社会文化与企业环境信息披露之间关系进行内生性检验；多元回归分析法等分析了社会文化对企业环境信息披露的影响和企业环境信息披露对企业期权价值的作用，以及社会文化对企业环境信息披露与企业期权价值之间关系的影响。

### 1.3.2 研究贡献

与同类研究文献相比，本书研究贡献如下：

第一，将社会文化引入企业环境信息披露研究，拓展了企业环境信息披露影响因素分析视角。企业环境信息披露研究是绿色经济时代研究热点，基于组织合法性理论，不同研究者从不同视角就企业环境信息披露影响因素进行了分析。组织合法性中的“法”不仅是法律法规，还包括社会共同价值体系和认知规律等非正式制度。但当前研究较少从非正式制度对企业环境信息披露影响因素进行分析，由此，选择非正式制度的社会文化，建立社会文化与企业环境信息披露之间的理论分析框架和实证检验模型。并借鉴 Kroeber 和 Kluckhohn（1963）[170]的社会文化理论，将社会文化划分为社会价值文化和社会结构文化，通过对 31 个省级行政区进行问卷调查获取各省级行政区社会价值文化指数和社会结构文化指数，分析社会价值文化和社会结构文化对企业环境信息披露的影响。

第二，将差序格局理论引入公司治理研究，拓展了公司治理研究理论基础来源。作为解释中国传统社会结构特征的本土化理论，差序格局理论吸引了包括管理学等众多学科研究者的关注，差序格局理论被逐渐引入公司治理研究领域。但现有基于差序格局理论的公司治理研究围绕着企业内部不同管理层之间、管理层与企业其他员工之间或不同利益相关者之间的差序格局社会结构关系等个体层面或企业层面展开。实际上，作为对中国社会结构高度抽象结果的差序格局理论，是对中国传统社会结构从社会整体层面进行理论概括的结果。本书回归差序格局理论创建初衷，从社会整体层面对差序格局社会结构和社会结构文化进行描述，将差序格局理论运用从企业层面和个体层面推进至社会整体层面，分析差序格局社会结构文化对企业环境信息披露的影响。

第三，将企业期权价值引入企业环境信息披露经济后果研究，拓展了企业环境信息披露经济后果的分析视角。根据实物期权理论，管理层在选择扩张投资或清算决策时所创造的价值构成了企业增长期权价值和清算期权价值。但现有企业环境信息披露对企业价值经济后果的研究文献，较少考虑基于清算或扩张投资对企业期权价值影响的分析。实际上，清算或缩减企业规模的投资及扩大企业规模的投资同样贯穿于企业日常管理决策活动，关于企业价值的分析应包括对企业增长期权价值和清算期权价值等的分析。此外，包含财务信息和非财务信息的企业环境信息及半强制性披露属性为企业环境信息披露提供了政策空间，对企业环境信息披露经济后果产生了复杂影响。为此，本书将企业期权价值引入企业环境信息披露经济后果研究，将企业环境信息披露视为企业某项投资，分析企业环境信息披露对企业期权价值的作用，以及社会文化对企业环境信息披露与企业期权价值之间关系的影响，拓展了企业环境信息披露经济后果的研究视角。

# 2 文献综述

本书围绕社会文化经济后果、企业环境信息披露影响因素、企业环境信息披露经济后果，以及企业期权价值影响因素，对现有研究文献进行回顾，并总结已有研究文献，指出其可继续推进的研究方向。

## 2.1 社会文化对公司治理的影响

作为一种群体选择结果的非正式制度，处于非正式制度核心的社会文化所形成的共同价值和伦理规范、道德意识和风俗习惯等，建构了社会个体的心理模式和行为模式（Hofstede 等，2013）[162]。社会文化所形成的集体价值形成了强大的社会舆论压力，对人们的社会经济行为具有普遍的隐性约束力量（辛杰，2014）[90]。

### 2.1.1 社会文化对信息披露行为的影响

基于 Hofstede 等（2013）[162]的社会价值文化理论，Gray（1988）[150]对社会价值文化与会计价值之间关系的研究发现，不确定性规避和权力距离降低了企业财务信息透明度，集体主义和男性化气质增加了企业财务信息透明度。集体主义和男性化气质与会计信息披露正相关，不确定性规避和权力距离与会计信息披露负相关（Gray 和 Vint，1995）[151]。与 Gray 和 Vint（1995）[151]的研究相反，Zarzeski（1996）[203]发现不确定性规避和权力距离与会计信息披露正相关，集体主义和男性化气质与会计信息披露负相关。不确定性规避和权力距离更高的国家或地区的企业，将披露更多与投资相关的会计信息；集体主义和男性化气质更高国家或地区的企业，将披露更低水平与投资相关的会计信息（Zarzeski，1996）[203]。具体到社会责任信息披露方面，Williams

(1999)[199]通过对亚洲太平洋地区 7 个国家上市公司的研究发现，不确定性规避和男性化气质是影响企业社会责任信息披露的重要因素。由于男性化气质社会更关注权力和经济地位，女性化社会更强调关系和帮助他人，相比男性化气质社会，女性化社会企业社会责任信息披露程度更高（Van 等，2005）[196]。相比个体主义社会的美国企业，集体主义社会的加拿大企业拥有更高的企业环境信息披露质量（Buhr 和 Freedman，2001）[130]。总之，权力距离、集体主义和男性化气质等因为影响了社会对生态环境破坏的容忍程度而影响了企业环境信息披露状况（Husted，2005）[165]。处于不同社会价值文化模式，企业社会责任信息披露水平不同（毕茜等，2015）[2]。此外，Luo 和 Tang（2016）[174]研究发现国家或地区之间的社会价值文化影响了企业碳会计信息披露倾向，男性化气质和权力距离显著降低了企业碳会计信息披露倾向，不确定性规避显著增加了企业碳会计信息披露倾向。

受研究区域所限，针对传统中国社会结构提出的差序格局理论，难以扩展到华人社会以外的国家或地区。此外，作为社会学理论的差序格局，除在社会学、人类学领域外，在经济学管理学等领域的研究文献较少。在会计信息披露方面，雷宇和杜兴强（2011）[34]以中国近代股份公司为例，将差序格局社会结构关系分为自我、血缘关系、熟人、生人（点头之交）和陌生人等由里及外的五层差序格局社会结构圈，探讨了信息披露者和信息使用者之间差序格局社会结构关系对会计信息有用性的影响，发现中国差序格局社会结构影响了会计信息有用性。处于差序格局不同社会结构圈的会计信息使用者，因其与会计信息披露者差序格局社会结构关系不同，影响了会计信息披露者和会计信息使用者之间的信任程度（雷宇和杜兴强，2011）[34]。

### 2.1.2 社会文化对其他公司治理行为的影响

社会文化还影响了企业其他公司治理行为。在社会结构文化方面，胡军等（2002）[24]基于差序格局理论并借鉴家族文化调查量表，通过对香港地区、台湾地区和内地部分企业家的问卷调查，将企业家行为选择分为家族取向、人情取向、中庸取向和恩威取向四种选择倾向，认为华人社会结构文化影响了企业管理模式。王明琳和徐萌娜（2017）[75]基于公司内部组织环境和外部制度环境对家族上市公司控制人差序格局社会结构影响因素或影响结果的研究发现，公司内部组织环境显著影响了家族上市公司控制人的差序格局社会结构，外部制度环境不显著影响家族上市公司控制人的差序格局社会结构；管理层的差序格局社会结构提升了公司代理效率和企业绩效。胡宁(2016)[25]关于家族企业继任者的研究发现，处于差序格局社会结构家族企业创新一代和继任者的差序格局等级影响了继任者的利他主义行为，降低了企业盈余管理水平。企业组织管理过程的差序格局社会结构除影响了企业管理行为和管理效率外，还影响了企业员工的组织公平感和组织归属感（陶厚永和杨天飞，2016）[70]，差序格局社会结构越低，组织绩效公平感越强（马君等，2012）[50]。差序格局社会结构文化还影响了企业社会责任履行，企业家用企业资源帮助“外人”的公德行为体现了对“天下”的关心，使处于差序格局社会结构的消费者联想到相关企业“先天下之忧而忧”，认为该企业具有较高社会责任感，差序格局社会结构的消费者对企业家公德行为产生了企业履行社会责任的联想（童泽林等，2015）[71]。实际上，差序格局社会结构文化影响了作为中国地方传统信仰文化的祖先崇拜和村庙与企业家履行社会责任之间的关系。祖先崇拜和村庙等传统信仰文化越浓厚的地区，企业家履行社会责任的程度越高，但企业家社会责任履行范围只局限于本宗族或本乡范围之内，而不是在社会整体范围内，企业家社会责任履行呈现以其本人为中心的差序格局社会结构特征（陈婉婷和罗牧原，2015）[12]。

作为差序格局社会结构文化重要内容的家族文化和宗族文化，家族文化和宗族文化对公司治理的影响同样受到研究者的关注。薛胜昔和李培功(2017)[93]以出生人口性别比和离婚人口比例衡量家族文化，发现家族文化越浓厚，CEO变更可能性就越小，CEO变更的业绩敏感性越差。吴超鹏等(2019)[81]发现，创始人家族主义文化观念越强，家族企业中家族成员从管理岗位离职概率越低，家族对公司控制权和两权分离度的下降幅度越小；上市前“去家族化”治理改革实施越不彻底，上市后公司绩效和收入增长率越低。戴亦一等（2016）[17]以董事长和总经理方言种类度量“同乡抱团”圈层社会文化现象，发现中国圈层文化因增加了董事长与总经理之间的社会认同而降低了代理成本。宗族文化对公司治理影响方面，王金波（2013）[74]以0—9岁出生性别比对292个地级市宗族文化进行度量研究发现，宗族文化通过内心信念、外在声誉和潜在惩罚等增强了社会互信，提高了企业债务期限结构，宗族文化特征越强，企业长期债务比例越高。宗族文化特征越强，小额贷款公司数量越多，小额贷款公司资本量越大；宗族文化提高了地方小额贷款公司的贷款规模、资金周转率、财务绩效和社会绩效，降低了信贷风险

（张博和范辰辰，2019）[105]。宗族观念还影响了企业分红意愿和分红水平，宗族观念越强，企业分红意愿越低（李毓鑫和王金波，2015）[39]。

在社会价值文化方面，作为一种在具体实践行为中体现并为同一民族、国家或地区人们所共享的社会价值文化（Leung 等，2011）[171]，研究者们从不同维度对其进行度量发现，不同社会价值文化模式的企业对社会经济行为的选择不同（Gibson，1999）[147]。处于保守主义社会价值民族文化模式的企业支付了更高的股利，民族文化传统中的保守主义价值与公司股利支付正相关，开放主义价值与公司股利支付负相关（Shao 等，2010）[192]。基于社会价值文化理论，Han 等（2010）[157]研究发现，个体主义与盈余管理水平显著正相关，不确定性规避与盈余管理水平显著负相关，其他社会价值文化维度不显著影响盈余管理水平。实际上，不同社会价值文化形成了不同经营管理方式，处于不同社会价值文化模式的企业，公司股利政策（Shao 等，2010）[192]和盈余管理水平（Han 等，2010）[157]等不同。

## 2.2 企业环境信息披露的影响因素

企业环境表现方面的组织合法性包括正式制度组织合法性和非正式制度组织合法性。当面临环境法律法规和社会文化组织合法性压力时，需要通过披露环境信息向监管部门表明企业环境表现符合监管要求，向社会公众表明企业环境表现符合社会期望。但面对类似制度压力，却表现出企业环境信息披露行为的差异性（Lewis 等，2014）[172]，说明企业环境信息披露影响因素多元且复杂。

### 2.2.1 外部因素对企业环境信息披露的影响

社会经济转型时期，经济增长和环境保护两难选择使经济发展以牺牲环境为代价，追求经济发展而忽略了企业对生态环境的侵害。随着经济继续发展和社会公众环保意识觉醒，政府重视环境保护改变了经济发展与环境保护之间的关系，降低了经济发展与企业环境信息披露之间关联性程度，经济发展不再显著影响企业环境信息披露（李朝芳，2012）[36]。实际上，作为半强制性披露的环境信息，企业是否进行企业环境信息披露主要来自外部治理制度环境赋予企业的公共压力、舆论压力和社会声誉压力（沈洪涛和冯杰，2012；王霞等，2013）[58][77]。外部制度压力影响了企业环境信息披露。

与沈洪涛和冯杰（2012）[58]以及王霞等（2013）[77]不同，陈璇和 Lindkvist（2013）[15]将影响企业环境信息披露的外部压力分为政府施加和社会公众施加的外部压力。来自环境法规和政府监管施加的外部压力对企业环境信息披露的影响最为直接，环境法规颁布直接提高了企业环境信息披露的质量（郑建明和许晨曦，2018）[118]；政策实施力度越强，企业环境信息披露质量越高（张秀敏等，2016）[112]。实际上，在2008年国家环保总局颁布实施《环境信息公开办法》后，相较于规避违规风险，企业更愿意为获得下一期政府补助而增加企业环境信息披露（姚圣和周敏，2017）[101]。考虑到环境规制与经济发展此消彼长的关系，环境规制对企业环境信息披露的影响不是简单直线型关系，而是存在环境规制影响企业环境信息披露质量的"区间效应"，并受产权性质约束（李强和冯波，2015）[41]。产权性质不同，环境规制与企业环境信息披露之间的线性关系不同；与环境规制影响国有企业环境信息披露质量呈"U"形关系不同，环境规制影响民营企业环境信息披露质量呈"倒U形"关系（李强和冯波，2015）[41]。此外，为获取更高水平的地方税收入库，地方政府放宽了环境规制标准要求，分税制改革改变了地方政府环境规制行为，降低了企业环境信息披露水平（杨连星等，2015）[98]。

随着对环境问题日益关注，重大环境事故发生和媒体针对环境问题的负面报道改变了社会对企业环境表现的期望，影响了企业环境信息披露。发生重大事故（肖华和张国清，2008）[87]和被媒体针对环境问题负面报道过（Aerts 和 Cormier，2009）[121]的企业，为降低社会压力和提高组织合法性而披露了更多环境信息。相比媒体正面报道，媒体负面报道更有利于提高企业环境信息披露质量（Rupley 等，2012）[190]。总体而言，包括行业监管法律、政府环境监管、政府环境补贴、媒体监督和行业竞争等在内的外部综合治理显著影响了企业环境信息披露质量，外部综合治理水平越高，企业环境信息披露质量越高（叶陈刚等，2015）[103]。此外，行业类型等其他社会压力影响了企业环境信息的披露（Lu 和 Abeysekera，2014）[173]，环境敏感并具有较好声誉（Zeng 等，2012）[204]和公共事业（Gao 等，2005）[146]以及制造业煤炭业（Bayoud 等，2012）[126]企业，将披露更多环境信息。

无论政府压力还是社会公众压力，压力传递过程需要一定的地理空间。我国地理空间上的多样性使企业与政府监管主体之间存在不同空间地理距离，影响了政府压力或社会公众压力与企业环境信息披露之间的关系，地理空间距离对企业环境信息披露存在显著临界点。在临界点以内，基于印象管理动机，距离监管部门越远的企业，通过披露环境信息获取资源的动机越强，空间距离提升了企业环境信息的披露质量；在临界点以外，基于保护印象管理动机，企业倾向于披露较少的环境信息，距离越远的企业，环境信息披露越少，空间距离与企业环境信息披露负相关（姚圣等，2016）[100]。总体而言，距离政府监管越远，企业环境信息披露水平越低，空间距离降低了企业环境信息的披露水平。

### 2.2.2 内部因素对企业环境信息披露的影响

影响企业环境信息披露的内部因素包括公司治理结构因素和公司财务结构因素。本书分别从公司治理结构特征和公司财务结构特征对研究文献进行梳理。

#### 2.2.2.1 公司治理结构特征对企业环境信息披露的影响

依据公司治理理论，公司治理结构对管理层具有监督制衡作用，有效的公司治理能明显改善企业环境信息披露质量（李强和朱杨慧，2014）[42]。作为公司治理结构基础的股权结构，决定了公司组织结构并影响了公司治理行为和公司治理绩效。实际上，基于自身利益，控股股东持股比例越大、股权集中度越高，大股东增强公司价值动机越强，抵御管理层机会主义和约束管理层披露信息的能力越强。因此，控股股东持股比例（黄珺和周春娜，2012）[27]和股权集中度（李宏伟，2014）[37]显著提高了企业环境信息披露程度。此外，独立董事越多，企业环境信息披露透明度越高，独立董事特征显著影响了企业环境信息披露（Iatridis，2013；Khan 等，2013）[166][168]。

产权性质同样影响了企业环境信息披露。相比民营企业，国有控股企业受到社会关注程度更高，需要承担的社会责任和环境责任更多。实际控制人为国有的企业环境信息披露显著高于实际控制人为非国有的企业环境信息披露（张虹，2014）[107]，国有终极控股企业环境信息披露显著高于非国有终极控股企业环境信息披露（颉茂华和焦守滨，2013）[28]。国有股持股比例越大，企业环境信息披露水平越高（王霞等，2013）[77]。

完善而有效的内部控制制度是有效治理机制的重要组成部分，内部控制影响了企业环境信息披露。实际上，企业环境信息披露随企业内部控制有效性增强而逐渐提高（李志斌和章铁生，2017）[46]，内部控制有效性与企业环境信息披露质量显著正相关（乔引花和游璇，2015）[56]。具体而言，设立环境保护或环境监管机构的企业从公司内部加强了环境表现监管，向外界传达了重视环境保护和改善环境表现的意愿，促进企业环境信息披露质量提高，设立环境保护部门与企业环境信息披露显著正相关（戚啸艳，2012）[55]。和其他公司治理结构影响企业环境信息披露受企业所在地市场化进程等社会制度环境约束一样，内部控制对企业环境信息披露质量的影响同样受企业所在地市场化进程约束，企业所在地市场化程度越高，内部控制有效性对企业环境信息披露质量的促进作用越显著（常丽娟和靳小兰，2016）[7]。

#### 2.2.2.2 公司财务结构特征对企业环境信息披露的影响

根据信号理论，业绩好的企业倾向于向外部利益相关者披露更多环境信息，以表明自身竞争优势。公司业绩影响了企业环境信息披露。盈利能力（毕茜等，2012）[3]和环境业绩越好（Clarkson 等，2008）[138]，企业环境信息披露水平越高，盈利能力和环境业绩与企业环境信息披露正相关。此外，企业规模越大，越容易受到社会关注，为避免政府和社会对企业过度关注导致过高政治成本，规模越大的企业，其所披露的环境信息质量越高（汤亚莉等，2006）[69]，提交的环境污染信息报告越详细（Freedman 和 Jaggi，1988）[145]。

由于环境投资收益长期性和较高环境投资降低了未来环境管制风险，业绩差的企业可能利用较高环境资本支出，基于印象管理原则而选择披露更多环境信息，以降低未来面临的环境管制风险，获取企业生存发展有用资源。由此，环境业绩越差，企业环境信息披露水平越高；环境业绩越好，企业环境信息披露水平越低。环境业绩与企业环境信息披露水平负相关（Freedman 和 Jaggi，1982）[144]。此外，债权人需要企业披露更多信息以降低债务偿还风险，债务结构影响了企业环境信息披露。吕明晗等（2018）[49]基于不完全契约理论对债务融资与企业环境信息披露之间关系的研究发现，金融性债务契约能积极促进企业环境信息披露；相比经营性债务对企业环境信息披露的消极影响，长期金融性债务契约对企业环境信息披露的促进作用更显著。信息越不对称和契约不完全性程度越高，债务契约对企业环境信息披露的治理效应越强（吕明晗等，2018）[49]。

### 2.2.3 管理层个体特征对企业环境信息披露的影响

高层梯队理论认为，复杂的组织内外部环境使管理层只能依据自身认知结构、价值观念以及对相关信息解读能力选择性进行观察和进行公司治理决策，年龄和学历等个体特征因其影响管理层认知水平而影响企业环境信息披露。相比年轻人注重自身成就获取，年龄越大的人越关注环境问题，并表现出更积极的环境保护意识和环境保护行为（Kollmuss 和 Agyeman，2002）[169]。由此，董事长年龄越大，企业环境信息披露水平越高，高管年龄特征显著提升了企业环境信息披露水平（张国清和肖华，2016）[106]。此外，较高教育程度所形成系统世界观认识使 CEO 能更好理解复杂且成本效益高度不确定的环境成本管理问题，使 CEO 充分认识企业环境信息披露对企业的价值。CEO 教育程度与企业环境信息披露水平显著正相关（张国清和肖华，2016）[106]。相比没有 MBA 学位，CEO 拥有 MBA 学位的企业环境信息披露水平更高（Slater 和 Dixon-Fowler，2010）[193]。任职年限和性别等管理层个体特征同样显著影响了企业环境信息披露水平（肖华等，2016）[88]。总体而言，管理层个体能力显著影响了企业环境信息披露水平，管理层个体能力越强，企业环境信息披露水平越高（李虹和霍达，2018）[38]。

此外，环境问题负外部性使政企关系成为企业环境信息披露的重要影响因素。在社会经济转型时期，高管政治关联为企业环境信息披露提供了寻租空间（程娜等，2015）[16]。拥有政治关联的企业将高管政治关联视为规避环境管制的有效途径，削弱了地方政府环境规划对企业环境信息披露的影响，降低了企业环境信息披露质量。高管政治关联与企业环境信息披露显著负相关（武剑锋等，2015）[86]。相比一般民营企业，拥有较高政治关联度的民营企业环境信息披露对环境规制的敏感性更强、容忍度更低（李强和冯波，2015）[41]。实际上，民营企业高管政治关联是企业与政府之间的某种互惠关系，高管政治关联能否影响企业环境信息披露，取决于政府能否提供民营企业所需资源，高管政治关联只是政府与企业之间基于企业环境信息披露进行资源交换的一种通道（林润辉等，2015）[47]。

## 2.3 企业环境信息披露的经济后果

绿色经济时代，各利益相关者对环境信息知情权的要求和期望越来越高，企业环境信息所含信息量和价值越来越大，影响了证券流动性、信息中介关注度和企业资本成本（Healy 和 Palepu，2001）[160]，并通过资本成本效应和权益资本成本效应影响了公司价值（任力和洪喆，2017）[57]。为此，从权益资本成本、预期现金流量、公司价值及其他公司治理绩效四个方面对企业环境信息披露经济后果的现有文献进行梳理。

### 2.3.1 企业环境信息披露对权益资本成本的影响

企业环境信息披露对权益资本成本的影响主要关注两大问题：企业环境信息披露是否显著影响了权益资本成本，以及企业环境信息披露对权益资本成本的影响是负相关、正相关还是不相关。

2.3.1.1 企业环境信息披露与权益资本成本负相关

依据市场流动效应，环境信息通过降低企业与投资者之间的信息不对称，提高股票流动性和降低交易成本，从而降低权益资本成本。依据投资者偏好效应，企业环境信息披露因减少了企业与投资者之间的信息不对称，降低了投资者预期风险溢价水平，进而降低了权益资本成本（唐国平和李龙会，2011）[68]。企业环境信息披露与权益资本成本负相关（Healy 和 Palepu，2001）[160]。

对权益资本成本的度量存在剩余收益折现模型（GLS）等度量方式，不同研究者运用不同度量方法对权益资本成本进行度量，分析企业环境信息披露与权益资本成本之间的关系。Hassel 等（2005）[159]以瑞典 1998—2000 年 71 家上市公司为研究样本，依据 GLS 模型衡量权益资本成本，发现企业环境信息披露显著降低了权益资本成本。沈洪涛等（2010）[60]以 2006—2009 年沪深重污染行业企业为研究样本，依据 GLS 模型对权益资本成本进行度量，发现受再融资环境核查和由国家进行环保核查企业的环境信息披露与权益资本成本之间的负相关更为显著。进一步研究中，吴红军（2014）[82]依据信息可靠性原则，将企业披露的环境信息分为软披露环境信息和硬披露环境信息，采用 GLS 和 CAPM 模型同时衡量权益资本成本，发现企业环境信息披露和硬披露环境信息均显著降低了权益资本成本，软披露环境信息不显著影响权益资本成本。Plumlee 等（2010）[187]将美国 2000—2004 年上市公司分为环境敏感、环境不敏感、环境敏感并受监督三种类型，发现企业环境信息披露水平与权益资本成本负相关；在上述三种类型企业中，环境敏感型企业与权益资本成本的负相关关系最为突出。

2.3.1.2 企业环境信息披露与权益资本成本正相关或不相关

企业环境信息披露对权益资本成本的影响需要通过市场流动效应和投资者偏好效应才能实现，但资本市场不同，企业环境信息披露影响权益资本成本的市场流动效应和投资者偏好效应不同，影响了企业环境信息披露与权益资本成本之间的关系。同时，披露环境信息需要支付披露成本，甚至因披露环境信息而降低竞争优势，从而增加了权益资本成本。为此，Richardson 等 (1999)[188] 以 1990—1992 年加拿大上市公司为研究样本，分析企业环境信息披露与权益资本成本之间的关系，发现企业环境信息披露质量增加了权益资本成本，并与权益资本成本正相关。

企业披露环境信息既有财务性环境信息特征，又有非财务性环境信息特征。相比财务性环境信息具有明显经济意义，非财务性环境信息经济意义相对模糊。袁洋 (2014)[102] 在区分财务性和非财务性企业环境信息披露基础上，以上海证券交易所 2008—2010 年重污染行业企业为研究样本，发现非财务性企业环境信息披露不显著影响权益资本成本。吴红军 (2014)[82] 将企业环境信息划分为非财务性环境信息为主的软披露环境信息和财务性环境信息为主的硬披露环境信息，以 2006—2008 年化工行业上市公司为研究样本，发现软披露环境信息不显著影响权益资本成本。任力和洪喆 (2017)[57] 以 2013 年沪深 A 股重污染行业企业为研究样本，发现无论是总披露（包括软披露和硬披露）环境信息还是硬披露环境信息或软披露环境信息，均不显著影响权益资本成本。此外，投资者还因可从其他渠道直接获取部分传统污染物（如二氧化硫）排放量而降低了企业财务报告所披露环境信息的信息含量，影响了企业环境信息披露与权益资本成本之间的显著性关系，使企业环境信息披露不显著影响权益资本成本（Clarkson 等，2010）[135]。

### 2.3.2 企业环境信息披露对预期现金流量的影响

相比企业环境信息披露与权益资本成本之间关系的研究文献，企业环境信息披露对预期现金流量影响的研究文献较少。企业环境信息披露对预期现金流量的影响同样包括其增加了预期现金流量、减少了预期现金流量或不显著影响预期现金流量三方面。

2.3.2.1 企业环境信息披露与预期现金流量正相关

企业环境信息披露因降低了消费者对企业产品的环保质疑，提高了产品市场占有率而增加了预期现金流量。Plumlee 等 (2008)[187]以美国石油天然气等五个行业的上市公司为研究对象，发现企业环境信息披露质量显著增加了预期现金流量，并与预期现金流量正相关。张淑惠等 (2011)[110]以 2005—2009 年沪深 A 股 647 家上市公司为研究样本，以每股权益资本成本为预期现金流量替代变量，发现企业环境信息披露质量与预期现金流量显著正相关，企业环境信息披露质量显著增加了预期现金流量。任力和洪喆 (2017)[57]发现，化工行业企业总披露环境信息和硬披露环境信息显著增加了预期现金流量。

2.3.2.2 企业环境信息披露与预期现金流量负相关或不相关

Marshall 等 (2009)[175]研究发现，不考虑其他因素，企业环境信息披露质量不显著影响预期现金流量。Plumlee 等 (2010)[187]研究发现，企业环境信息披露质量与预期现金流量之间的关系受行业类型和企业环境信息披露方式影响，环境敏感型行业企业环境信息披露质量不显著影响预期现金流量，环境不敏感型行业企业环境信息披露质量显著降低了预期现金流量；总体而言，企业环境信息披露质量不显著影响预期现金流量。

### 2.3.3 企业环境信息披露对企业价值的影响

企业环境信息披露对权益资本成本或预期现金流量的影响，最终体现为对企业价值的影响。部分研究文献通过对企业价值进行度量，分析企业环境信息披露与企业价值之间的关系。

2.3.3.1 企业环境信息披露与企业价值正相关

Belkauoi (1976)[128]最早分析企业环境信息披露的市场反应，发现披露污染控制费用公司的股票市场能够产生显著正效应，企业环境信息披露显著提升了企业价值。实际上，由于企业环境信息披露降低了企业与投资者之间信息的不对称，减少了投资者对未来预期收益的预测风险，促进企业价值提升，企业环境信息披露与企业价值正相关。唐国平和李龙会 (2011)[68]构建了企业环境信息披露指数，并实证检验企业环境信息披露与企业价值的关系，发现企业环境信息披露与企业价值微弱正相关。张淑惠等 (2011)[110]采用托宾 Q 作为企业价值替代变量，以 2005—2009 年我国沪市 647 家上市公司为研究样本，采用内容分析法构建企业环境信息披露指数，发现企业环境信息披露质量与企业价值正相关。

#### 2.3.3.2 企业环境信息披露与企业价值负相关或不相关

Shane 和 Spicer（1983）[191] 以环境敏感型行业企业为研究对象，分析企业环境信息披露与企业价值的关系，发现企业环境信息披露显著降低了企业价值，企业环境信息披露与企业价值显著负相关。Bewley 和 Li（2000）[129] 通过对加拿大 188 家制造业公司年报中披露的环境信息进行分析，发现企业环境信息披露显著降低了企业价值，企业环境信息披露与企业价值呈负相关关系。吕备和李亚男（2020）[48] 基于系统视角的分析发现，环境信息显著降低了企业价值，企业环境信息披露与企业价值显著负相关。Marshallet 等(2010)[175] 以 2000—2004 年美国上市公司为研究对象，分行业及披露方式检验企业环境信息披露与企业价值之间的关系，发现环境敏感型行业的企业环境信息披露质量显著降低了企业价值。Denis 和 Michel（2007）[141] 以 1992—1998 年德国 337 家企业为研究对象，发现企业环境信息披露不显著影响企业价值。总体而言，受企业环境信息披露成本和市场传导机制影响，企业环境信息披露可能显著降低了企业价值，也可能与企业价值不显著相关。

### 2.3.4 企业环境信息披露对其他公司治理绩效的影响

企业环境信息披露还影响了其他公司的治理绩效。企业环境信息披露除影响权益资本成本外，还影响债务资本成本和借贷期限等。舒利敏和张俊瑞(2014)[62] 研究发现，企业环境信息披露水平高的企业获得了更高比例的长期借款，企业环境信息披露显著影响了企业借贷期限结构。倪娟和孔令文(2016)[53] 研究发现，企业环境信息披露因减少了银行和企业之间的信息不对称，使企业获得更多银行贷款和更低的债务资本成本。但是，蔡佳楠等(2018)[6] 研究发现，债权人因担心企业环境信息披露暴露更多环保风险而引发债权人对企业准时还本付息的担忧，缩减了较高企业环境信息披露水平企业的借款规模，企业环境信息披露水平越高，企业借款规模越小，企业环境信息披露与借款规模负相关。此外，企业环境信息披露还优化了证券市场资源配置效率（张淑慧等，2015）[113] 并降低了审计费用（韩丽荣等，2014）[23]。

## 2.4 企业期权价值的影响因素

基于投资机会基础对企业增长机会影响企业权益价值进行度量的实物期

权价值模型，将企业期权价值分为因盈利能力高进行扩张性投资的看涨期权或增长期权价值，以及因盈利能力低缩减投资的看跌期权或清算期权价值。自 Burgstahler 和 Dichev （1997）[131]首次把实物期权引入企业权益价值研究并验证了企业期权价值与权益价值之间的非线性关系后，关于企业期权价值影响因素的研究文献逐渐出现。为此，从外部制度环境和内部制度环境对企业期权价值影响因素的研究文献进行回顾。

### 2.4.1 外部制度环境对企业期权价值的影响

靳庆鲁等（2010）[31]对市场化进程影响企业期权价值的研究发现，市场化进程与企业增长期权价值和清算期权价值显著正相关：对盈利能力好的公司，市场化进程显著提高了企业增长期权价值；对盈利能力差的公司，市场化进程显著提高了企业清算期权价值（靳庆鲁等，2010）[31]。Chen 等（2015）[134]以 30 个国家的数据为样本，考查经济自由度对企业投资灵活性和企业权益价值的影响，发现经济自由度较高国家的投资灵活性（投资对盈利能力的敏感）更高，增长期权价值和清算期权价值更高，经济自由度促进了企业增长期权价值和清算期权价值的提升。

货币政策（靳庆鲁等，2012）[30]和股票卖空机制（靳庆鲁等，2015）[29]等外部制度环境同样影响了企业期权价值。宽松货币政策因缓解了融资约束，使盈利能力较好的企业能及时投资净现值为正的项目，使盈利能力差的企业因拥有更多资金而延缓了低效率投资项目的退出，从而提升了高盈利能力企业的增长期权价值，降低了低盈利能力企业的清算期权价值；紧缩货币政策因增加了融资约束，使低盈利能力企业缩减更多非效率投资而提升了企业清算期权价值（靳庆鲁等，2012）[30]。股票卖空机制因可及时将低盈利企业利空消息反馈到股票价格，使管理层在大股东监督下及时缩减投资而有效执行看跌期权，从而提高了企业清算期权价值（Zhang，2000）[205]，股票卖空与企业清算期权价值正相关；对高盈利能力企业，股票卖空管制是否放松不显著改变管理层投资决策，从而不影响企业增长期权价值，股票卖空机制与企业增长期权价值不显著相关（靳庆鲁等，2015）[29]。行业竞争水平同样影响了企业期权价值，较高程度的行业竞争使高盈利能力企业能及时扩大投资而显著提升了企业增长期权价值，较高程度的行业竞争使低盈利能力企业及时缩减规模和减少低效率投资，从而提升了企业清算期权价值（陈信元等，2012）[14]。

### 2.4.2 内部制度环境对企业期权价值的影响

与外部制度环境通过影响投资效率而影响企业期权价值一样，内部制度环境同样影响了企业期权价值。周中胜等（2017）[119]研究发现，良好的内部控制有助于企业更好地把握投资机会、提高公司投资效率并减少非效率投资尤其是过度投资。对高盈利能力企业，内部控制显著增加了企业增长期权价值；对低盈利能力企业，内部控制不显著增加企业清算期权价值（周中胜等，2017）[119]。柯艳蓉和李玉敏（219）[33]发现，控股股东的股权质押因影响了投资效率而影响了企业期权价值，对于投资机会较好的企业，控股股东的股权质押不显著影响企业增长期权价值；对于投资机会较差的企业，控股股东的股权质押显著降低了企业清算期权价值。此外，审计意见类型也影响了企业期权价值，当企业盈利能力较高时，审计意见所传递的正面信号显著增加了企业增长期权价值；当企业盈利能力较低时，审计意见传递的正面信号显著增加了企业清算期权价值（张俊民和刘晟勇，2019）[109]。

## 2.5 文献评述

社会文化经济后果研究围绕信息披露行为和其他公司治理行为两个方面展开，企业环境信息披露影响因素研究围绕外部影响因素和内部影响因素，以及高管个体特征影响因素三个方面展开，企业环境信息披露经济后果研究围绕权益资本成本、预期现金流量、企业价值和其他公司治理绩效四个方面展开，企业期权价值影响因素围绕内部制度环境和外部制度环境两个方面展开。整体而言，围绕社会文化经济后果、企业环境信息披露影响因素和企业环境信息披露经济后果，以及企业期权价值影响因素的研究形成了成熟研究范式，但现有研究可将中国具体社会文化传统与企业环境信息披露相结合，拓展企业环境信息披露社会文化影响因素的研究；可将实物期权理论引入企业环境信息披露经济后果研究，拓展企业环境信息披露经济后果的研究。由此，从社会文化经济后果、企业环境信息披露影响因素和企业环境信息披露经济后果及企业期权价值影响因素的现有研究文献来看，可在以下方面对企业环境信息披露研究继续推进：

第一，社会文化影响企业环境信息披露方面。企业环境信息披露是企业负外部性对生态环境这一公共产品或公共财产侵害的反映。由此，针对企业环境信息披露影响因素的研究不应仅局限于企业内部，还应扩展到社会层面，成为与具体社会文化相关联的社会事项。不同社会文化传统及由此形成的社会价值判断和社会行为规范习俗等，给企业环境信息披露施加了不同的社会压力，影响了企业环境信息披露水平。此外，受历史发展和地理空间环境等差异性因素影响，我国不同省级行政区形成了不同的社会文化传统，同样影响了企业环境信息披露水平。当前研究较少关注具体社会文化传统对企业环境信息披露的影响，社会文化对企业环境信息披露影响的研究可继续拓展。

第二，社会文化对企业环境信息披露的综合影响方面。社会文化包括不同内容和不同层面，不同社会文化内容和社会文化层面对企业环境信息披露的影响不同。由此，针对社会文化对公司治理的研究不应仅将社会文化视为整体或从社会文化的某一方面探讨其对公司治理的影响，而是应该进一步分析社会文化内涵，分析社会文化不同内容和不同层面，以及它们之间的关系对公司治理和企业环境信息披露的影响。因此，基于社会文化对企业环境信息披露影响的研究可从社会文化内涵方面继续拓展，分析不同社会文化对企业环境信息披露水平的综合影响。

第三，社会文化和企业环境信息披露对企业期权价值的影响方面。和其他财务信息披露具有经济后果一样，企业环境信息一经披露，将产生程度不同经济后果，最终影响企业价值。企业价值不仅包括企业继续经营所产生的价值，还包括企业通过减少投资缩减规模或增加投资扩大规模而带来的期权价值。实际上，企业环境信息披露后，资本市场将首先针对所披露环境信息进行解读，影响企业投资决策，企业将根据自身盈利能力高低选择扩张投资增加增长期权价值，或缩减投资而增加清算期权价值。企业环境信息披露影响了企业期权价值，基于企业环境信息披露经济后果的研究可从企业期权价值等方面继续拓展。

纵观企业环境信息披露研究过程，其正逐步与制度经济学、心理学和行为科学等学科交叉融合。通过对社会文化影响企业环境信息披露和企业环境信息披露对企业期权价值影响的研究，结合社会文化将企业环境信息披露影响因素和企业环境信息披露经济后果纳入整体研究框架，在夯实企业环境信息披露经济后果研究的同时，可延伸、拓展和深化企业环境信息披露影响因素的研究。

# 3 社会文化、企业环境信息披露与企业期权价值概述

本章围绕研究主题，阐述主要概念的含义、度量方法或理论解释以及理论基础。包括社会文化的含义、社会价值文化和社会结构文化的理论解释、企业环境信息披露的含义和度量方法，企业期权价值的含义和度量方法；理论基础包括嵌入性理论、信息不对称理论、环境伦理理论和组织合法性理论。本章为后文奠定概念基础和理论基础。

## 3.1 社会文化的含义与理论解释

### 3.1.1 社会文化的含义

自英国文化人类学家泰勒于 1871 年提出文化概念以来，关于什么是文化，不同学者有不同理解。Kroeber 和 Kluckhohn (1963)[170] 认为，文化本质核心是通过历史衍生和由选择而得到的传统思想观念和价值观念，是人类生产或创造后传给下一代的习惯、观念、制度、思维模式和行为模式。总体而言，文化被认为是一个群体后天习得并可分享和代代传递的价值观，是日常交往仪式和特殊场合中的行为规范，是象征语言艺术、宗教信念、神话迷信以及思维过程的总和（凯特奥拉和格雷厄姆，2005）[32]。社会文化是一系列共同元素在某个地理区域内和某特定时段内，同一语言群体中社会成员在其日常生活过程中所表现出来的某些共同特征（Triandis，1996）[195]。

Kroeber 和 Kluckhohn (1963)[170] 将社会价值观和社会行为规范视为社会文化组成核心。社会价值观是群体成员评价事物的社会标准，或是人们依据重要性程度而排列的信念体系；社会行为规范是群体成员评价其成员社会行

为的社会标准，或是社会成员进行具体社会行为的基本礼仪规范。具体而言，社会价值观是关于什么是重要的和什么是不重要的看法，社会行为规范是关于什么是值得做的和什么是不值得做的标准，体现社会价值观的社会文化是社会价值文化，体现社会行为规范的社会文化是社会结构文化。存在于人们内心并通过社会成员态度行为而表现的社会价值判断标准和社会行为规范，影响了人类创造的全部物质产品和非物质产品，形成了特定区域中相应的社会文化体系和社会文化模式。

存在于众多社会成员之中的社会文化因其具有客观性、外在性和强制性而被埃米尔·迪尔凯姆（1995）[1]视为一种社会事实，和其他社会事实一样，社会文化同样可划分为物质性社会形态学方面的社会文化和非物质性社会心理学方面的社会文化。社会形态学强调社会某种形态和某种社会构成，社会心理学强调社会某种心理状态和某种社会价值观念。物质性社会形态和社会构成提供了社会成员社会行为的基本准则和规范体系，建构了社会结构文化；非物质性社会心理状态和社会价值观念体现了社会成员对某些普遍性社会问题的看法，建构了社会价值文化。社会价值文化和社会结构文化影响了包括企业环境信息披露行为在内的社会经济行为。

### 3.1.2 社会文化的理论解释

依据前述分析，分别对解释社会价值文化的社会价值文化理论和解释社会结构文化的差序格局理论进行阐述。

#### 3.1.2.1 社会价值文化：社会价值文化理论

不同研究者对社会价值文化进行了不同解释，提出了不同社会价值文化理论。Hall（1976）[155]在分析文化的社会价值时，认为文化具有语境性，将社会文化分为高语境文化和低语境文化。在 Hall（1976）[155]看来，文化语境强调人与事是否与周边环境等社会因素相联结的程度。高语境文化强调社会成员与社会关系之间相互适应，社会成员不能脱离各种群体关系，形成了不同社会群体和处理社会关系内外有别的社会价值文化；高语境社会文化模式存在显著社会分群和社会分层。低语境文化社会成员的了解沟通依赖于具体沟通符号和正式契约，其相互关系以社会交易关系为基础，社会成员之间不存在天然社会责任关系；低语境社会文化模式不存在显著社会分群和社会分层。实际上，在高语境文化中，语义更多地存在于非语言因素和语境中，而非存在于语言之中，强调只可意会不可言传；在低语境文化中，信息主要通过语言传递，语言在人们交往中处于中心地位。

Hofstede 等（2013）[162]在对 IBM 全球雇员进行调查的基础上，提出了由权力距离、集体主义、男性化气质和不确定性规避四个维度构成的社会价值文化理论。权力距离强调处于较低社会地位社会成员接受其社会不平等的程度，集体主义用以衡量个人与集体之间联系的紧密程度，男性化气质用以衡量工作中注重业绩表现还是注重关系调和，不确定性规避是人们对模糊性和不确定性感到不安的程度（Hofstede 等，2013）[162]。具体而言，集体主义强调社区或群体和谐，社会成员之间依赖程度强；个体主义强调自我和个人成就，社会成员之间依赖程度弱。男性化气质注重竞争和业绩表现，女性化气质注重社会成员之间关系的调和。不确定性规避程度越高，越是规避看似冒险的社会行为，接受风险能力越弱；不确定性规避程度越低，对风险接受能力越强。

House 等（2004）[163]通过对 62 个国家的社会价值文化进行调查，提出了不确定规避、权力距离、自信肯定、组织层面集体主义、内团体集体主义、性别平等、未来取向、绩效取向和仁慈取向等 9 个维度的社会价值文化理论。组织层面集体主义指社会组织机构对集体资源的分配和集体行动的鼓励。内团体集体主义指社会成员表现出来的对组织和家庭的荣誉感、忠诚度和与之联结的紧密程度。未来取向指社会成员具有计划、投资和延迟消费等未来取向行为倾向。绩效取向指组织或社会对其成员绩效提高和表现卓越的鼓励程度。仁慈取向是指社会对其成员公平、利他、友好、慷慨、关怀和友善等与人为善行为倾向的鼓励和奖励。

与其他社会价值文化理论相比，Hofstede 等（2013）[162]社会价值文化理论是迄今为止关于国家社会价值文化特征进行量化的最大规模调查研究，其有效性和解释力在国内外得到了广泛证明。虽然社会价值文化某些方面随时间流逝而逐渐变化，但 Hofstede 等（2013）[162]社会价值文化理论所反映的是各自社会文化模式中最为稳定的一个方面，后续研究证明了社会价值文化各维度指数在时间上的稳定性。基于 Hofstede 等（2013）[162]社会价值文化理论的不可替代特征，将其作为本书社会价值文化研究理论基础。

3.1.2.2 社会结构文化：差序格局理论

与社会价值文化理论发展具有多样性不同，对社会结构形态进行阐述的社会结构文化理论主要是费孝通（2011）[18]的差序格局理论。针对中国传统社会结构特点而提出的差序格局理论，费孝通并没有对差序格局理论进行系统阐述，后续研究丰富和发展了差序格局理论。孟凡行和色音（2016）[52]在对《乡土中国》等进行原文解读和总结前人研究基础上，认为差序格局理论既包含了由社会关系结构和社会等级结构构成的社会立体结构，又包含了社会成员在差序格局社会立体结构中的社会实践行动（孟凡行和色音，2016）[52]。

其一，差序格局的社会立体结构。《乡土中国》突出了差序格局社会关系结构，对差序格局理论的解释也特别强调其社会关系的差序格局结构（卜长莉，2003）[4]。但阎云翔（2006）[94]认为，差序格局理论除包含纵向刚性等级化的“序”外，还包含横向弹性以自我为中心的“差”，差序格局是一个多维立体社会结构。“差”是人际关系的建立，探讨社会结构中的平面格局；“序”是社会等级的构成，探讨社会结构中的立体格局。差序格局社会结构既包含“差”的社会关系结构，也包含“序”的社会等级结构（阎云翔，2006）[94]。

具体而言，“差”是家族与家族之间因亲缘、地缘关系所形成的横向社会构成（即费孝通所谓的“社会圈子”），强调“别亲疏”。在费孝通（2011）[18]看来，“我们社会中最重要的亲疏关系……是这种丢石头形成同心圆波纹的性质……在传统社会结构中，每一家以自己的地位做中心，周围划出一个圈子”。差序格局社会结构中，社会圈子以“己”为中心逐渐向外推移，表明了自己和他人关系的亲疏远近（卜长莉，2003）[4]，“差”就是以个体为中心向外扩展的社会圈子（翟学伟，2009）[104]。

“序”是因社会等级差别而形成的纵向社会构成，强调“疏贵贱”。传统中国社会被划分为尊卑大小两个等级，尊卑大小社会结构通过伦理规范、资源配置、奖惩机制以及社会流动等机制维持（阎云翔，2006）[94]。伦理规范为通过权利义务失衡而维系尊卑大小差别社会机制提供了合法化基础，处于差序格局社会伦理规范中的上位者比下位者享有更多权利，承担更少义务；资源配置是维系尊卑大小社会结构的经济机制，通过资源配置机制，下位者依附于上位者；奖惩机制用以惩罚敢于向尊卑上下差序格局社会结构提出挑战的社会成员，巩固建立在等差之上的社会结构秩序，但对差序格局社会结构冒犯者罪行和惩罚轻重取决于罪犯与受害者之间的等级关系（以下犯上者，罪加一等）；社会流动机制为社会成员社会流动渠道提供了制度化保障，使社会成员能由下而上获得更多权利和尊严。在差序格局社会结构中，每一个历尽艰辛爬到上层的人都会尽力维护尊卑上下的社会等级结构，以便自己充分享受差序格局社会结构带给上位者的利益回报。社会流动机制在改变个人社会位置的同时，强化了尊卑上下社会等级结构和社会等级结构文化。

“己”是差序格局社会结构理论建构基础和核心。作为差序格局社会结构分析意义上最小单位的“己”不是独立个体，而是被家族血缘等各种人伦关系包裹，并从属于家庭的社会个体。以“己”为中心，实际上是以家族血缘关系为中心及在此基础上形成社会人际关系（卜长莉，2003）[4]，“己”只有在具体社会关系中才具有社会意义。在差序格局理论看来，“己”是处于特定社会圈中社会个体对自己、对自己在家族结构中的地位和对自己与其他家人相对地位的意识。在差序格局任何一圈里，向内看是公，向外看是私（孙立平，1996）[66]。人际交往中：关系越靠近“己”的中心，越容易被人们接纳，越容易形成合作和亲密人际关系；关系越是远离“己”的中心，越容易被排斥，形成疏淡人际关系。但“己”的边界具有弹性，“己”的内外群体界限是相对的，面向不同社会群体形成了不同的“己”，进而构成了不同的差序格局社会结构特征。

深受儒家文化影响，中国伦理本位的社会结构包括了静态的类别次序和动态的关系行为，动态关系行为建立在静态类别序次基础之上（翟学伟，2009）[104]。在差序格局社会结构中，“序”是稳固的，“差”是动态的；“序”是“差”的基础，“差”在“序”的基础之上展开。“己”“差”“序”共同构成了中国传统社会差序格局社会结构特征和差序格局社会结构文化。

其二，差序格局社会结构中人的实践行动。由差序格局社会结构所形成社会资源配置的差序格局结构，意味着“序”越高，其掌握的社会资源越多。差序格局社会结构为个体向上流动建立了社会机制，为社会成员改变自身“序”提供了各种路径。在差序格局社会结构中，从己到家、由家到国、由国到天下，是一条通路（费孝通，2011）[18]。修身、齐家、治国、平天下所引发的发家梦想和政治理想为个体改变自身“序”提供了制度化保障，为农民阶层向士绅阶层转化提供了合法性途径（翟学伟，2009）[104]。此外，除通过制度化保障可提升自身“序”外，个体还可通过指向当权者的各种关系运作，拓展自身生存发展空间。“己”的私人性为个体指向当权者的关系运作提供了运作渠道。制度化保障和指向当权者的关系运作构成了“序”维度内的主要社会实践行动。

通过关系运作而提升自身“序”依赖于个体所拥有的“差”。差序格局社会结构中，个体需要扩大自身“差”以提升自身“序”，获取更多社会资源。但差序格局社会结构中个体社会实践行动除扩大自身“差”外，还包括对防止社会圈子中亲近关系疏远已有社会圈子的经营。实际上，正如“序”具有伸缩性一样，以“己”为中心的个体的“差”同样具有伸缩性。不同社会圈子具有不同社会互惠格局，其对提升个体自身“序”的作用不同。因此，在差序格局社会结构中从“己”往外各种推进路线，虽然基于血缘关系社会圈子中的社会关系具有先赋性，但关系亲疏还取决于差序格局社会结构处于中心位置的个人与其他个人的互动情况以及情感亲密程度。差序格局社会结构中社会圈子不仅取决于亲情，还取决于已有社会互惠格局及其变动。社会互惠格局及其变动影响了争夺差序格局社会结构所配置各种社会资源的社会行为路径，在影响“差”构建同时，还影响了“差”对“序”的提升作用。

从“己”推出社会圈子的各种路线，意味着“己”既可以创建自己的社会关系网络，又可以因时间地点不同而动用不同社会关系。正如费孝通（2011）[18]所言，社会结构架格不能变，变的只是利用社会结构架格做所做的事。基于血缘亲缘关系而构成的社会圈子，因不同社会个体血缘亲缘关系不同，每个人在某一个时间某一个地点所动用的社会圈子不一定相同（费孝通，2011）[18]。传统中国社会文化不仅看人情，而且重地位，使个体不仅存在于差序格局社会关系结构之中，也被裹挟于差序格局社会等级结构之中。对人情的重视使我们形成社会关系结构社会，形成了社会关系结构的社会文化传统；对地位的重视使我们形成了社会等级结构社会，形成了社会等级结构的社会文化传统。社会关系结构和社会等级结构相互勾连，形成了中国传统社会的差序格局社会结构（孙国东，2008）[65]。血缘亲缘关系为差序格局社会圈子的弹性提供了路径，社会流动机制和社会关系运作为差序格局社会等级结构的改变提供了渠道，共同构成了多维立体的差序格局社会结构和差序格局社会结构文化。

20世纪40年代针对中国传统乡土社会结构而提出的差序格局理论，随中国社会重大社会变迁而改变。虽然传统差序格局理论基础存在的社会条件依然存在，但中国社会近几十年所发生的演变使差序格局理论的社会基础出现了程度不同改变，差序格局理论随时代演变而丰富发展。郭于华（1994）[21]用“亲缘关系”替代亲属关系，用以表述当前社会条件下不同于传统社会中宗族关系的人际关系网络。陈俊杰和陈震（1998）[11]将伦理视为中国人社会关系内在构成维度。透过关系构成的伦理、情感和利益三维度坐标定位，中国人认识到社会关系的亲疏远近，但这种关系定位的不稳定性，促使中国人只有去“搞”才有“关系”，才能提高自身社会等级结构而获取更多社会资源（陈俊杰和陈震，1998）[11]。随着工业化推进和社会变迁，业缘关系和利益等因素逐渐融入“差序格局”社会结构，推动差序格局理论不断向前演进（陶厚永和杨天飞，2016）[70]。但数千年来形成的差序格局社会结构和差序格局社会结构文化，因文化和文明传承，差序格局社会结构仍具有相当稳定性。

## 3.2 企业环境信息披露的含义和度量

反映监督与环境有关经济活动的环境会计始于20世纪70年代。后续研究者将环境会计视为研究披露人造资产、自然资产以及它们之间转换的会计分支领域（Gray，1990）[150]。谢德仁（2002）[89]将环境会计分为环境财务会计、环境管理会计和环境审计。认为环境财务会计偏重于对股东或社会公众进行企业环境信息披露，环境管理会计侧重于内部信息使用和环境成本控制，环境审计是对企业环境信息披露进行审计签证（谢德仁，2002）[89]。针对企业环境信息披露状况的环境会计属于环境财务会计范畴。

### 3.2.1 企业环境信息披露的含义

从雇员报告、新闻、社会报告，到财务报告，再到独立环境报告，随环境会计和环境监管法律法规发展而变化的企业环境信息披露，是一个逐渐发展的过程（杨朝飞等，2015）[95]。20世纪70年代，美国证券交易委员会就要求上市公司应根据环境法规通过年报或环境报告等说明上市公司环境事务，并披露环境信息。早期企业环境信息披露以定量为主、定性为辅，强制性要求在资产负债表、利润表及其附注和有毒物质排放清单中对相关内容予以披露（李志青和蔡佳楠，2015）[45]。我国企业环境信息披露遵循强制性披露与自愿性披露相结合的方式，详细规定企业必须公开环境信息的内容框架和公开方式。总体而言，企业环境信息披露是满足利益相关者的环境信息需求而披露企业运营过程中生态环境相关信息，企业环境信息披露直接或者间接影响了企业经济绩效和投资者决策选择。

### 3.2.2 企业环境信息披露的度量

对所披露环境信息进行度量是进行企业环境信息披露研究的基础。由于缺乏权威机构发布的企业环境信息披露评级结果，通过自行建构衡量企业环境信息披露数量与质量的企业环境信息披露指标和企业环境信息披露指数而进行研究，是企业环境信息披露的当前主要度量方式。随着企业环境信息披露法律法规相继颁布、对企业环境信息披露重视，以及技术水平发展，企业环境信息披露度量方法从间接性问卷调查法，发展到通过构建企业环境信息披露指标体系而对环境信息文本进行直接挖掘的内容分析法和语义分析法，披露指标范围从环境会计财务指标发展到多维度环境管理事项指标，指标设计由事后污染处置信息扩展到事前环境防治信息等（张秀敏等，2016）[114]。不断改进的企业环境信息披露度量方法提高了企业环境信息披露测量精度，拓宽了企业环境信息披露研究视角。下面主要介绍企业环境信息披露度量的内容分析法和语义分析法。

#### 3.2.2.1 内容分析法

内容分析法是根据企业公开报告文件确定每一特定项目分值，同时从企业环境信息披露内容和企业环境信息披露数量构建企业环境信息披露指数，进而对企业环境信息披露做出总评价的度量方法。始于 Wiseman （1982）[201]的内容分析法将企业环境信息披露指标体系分为经济因素、环境诉讼、污染减轻和其他环境事项，每一项目根据披露详略程度给予评分。但 Wiseman（1982）[201]的内容分析法忽略了政府监管因素，为此，Cormier 和 Magnan（2005）[139]将盈余管理因素和政府监管因素纳入企业环境信息披露指标体系，构建了环境支出和环境风险、法律管制、污染减轻、可持续发展披露、土地修复和污染以及环境管理等六大类的企业环境信息披露指标体系。沈洪涛等（2010）[60]将环境保护政策等政府监管因素纳入企业环境信息披露指标体系，根据我国《环境信息公开办法》将企业环境信息披露分为环境保护方针、资源消耗量、环境支出等六个方面。

随着企业环境信息披露研究深化，企业环境信息披露指标体系涉及范围越来越广。在 Wiseman （1982）[201]内容分析法基础上，Van Staden 和 Hooks

(2007)[197]将环境目标和未来行动计划纳入企业环境信息披露指标体系，认为企业环境信息披露指标体系不仅包括环境事务衍生的财务数据，还应包括股东、消费者和供应商等交易伙伴，以及政府部门、本地居民、媒体、非政府环保组织等环境压力集团所衍生的财务数据，包括直接或间接受环境影响的自然环境和人类后代等其他客体所衍生的财务数据等。随后，Clarkson 等(2013)[136]和 Beck 等（2010）[127]，将环境战略、环境管理系统和员工环境培训项目等主动性环境行为纳入企业环境信息披露指标体系，拓展了企业环境信息披露指标体系具体内容。张秀敏等（2016）[114]在总结前人研究内容的基础上，将企业环境信息披露指标体系内容划为环境治理、环境预防和外在法规要求共三大类。由此，企业环境信息披露指标体系的内容分析法从局限于企业自身常规因素，逐渐扩展到公司治理、企业绩效和外部压力等方面（沈洪涛等，2010）[60]，内容分析法的深度和广度随社会经济发展而不断拓展。具体而言，企业环境信息披露指标体系的内容分析法是根据其公开的报告文件，确定财务性环境信息、环境战略、环境管理组织、政府监管和员工环境培训等，从企业环境信息披露内容和披露数量方面建构企业环境信息披露指数，进而对企业环境信息披露做出总评价的企业环境信息披露度量方法。

企业环境信息披露指标体系确定后，如何将披露文本中与环境表现相关的文字描述和数字信息与企业环境信息披露指标体系各条目结合，并赋予具体分值，将企业环境信息披露指标转化为企业环境信息披露指数，将直接影响到环境信息的后续评价使用。企业环境信息披露指标体系的赋值方法主要有 0/1 赋值法、数量赋值法和质量赋值法等。

- 0/1 赋值法

0/1 赋值法将报告中披露该项指标描述的内容赋值为 1，否则赋值为 0。0/1 赋值法能直接简单地反映企业环境信息披露内容的有无，直接判断相关指标实际披露状况，具有一定合理性。但 0/1 赋值法将每个指标权重视为相等，无法体现各指标权重的差异和相关企业环境信息披露的详略，忽略了多余环境信息具体价值（Buhr 和 Freedman，2001）[130]，使研究者无法对不同企业披露的环境信息进行比较分析（Halme 和 Huse，1997）[156]。

- 数量赋值法

数量赋值法是研究者根据披露环境信息词语数量、句子或披露行数来衡量企业环境信息披露状况。面对越来越庞大的企业环境信息披露数量，采用相对宽泛的数量赋值法可克服个人因素对披露环境信息的干扰，对所披露环境信息进行更好地度量。但由于数量赋值法不涉及将披露环境信息具体内容和具体程度与披露质量相联系，使企业可能通过扩充披露数量（Neu 等，1998）[182]而影响企业环境信息披露质量。此外，数量大并不代表质量优，且披露文本字体大小和页边距等均影响了披露篇幅，干扰了企业环境信息披露质量（Xiao 等，2005）[202]。数量赋值法处理过程中将所有环境信息条目视为同等重要并进行同质化处理，既是数量赋值法的优势，也是数量赋值法局限性产生的根源（张秀敏等，2016）[113]。

• 质量赋值法

质量赋值法是指对报告中披露的环境信息赋予不同权重和分值，进而对所披露环境信息状况进行度量。相比其他方法，由于企业环境信息披露内容能影响企业未来价值，质量赋值法使管理层有动力去披露各种相关且能提高披露质量的环境信息（Clarkson 等，2004）[137]。

综合了企业环境信息披露质与量的质量赋值法被国内学者广泛运用，能鼓励企业更加重视企业环境信息披露详略程度。但和数量赋值法一样，质量赋值法同样受指标设计者主观影响，大范围多样本分析还增加了工作量，影响了处理所披露环境信息的准确性。此外，环境表现差的企业为应对法律法规监管，可能故意增加企业环境信息披露条目和数量，反而可能得到更高企业环境信息披露指数（Clarkson 等，2008）[138]，影响了质量赋值法对企业环境信息披露度量的精确性。

#### 3.2.2.2 语义分析法

相比内容分析法，语义分析法出现较晚。与内容分析法不同，企业环境信息披露指标体系语义分析法因将企业环境信息披露语气纳入指标体系而更能体现所披露环境信息的具体含义。张秀敏等（2016）[113]的语义分析法在设置二级指标和三级指标基础上，从词源语义类别上将企业环境信息披露语义划分为程度级别、负面评价、负面情感、正面评价、正面情感和正面主张等六个类别，以及语气强度、乐观性和确定性三个语气维度，进而确定企业环境信息披露指数得分。

重点污染行业企业要求强制性披露，非重点污染行业企业遵循不披露则解释的企业环境信息披露原则，使企业除可通过控制所披露的环境信息文本字数外，还可通过语义操控达到企业环境信息披露印象管理目的。为更好提取环境信息，部分研究者将语义因素纳入企业环境信息披露指标体系，提出了企业环境信息披露度量的语义分析法（张秀敏等，2016）[113]。实际上，语义分析法是指通过软件对企业环境信息披露文本进行分析，确定企业环境信息披露相关词语，根据词语内容与企业环境信息披露的相关程度和出现频率划分为不同指标等级，并在此基础上使用0/1指标、字数、特征词数以及质量指标等对企业环境信息披露进行度量的方法（张秀敏等，2016）[113]。

早期企业环境信息披露指标体系局限于企业自身常规因素，企业环境信息披露考察范围较小。随着指标设计和赋值不断深化完善，公司治理、企业绩效和外部压力等因素逐渐被纳入企业环境信息披露评价体系（沈洪涛等，2010）[60]，企业环境信息披露指标体系的深度和广度不断拓展。本书研究采用内容分析法，通过所建立的企业环境信息披露指标体系获取企业环境信息披露实际得分，构建企业环境信息披露指数。

## 3.3 企业期权价值的含义和度量

### 3.3.1 企业期权价值的含义

企业是一系列资产和未来增长机会的集合（Meyer，1977）[177]，企业价值是企业各种资产和未来增长机会所形成的价值之和。与资产因其确定性程度高可通过会计系统对其价值进行度量不同，未来增长机会的不确定性使企业难以通过会计系统进行度量。实际上，不同企业因盈利能力不同，对未来增长机会采用的态度不同。企业可根据新出现信息对未来增长机会采用缩小投资或扩大投资等战略选择，使未来潜在收益最大化或者损失最小化。对未来增长机会的选择影响了企业权益价值，企业期权价值是企业对未来增长机会采取不同战略选择而赋予企业权益价值的变动，反映了不同增长机会对企业权益价值的具体影响，企业期权价值是企业内在价值的组成部分。

Modigliani 和 Miller（1958）[179]将投资活动视为企业权益价值创造的重要驱动力之一。由于企业未来增长机会主要通过投资活动体现，基于未来增长机会的企业期权价值与投资活动直接相关，企业期权价值实际上是企业对其未来投资活动采取缩小或扩大各种投资机会而产生的价值。Burgstahler 和 Dichev（1997）[131]在验证企业期权价值与权益价值之间的非线性关系基础上，认为企业期权价值包括增长期权价值和清算期权价值两种表现形式。增长期权价值是企业按目前商业技术组织现有资源或扩大再生产所产生利润的现值，清算期权价值是企业处置或改变现有资源用途所带来的价值，清算期权价值代表企业目前所控制资源的价值。企业可根据增长期权价值与清算期权价值的相对大小进行决策，以决定按现有方式继续使用或扩大再生产还是改变现有资源用途（Burgstahler 和 Dichev，1997）[131]。由于企业在任何时刻都面临清算、继续经营和扩大三种状态（Burgstahler 和 Dichev，1997；Zhang，2000）[131][205]，企业期权价值就取决于管理层选择清算或扩张投资决策所产生的价值。当公司面临好的投资机会并选择扩张投资规模决策，公司价值更多反映为增长期权价值；当公司面临较差投资机会并选择缩减投资规模决策，公司价值更多反映为清算期权价值（靳庆鲁，2012）[30]。

### 3.3.2 企业期权价值的度量

对企业期权价值的度量首先是对企业增长机会的度量。由于投资机会是带来企业增长的主要机会，企业未来增长机会实际上就是能给企业带来未来现金流入的投资机会集合，对增长机会的度量就是对投资机会的度量（陈金龙和李宝玲，2008）[10]。企业未来增长机会和投资机会的抽象笼统和不确切性，使研究者采用某些代理变量来间接衡量企业未来增长机会和投资机会（陈金龙和李宝玲，2008）[10]。

对增长机会代理变量有效性进行研究包括以已确认增长为基础的实证分析（Kallapur 和 Trombley，1999）[167]和以实物期权为基础对增长机会代理变量的实证分析（Adam 和 Goyal，2000）[120]。Kallapur 和 Trombley（1999）[167]将衡量增长机会的代理变量分为价格基础代理变量、投资基础代理变量和方差度量，发现账面价格与市场价格之比是衡量企业增长机会的最有效代理变量。权益市场价格/账面价格、资产账面价格/市场价格、托宾 Q 及财富厂房设备的账面价格/企业市场价值等均与企业增长具有显著相关性，能反映企业增长机会。

Adam 和 Goyal（2000）[120]用实物期权方法评估增长机会，并将其与增长机会应用最广的资产市场价格/账面价格（MVA/BVA）和权益市场价格/账面价格（MVE/BE）以及收益/价格（E/P）相结合，同时就其对增长机会的代理效果进行分析后发现，只有资产市场价格/账面价格与企业增长机会具有高度显著关系，而权益市场价格/账面价值及收益/价格与企业增长机会的相关性很微弱。事实上，资产市场价格/账面价格本身就描述了现有资产和增长机会（陈金龙和李宝玲，2008）[10]，资产账面价值就是现有资产价值，资产市场价值就是现有资产价值和投资机会价值之和，资产市场价格/账面价格（MVA/BVA）是衡量企业增长机会较为理想的代理变量。

针对企业缩减投资机会或扩大投资机会而影响权益价值的企业期权价值，对企业期权价值度量包括了因缩减投资机会而体现的清算期权价值和因扩大投资机会而体现的增长期权价值。但是，企业选择缩减投资规模还是选择扩大投资规模，与企业盈利能力紧密相关，为此，Burgstahler 和 Dichev（1997）[131]、Zhang（2000）[205]在 Ohlson（1995）[184]剩余收益模型基础上提出了企业期权价值的度量模型，用企业权益价值与净利润或净资产之间的凸增关系来表示企业增长期权价值和清算期权价值，构建了衡量企业期权价值的实证检验模型。Burgstahler 和 Dichev（1997）[131]、Zhang（2000）[205]衡量企业期权价值的具体模型如下：

$$MV_t/BV_{t-1} = a_0 + a_1 Gm + a_2 Gh + a_3 E_t/BV_{t-1} + a_4 Gm \times E_t/BV_{t-1} + a_5 Gh \times E_t/BV_{t-1} + e \tag{3.1}$$

$$MV_t/E_t = b_0 + b_1 Dm + b_2 Dh + b_3 BV_{t-1}/E_t + b_4 Dm \times BV_{t-1}/E_t + b_5 Dh \times BV_{t-1}/E_t + e \tag{3.2}$$

其中，$MV_t$为公司 t 年末总市值，$BV_{t-1}$为 t－1 年末净资产，$E_t$为 t 年末净利润。Gm 和 Gh 为虚拟变量，按当年 $E_t/BV_{t-1}$高低将样本等分为三组并设置两个虚拟变量，$E_t/BV_{t-1}$处于最高组（Gh）赋值为 1，否则赋值为 0；$E_t/BV_{t-1}$处于中间组（Gm）赋值为 1，否则赋值为 0。当 Gh 取 1 时，代表公司盈利能力较强，意味着投资机会较好，系数 $a_5$表示企业增长期权价值。

根据 Burgstahler 和 Dichev（1997）[131]的研究，剔除年度亏损样本后按当年 $BV_{t-1}/E_t$高低将样本等分为三组，设置两个虚拟变量：$BV_{t-1}/E_t$处于最高组（Dh）赋值为 1，否则赋值为 0；$BV_{t-1}/E_t$处于中间组（Dm）赋值为 1，否则赋值为 0。当 Dh 取值为 1 时，代表企业盈利能力较弱，意味着投资机会较差，回归系数 $b_5$表示企业清算期权价值。

## 3.4　社会文化与企业环境信息披露的理论基础

本部分首先阐述企业环境信息披露的组织合法性理论，接着阐述环境伦理理论、嵌入性理论和信息不对称理论，并结合企业环境信息披露进行初步分析。

### 3.4.1　组织合法性理论

马克斯·韦伯是最早关注合法性在社会生活中具有重要影响的理论家（陈怀超等，2014）[9]。基于对统治类型考察而提出的合法性概念，是决定社会成员行为方式的公理和准则（马克斯·韦伯，2004）[51]。实际上，统治合法性就是谋取社会公众认同的技术问题，是建立在相信统治者章程所规定制度和指令权利合法性基础上的统治类型，习俗法律和价值信仰构成了统治合法性秩序社会基础。帕森斯（1988）[54]突出了价值系统在合法性系统中的重要性，认为合法性就是统治者在具体实践中如何构建的问题。在马克斯·韦伯（2011）[51]和帕森斯（1988）[54]研究的基础上，哈贝马斯（1989）[22]提出了“合法性意味着某种政治秩序被认可的价值”的论断，区分了合法性要求和合法化概念，认为合法性与由某个社会规范正式决定社会统一性的社会一体化相联系，合法化是证明合法性要求的过程；没有合法化过程，合法性难以获得保证。

哈贝马斯（1989）[22]之后，合法性理论研究范围从政治组织扩展到对经济组织和其他非营利性组织，合法性理论随之扩展为政治合法性理论和组织合法性理论。与统治类型相联系的合法性理论是政治合法性理论，与经济组织相联系的合法性理论是组织合法性理论。赵孟营（2005）[116]将政治合法性理论视为组织合法性理论的组成部分，认为政治组织同样属于组织类型。

组织合法性理论经帕森斯（1988）[54]提出后，逐渐成为组织社会学领域新制度学派用以解释组织制度结构的核心思想。对组织合法性定义视角不同，形成了对组织合法性理论的不同理解。Meyer 和 Scott（1983）[178]从社会认知视角描述了组织合法性与其所处社会文化环境之间的关系，认为组织合法性在于社会承认而非社会期待，取决于组织被公众熟悉和了解的程度。

Suchman（1995）[194]从社会评价和社会认知角度对组织合法性进行界定，认为组织合法性是在特定信念、规范和价值等社会化建构系统内部对组织行动是否合乎社会期望的一般认识和假定，强调组织价值与社会文化的一致性；认为作为具有主动性行为主体的社会组织可通过调整自身结构和行为，或通过改变社会公众认知，来获取社会认可，从而提高组织自身合法性。

提高组织合法性不仅是企业生存的必然要求，也是企业获取社会资源的战略行动。拥有较高组织合法性的企业不仅可实现企业内部一致性，维系企业内部稳定，还可赢得外部投资者和利益相关者信任，接近或获取企业发展所需有用资源。为获取与组织合法性相关的各种资源，管理层通过对内优化组织结构、对外采取广告公关活动等提高组织合法性。较高组织合法性意味着企业获得内部员工、外部投资者和社会公众的广泛认可，达到了各利益相关者之间的平衡协调。具体而言，拥有较高组织合法性的企业，必须关注经济发展，以满足投资者关切，必须遵守法律法规，以符合监管部门要求，必须服从社会规范和社会价值，以与社会大众保持一致。在投资者、政府监管部门和社会公众日益关注环境表现的情况下，履行环境责任成为企业组织合法性的重要组成部分。只有通过披露环境信息，才能反映企业对履行环境责任的重视、体现企业遵循社会规范的决心和行动、促进企业遵守环境法律法规，从而保证企业组织合法性战略（李朝芳，2010）[36]，获取企业发展所需各种有用资源。组织合法性是进行企业环境信息披露研究的重要理论基础。

### 3.4.2 环境伦理理论

人与自然环境之间存在的道德关系影响了人类对自然环境的各种社会行为。环境伦理是对人与自然之间道德关系的认知（吴绍洪等，2007；Burns等，2011）[84][132]。因此，环境伦理学是一门以人与自然之间伦理关系、以受人与自然关系影响的人与人之间伦理关系为研究对象，对建立在一定环境价值观之上的人类道德行为规则进行研究的学科（王南林和朱坦，2001）[76]。环境伦理学涉及人与自然之间的伦理关系和受人与自然关系影响的人与人之间的伦理关系两个主要问题（徐嵩龄，2001）[92]。对这两个问题的不同回答，形成了环境伦理理论的不同学派。在环境伦理学发展演变过程中，环境伦理理论先后经历了人类中心主义、非人类中心主义和可持续发展三个阶段。人类中心主义与非人类中心主义表现了对人与自然之间伦理关系的认知对立，非人类中心主义与可持续发展伦理观表现了对“受人与自然关系影响的人与人之间的伦理关系”的认知区别（徐嵩龄，2001）[92]。

人类中心主义环境伦理观以自己生存为中心看到周围环境，以对人的利弊作为价值判断依据，强调人类是认识客观世界和道德行为的主体；人类中心主义环境伦理观还强调人类是当代环境问题的制造者，认为人类才是具有内在价值的唯一主体。人类中心主义环境伦理观以某种只有人类才具有而其他生命形态不具有的能力作为判断依据，认为自然资源虽然没有内在价值，但其所拥有的各种对人类所具有的使用价值使其必须得到保护。非人类中心主义环境伦理观认为，地球生物圈中的自然资源本身具有内在价值，主张为了自然利益，人类应该牺牲自身利益。人类中心主义和非人类中心主义环境伦理观强调了环境保护、自然资源保护和维护生物多样性，可持续发展环境伦理观整合了人类中心主义和非人类中心主义环境伦理观，认为环境伦理观指涉对象的内在价值既不单独归于人类，也不单独归于自然，而是归于人与自然和谐统一的整体。可持续发展环境伦理观将人与自然的关系置于道德重心，强调公平和谐和持续发展的伦理观。因此，可持续发展环境伦理观强调企业与自然环境和谐统一，主张在企业生存发展不超出生态系统承受能力的情况下，提高企业经营绩效，达成经济、社会和生态系统的可持续发展（章金霞，2017）[108]。

在环境伦理观具体概念体系上，徐菲菲和何云梦（2016）[91]认为环境伦理观包括环境道德、环境情感和环境信念。环境道德是个人对采取某种环境行为对或错、道德或不道德的一种感知（张玉玲等，2014）[115]。人类中心论者和生物中心论者存在明显不同的环境道德规范：人类中心论者认为人类可控制自然，将自然视为可为人类所用的资源，自然仅具有工具性价值；生物中心论者承认自然内在价值，认为自然万物和人类享有同等权利，人是自然的一部分。环境情感又称为环境敏感度（Hungerford 等，1980）[164]，是指个体对环境的发现、欣赏和同情（Goudie，2013）[148]。环境信念属于世界观范畴，是个体对人类与自然环境之间关系的一种信念，包括人们对环境问题可能引起后果的假设，以及针对这些后果可以采取的措施。更多研究则将环境信念与环境道德和环境规范相结合，认为环境信念是环境伦理的重要组成部分，直接或间接影响了人类环境行为（Dunlap 等，1978）[143]。

### 3.4.3 嵌入性理论

嵌入性概念用以指社会结构对经济行为的影响，认为作为一个过程的经济行为总是嵌入经济制度和非经济制度，强调经济行动的社会嵌入性。Granovetter（1985）[149]将经济行为与社会结构的对立关系纳入“嵌入性”分析框架，认为嵌入性是经济活动在持续社会关系模式中的情景，嵌入性是经济行为的持续情境化过程（Dacin 等，1999）[140]。

嵌入性可分为关系性嵌入和结构性嵌入。关系性嵌入是指经济行动者嵌入其所在关系网络并受其影响和决定，是网络关系给组织带来一种获取信息和资源的作用机制（Gulati，1998）[153]。关系性嵌入可分为强关系性嵌入和弱关系性嵌入。强关系性嵌入增加了行动者之间的默契程度，提高了行动者的相互信任程度，并减少了不确定性所造成的风险。但组织之间相似之处使强关系性嵌入并不能给组织带来新信息和资源，弱关系性嵌入主体之间组织差异性反而是获取新信息和新资源的重要通道。结构性嵌入是行动者所构成的关系网络嵌入其构成的社会结构（Gulati，1998）[153]，表现为企业与区域内其他组织之间的联系，以及受该区域习俗与价值观等社会特征的约束程度。结构性嵌入不仅关注行为主体在社会网络中的结构位置，还关注网络密度等总体性结构特征，强调社会网络整体功能和网络结构对行为主体的约束（杨玉波等，2014）[99]。

由于 Granovetter（1985）[149]嵌入性理论忽视文化、政治和制度框架对行为主体的影响，Zukin 和 DiMaggio（1990）[207]将文化、政治和制度纳入嵌入性分析框架，认为嵌入性是经济活动对认知、文化、社会结构和政治制度等方面情景依存的本质。嵌入性分为结构性嵌入、政治性嵌入、文化性嵌入和认知性嵌入。结构性嵌入同样强调对行为主体嵌入由关系构成的各种社会网络的描述。政治性嵌入主要关注政治因素对组织经济行为的作用机理，是一个国家或地区内组织经济行为受到当地政治环境、政治体制和权力结构等外部制度环境的影响。文化性嵌入主要关注共有信念、价值观和传统惯例等对组织经济目标实现的促成机理（Zukin 和 Dimaggio，1990）[207]，是外部共享价值和行为规范等社会文化环境对理性经济主体经济战略和经济目标等的影响，在理解分析组织经济行为过程中，文化性嵌入意味着必须考虑社会文化差异对经济行为的影响。认知性嵌入主要关注群体认知、群体思维和社会认知等对组织经济行为的作用机理（Zukin 和 DiMaggio，1990）[207]，是组织长期形成的群体认知对于组织经济行为的引导限制。此外，认知性嵌入还强调社会认知、群体认知和群体思维对组织管理行为的塑造作用（Dacin 等，1999）[140]，从理论上解释了在信息不对称情况下长期形成的群体思维和群体认知对组织战略决策和运营管理的影响。

社会经济行为嵌入广泛社会背景（Granovetter，1985）[149]。基于结构性嵌入，企业环境信息披露行为嵌入企业所在地区社会制度背景，受企业所在地社会价值文化和社会结构文化的影响，而社会价值文化和社会结构文化对企业环境信息披露的影响又受企业与其所在地其他组织之间联系的影响。基于文化性嵌入，企业环境信息披露必须考虑企业所在地社会价值文化差异和社会结构文化差异对企业环境信息披露的影响。企业环境信息披露对企业期权价值的作用同样需要考虑企业所在地社会制度背景对企业期权价值的影响和约束。

### 3.4.4 信息不对称理论

古典经济学理论认为，与企业生产经营相关的所有信息都是公开透明的，不需为获取信息付出搜寻成本和交易成本，市场中不存在信息不对称问题。但现实市场并不总是有效，掌握更多信息优势的市场交易主体具有更多优势，不同市场交易主体之间的信息不对称难以避免。

Akerlof（1970）[123]首次提出信息市场问题，认为市场交易主体买卖双方的信息不对称提高了市场交易成本，影响了市场交易效率，强调不对称信息在市场交易中的重要性。王雪（2007）[79]认为，信息不对称包括契约签订的信息不对称，以及针对契约签订者行动还是针对信息的信息不对称，将发生在契约签订前的信息不对称称为逆向选择，发生在契约签订后的信息不对称称为道德风险。

企业因所有权与经营权分离而导致内部与外部之间的信息不对称。为减少内部与外部之间的信息不对称，企业要定期向外界公开披露反映其经营状况和资产状况的财务报告。通过公开披露财务信息，增加外部投资者对企业的了解，降低外部投资者对未来经营状况等预测的不确定性，进而降低外部投资者对投入资金的回报要求。公开披露更多财务信息还可增加外部投资者对管理层的监督，缓解委托代理问题和管理层机会主义行为对企业价值的损害。此外，强制性财务报告披露制度使企业无法回避信息披露政策监管；对外部资本市场众多资源的依赖使企业为获取资本市场资金和降低资本成本，须向外部公开披露其财务信息，减少内部和外部之间的信息不对称和降低资本成本。

具体到企业环境信息披露方面，向外界公开其环境保护和环境治理方面所取得的成果，有助于降低环境保护和环境治理面临的风险，缓解企业内部外部环境表现方面的信息不对称，减少股票价格波动，并降低股东对投入资金的回报要求。此外，我国半强制性披露制度缺乏对环境信息的具体披露要求和企业环境信息披露对公司治理的作用，使企业环境信息披露可能被异化为管理层进行印象管理的手段。通过选择性披露或人为加工环境信息的披露方式，管理层将企业环境信息披露视为企业获取利益的途径（沈洪涛等，2014）[59]。总体而言，企业环境信息披露无法回避信息不对称问题，信息不对称理论能为企业环境信息披露提供理论解释基础。

## 3.5 小　结

本章首先阐述社会文化的含义，阐述社会文化包括社会价值文化和社会结构文化的理论解释，阐述社会价值文化和社会结构文化的理论解释；其次，阐述了企业环境信息披露的含义和度量，接着阐述了企业期权价值的含义和度量方法；最后，介绍了本书研究的理论基础：组织合法性理论、环境伦理理论、嵌入性理论和信息不对称理论。总体而言，本章介绍的主要概念和理论基础奠定了本书研究的概念化操作基础和理论分析基础。

# 4 社会文化影响企业环境信息披露的分析框架与作用机理

本章首先分析社会文化对企业环境信息披露的影响，以及社会文化和企业环境信息披露对企业期权价值的影响，建立本书研究的理论分析框架；其次结合理论分析框架阐述社会文化与企业环境信息披露之间的作用机理，以及社会文化和企业环境信息披露与企业期权价值之间的作用机理。理论分析框架和作用机理为后文实证研究提供理论依据。

## 4.1 社会文化影响企业环境信息披露的分析框架

本部分对社会文化影响企业环境信息披露进行理论分析，从理论上阐述社会文化影响企业环境信息披露的逻辑基础，并结合企业期权价值，分析社会文化和企业环境信息披露对企业期权价值的影响。

### 4.1.1 社会文化影响企业环境信息披露的理论分析

社会文化是由包括普遍价值观和日常交往行为规范在内的一系列共同元素在某个地理区域内和某些特定时段内，由同一语言群体社会成员在其日常生活过程中表现出来的某些共同特征（Triandis，1996）[195]。社会文化的共同特征影响了人们的社会行为，对人们的思想行为起着普遍约束作用（辛杰，2014）[90]。具体而言，基于社会成员对某些普遍性社会问题看法而形成的不同社会期望，给予行为主体不同社会压力，社会价值文化影响了行为主体的社会经济行为；基于社会成员日常生活规范而形成的不同社会信任水平和交易成本，影响了交易主体之间的交易行为，社会结构文化影响了行为主体的社会经济行为。

FASB 提出效用大于成本的会计信息披露普遍性约束条件，认为相关性与可靠性的最佳结合需要综合分析会计披露费用与效用之间的恰当比重。基于信息披露的收益成本约束机制，就社会文化与企业环境信息披露而言，企业环境信息披露收益是指企业环境信息披露行为因符合社会普遍价值观和社会行为规范而获得社会认同和社会接纳，进而提高了组织合法性；企业环境信息披露成本是企业环境信息披露行为因违背了社会普遍价值观和行为规范而受到的社会压力和社会排斥，进而降低了组织合法性。社会价值观和社会行为规范给予企业环境信息披露不同社会认同和组织合法性压力，促使企业通过企业环境信息披露与社会成员对企业环境信息披露的社会期望保持一致，获得社会认同和社会接纳，并提高组织合法性。实际上，企业环境信息披露是企业为生存正当性和组织合法性而在环境表现方面进行的自我辩护（肖华和张国清，2008）[87]。通过企业环境信息披露，企业可因遵循社会期望而缓解来自外部社会的认同压力，减少社会公众对企业的抵制，提升社会声誉，并维系组织合法性。

社会文化影响企业环境信息披露就是社会文化潜移默化影响企业环境信息披露的过程，是企业通过企业环境信息披露满足社会期望并获取社会认可的过程。基于组织合法性理论，社会文化影响企业环境信息披露，进而影响组织合法性的途径包括社会声誉途径、公司治理途径和社会化途径。

第一，社会声誉途径。社会声誉是社会公众对企业能力和潜力评价标准的综合，社会声誉越高，说明企业获得社会公众认可的程度越高，企业的组织合法性越高。如果社会公众认为企业在做“正确”的事，有助于提高企业的社会评价和社会声誉；如果社会公众认为企业在做“不正确”的事，将降低企业的社会评价和社会声誉。基于组织合法性理论，社会文化对企业环境信息披露的影响体现为企业环境信息披露是否符合社会期望。如果企业环境信息披露符合社会期望，说明企业环境信息披露获得社会认可，企业将拥有较高社会声誉和组织合法性；如果企业环境信息披露不符合社会期望，说明企业环境信息披露没有获得社会认可，将降低企业社会声誉和组织合法性。组织合法性对企业生存发展的重要性使企业通过披露更多环境信息，提高企业环境信息披露与社会成员对企业环境信息披露的社会期望之间的一致性，获得社会认可并提高组织合法性。

第二，社会化途径。社会化是社会成员不断受社会文化影响的过程，社会成员的社会化无法脱离具体社会历史文化。通过社会化，社会文化影响了社会成员对环境保护和环境治理问题的价值判断，形成了对企业环境信息披露的社会认知，这些价值判断和社会认知对企业形成了强大社会压力和组织合法性压力，影响了企业环境信息披露和组织合法性。此外，通过社会化，社会文化影响了管理层对环境保护和环境治理国家战略的价值判断和社会认知，影响了管理层环境保护意识和对企业环境信息披露法律法规的理解和执行，影响了管理层对企业环境信息披露与组织合法性之间关联性的具体认知，最终影响了企业环境信息披露。

第三，公司治理途径。企业管理本身就是一种文化表现方式，企业管理展现了该种文化特质。存在于特定社会文化制度环境的企业，其组织结构设置、用人选人和公司治理决策过程等，均无法脱离具体社会文化传统的影响。作为外部社会制度的社会文化，对企业组织结构设置形成了强大外部社会压力，影响了企业组织结构设置形式。基于组织合法性理论，企业组织结构设置需要符合社会成员对组织结构设置的社会期望，绿色经济时代的企业需要设置专门的环保机构等内部组织结构，影响了企业环境信息披露行为。此外，重义轻利和手足情深等社会文化传统使管理层在选人用人方面，更强调忠诚度，而非经营业绩考核指标，使公司治理决策局限于某些小群体而影响了治理决策的制度化程序（陈婉婷和罗牧源，2015）[12]，在影响公司内部治理的同时，还影响了企业环境信息披露。因此，基于组织合法性理论，社会文化通过公司治理途径影响了企业环境信息披露。

社会成员对企业环境信息披露的社会认知和社会期望，赋予企业不同的组织合法性压力和组织合法性回报。通过社会声誉途径、社会化途径和公司治理途径，企业就社会成员对企业环境信息披露的社会认知和社会期望做出了不同程度的迎合，获得程度不同的社会认同和社会接纳，社会文化影响了企业环境信息披露。

### 4.1.2 社会文化和企业环境信息披露影响企业期权价值的理论分析

基于信息披露的收益成本约束机制，作为战略投资决策的企业环境信息披露，主动披露环境信息是企业就环境表现和环境责任履行向政府监管部门和其他利益相关者做出的积极响应，披露环境信息可获得利益相关者更多支持。因此，与投资决策和投资效率密切相关的企业期权价值，受企业环境信息披露的影响。高质量企业环境信息披露有助于减少企业内部和外部之间的信息不对称，缓解企业与投资者之间的信息不对称，使企业获得金额更多和成本更低的借款（倪娟和孔令文，2016）[53]，缓解融资约束。企业环境信息披露还可有效抑制管理层机会主义行为和管理松弛行为，迫使管理层根据公司面临的投资机会有效地执行高效率的投资，提高投资效率，达到股东权益最大化目标。

实际上，通过减少企业内部与外部之间的信息不对称，企业环境信息披露增加了对管理层的监督约束，缓解融资约束和提高投资效率，进而提升企业权益价值。具体而言，通过融资约束效应和投资效率效应，企业环境信息披露影响了企业增长期权价值和清算期权价值。

第一，融资约束效应。企业环境信息披露缓解了企业与投资者之间的信息不对称，降低了投资者对企业未来经营和未来投资收益的预测风险，有助于企业获得更低资本成本的融资，缓解融资约束，并使盈利能力好的企业能及时投资净现值为正的投资项目，提升企业期权价值。实际上，投资者的市场期望和投资行为受随时间空间变化而改变的众多心理因素影响，包括环境信息在内的各类会计信息披露有助于降低投资者心理因素变化程度，减少投资者心理因素对投资行为的影响。在企业环境信息披露不对称情况下，如果将环保污染废弃物排放量和政策达标等信息传达给投资者，有助于投资者更好地进行投资决策。此外，较高水平的企业环境信息披露为企业塑造具有某种环保理念的社会形象，能吸引某些理念型投资者以较低资本成本进行投资，还可使企业通过绿色金融渠道获得更高水平和更低资本成本的融资，缓解融资约束，并最终提升企业期权价值。

第二，投资效率效应。企业环境信息披露对企业内部与外部信息不对称的缓解使管理层受到更严格的外部监督，降低了管理层通过低效率投资或过度投资构建商业帝国、谋取私利的可能性；企业环境信息披露促使管理层积极作为，通过正确投资决策谋求股东价值最大化。企业环境信息披露还缓解了大股东和中小股东之间的信息不对称，减少了大股东或控股股东通过低效率投资对中小股东权益的侵犯。因此，企业环境信息披露提高了投资效率，并最终提升了企业期权价值。

但是，企业环境信息披露对企业期权价值的影响受企业所在地社会文化制度背景制约。不同区域社会文化所形成的普遍价值观和社会行为规范习俗，形成了社会成员对某些普遍性问题的社会认知和社会期望，形成了不同的社会信任水平和交易成本，影响了企业环境信息披露对企业融资约束和投资效率的积极作用，进而影响企业期权价值。具体而言，企业环境信息披露所具有的不确定性和风险性（吴梦云和张林荣，2018）[83]，需要管理层成员承担相应的企业环境信息披露责任。不同社会价值文化模式对管理层成员企业环境信息披露具体责任的不同社会认知和社会期望，影响了管理层成员对企业环境信息披露的具体责任，影响了企业环境信息披露质量，并最终影响了企业环境信息披露对企业期权价值的作用程度。不同社会行为规范习俗形成了不同社会信任水平和交易成本，制约了企业环境信息披露对企业融资约束和投资效率的影响，最终影响了企业环境信息披露对企业期权价值的作用程度。因此，透过社会文化对企业环境信息披露责任的社会认知和社会期望，透过社会文化对社会信任水平和交易成本的不同影响，社会文化影响了企业环境信息披露对企业期权价值的作用程度。企业环境信息披露对企业期权价值的具体影响受社会文化制度环境约束，社会文化影响了企业环境信息披露与企业期权价值之间的关系。

通过优化企业环境信息披露以适应具体社会价值文化和社会结构文化，社会文化影响了企业环境信息披露；通过缓解融资约束和提升投资效率，社会文化和企业环境信息披露影响了企业期权价值。

基于上述分析，以企业环境信息披露为研究对象，建立“社会文化—企业环境信息披露”的理论分析框架。具体如图 4.1 所示。

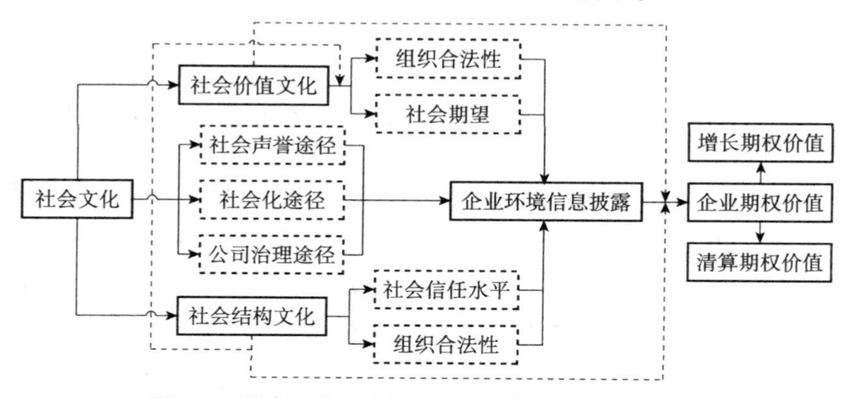


**图 4.1　社会文化—企业环境信息披露理论分析框架**

从图 4.1 可以看出，通过对企业声誉的影响，对社会成员和企业管理层的社会化，以及对公司治理结构设置的影响，社会价值文化通过社会期望和组织合法性影响了企业环境信息披露，社会结构文化通过社会信任水平和组织合法性影响了企业环境信息披露；通过社会信任水平、社会结构文化影响了社会价值文化与企业环境信息披露之间的关系。社会文化还影响了企业环境信息披露与企业期权价值之间的关系，不同社会文化制度环境，企业环境信息披露对企业期权价值的影响不同。

## 4.2 社会文化影响企业环境信息披露的作用机理

依据 Kroeber 和 Kluckhohn（1963）[170]社会文化概念和组织合法性理论，将社会文化划分为社会价值文化和社会结构文化，对社会文化影响企业环境信息披露的作用机理进行分析。借鉴实物期权理论，对社会文化和企业环境信息披露影响企业期权价值的作用机理进行分析。社会文化影响企业环境信息披露分析方面，从权力距离、集体主义、男性化气质和不确定性规避四个维度阐述社会价值文化与企业环境信息披露之间关系的作用机理；从差序格局社会结构文化、家族取向社会结构文化、人情取向社会结构文化和恩威取向社会结构文化四个方面，以及差序格局社会结构文化方面，阐述社会结构文化与企业环境信息披露之间关系的作用机理；从社会文化和企业环境信息披露影响企业期权价值方面，阐述企业环境信息披露与企业期权价值之间关系的作用机理，以及社会文化对企业环境信息披露与企业期权价值之间关系的影响。

### 4.2.1 社会价值文化影响企业环境信息披露作用机理的分析

社会成员对不同社会问题的普遍看法形成了社会价值文化的不同维度。Hofstede 等（2013）[162]就社会成员针对“弱势群体在多大程度上期望和接受社会权力分配不平等”“社会成员被看作相对独立且具有独一无二的性格特质”、“社会成员对成就等因成功而获得奖赏的偏好”“社会成员在多大程度上接受、容忍不确定性或模棱两可情况”等问题，提出了社会价值文化的权力距离、集体主义、男性化气质和不确定性规避四个维度，后续研究增加了针对华人社会价值调查结果的长期导向维度，以及针对社会成员生活幸福程度的纵容维度。本书选择由 Hofstede 等（2013）[162]最初创建的权力距离、集体主义、男性化气质和不确定性规避四个维度，基于组织合法性理论，从企业环境信息披露面临的组织合法性压力和获取的组织合法性动力两方面阐述社会价值文化与企业环境信息披露之间的关系。

#### 4.2.1.1　权力距离与企业环境信息披露之间的关系

权力由谁来实施，如何实施和实施对象是谁（福柯，1997）[19]，众多研究者提出了不同理解。在亚里士多德看来，权力是一种能够影响和控制他人的能力，是个人或群体在社会活动中即使遭到他人拒绝而仍能实现自身目标的能力（马克斯·韦伯，1997）[51]。实际上，权力存在的基本前提在于个人或组织认为通过依赖于其他个人或组织可获取某种资源，资源稀缺性是权力关系的存在基础。

权力关系双方资源上的不平等决定了双方地位上的不平等，但不同社会文化模式对这种双方不平等的情感体验和情感认识不同。Mulder（1976）[181]用权力距离概念表示弱势个体在权力关系上的不平等程度，认为权力距离是权力关系中上级与下级之间的情感距离。Hofstede 等（2013）[162]认为权力距离是根植于社会关系中的不平等，是具体社会文化模式下社会成员接受并期望不平等的态度。通过权力距离，Hofstede 等（2013）[162]衡量了不同社会文化模式之间权力分配的不平等程度，将社会文化模式分为较高权力距离社会文化模式与较低权力距离社会文化模式。处于较高权力距离社会文化模式的社会成员，对组织或团体中权力差异或不平等的接受程度较高，即使上级拥有较小职权，下级对上级仍存有较多敬畏心理，社会注重权威；处于较低权力距离社会文化模式的社会成员，对组织或团体中权力差异或不平等的接受程度较低，即使上级拥有较大职权，下级也不会对上级表现出特别敬畏，社会注重人与人之间的自由平等。不同社会文化模式权力距离的社会规范差异如表 4.1 所示。

权力距离影响了人们社会行为的选择倾向（Hofstede 等，2013）[162]。较高权力距离社会文化模式的社会等级分明，多采用自上而下决策方式，使社会成员对社会事务的参与依赖于上级，社会成员主动参与社会事务的意愿较弱，社会责任意识和社会责任水平较低；较低权力距离社会文化模式的社会等级差别小，多倾向于自下而上决策方式，社会成员更关注个体而积极主动参与社会事务，社会成员主动参与社会事务的意识更强烈，社会责任意识和社会责任水平更高。由此，一方面，较低权力距离社会文化模式中，较高的社会责任意识和社会责任水平促进了社会成员参与社会事务的积极性；较高

表 4.1　　权力距离的一般社会规范与家庭的主要差异

| 较低权力距离 | 较高权力距离 |
| --- | --- |
| 人的不平等应当降到最低 | 人的不平等是可预期和追求的 |
| 权力不同的人应当尽量相互依靠 | 较低权力的人应当相互依靠或远离较高权力的人 |
| 父母平等对待子女 | 父母教导子女要顺从 |
| 下属期待被咨询 | 下属期待被告知 |
| 理想上司是机智民主的 | 理想上司是仁慈或独裁的家长 |
| 特权和地位象征是令人不悦的 | 管理者期望和喜爱特权与地位 |
| 科层组织是为便利而建立的不平等 | 科层组织反映已存在的不平等 |
| 偏好分权化 | 偏好集权化 |
| 缩短贫富差距 | 扩大贫富差距 |

资料来源：Hofstede 等 （2013）[162]。表 4.2 同。

权力距离社会文化模式中，较低的社会责任意识和社会责任水平降低了社会成员参与社会事务的积极性。另一方面，较低权力距离社会文化模式中较高的社会责任意识和社会责任水平，使积极参与社会事务成为普遍社会现象。为获得社会认可和被社会所接纳，较低权力距离社会文化模式的社会成员有积极参与社会事务的积极性和主动性；相反，较高权力距离社会文化模式的社会成员则缺乏积极参与社会事务的积极性和主动性。

社会成员对待权力和不平等程度的不同态度对企业形成了不同社会压力，影响了企业环境信息披露水平。就企业环境信息披露面临的组织合法性压力和成本压力而言，处于较高权力距离社会文化模式社会成员的社会责任意识和社会责任水平较低，使企业环境表现面临社会关注程度较低，企业环境信息披露面临的组织合法性压力和成本压力较小。高权力距离社会文化模式降低了企业环境信息披露水平。处于较低权力距离社会文化模式中社会成员拥有较高社会责任意识和社会责任水平，社会公众积极关注所在地企业经营活动对生态环境的影响，使企业环境信息披露面临的组织合法性压力和成本压力较大。低权力距离社会文化模式提高了企业环境信息披露水平。基于组织合法性视角和成本激励机制，权力距离降低了企业环境信息披露水平。

就企业环境信息披露面临的组织合法性动力或收益而言，获取企业生产经营各种有用资源是企业生存发展的基础，维系或提高组织合法性是企业获取各种有用资源的重要途径。通过企业环境信息披露反映企业对环境责任的履行，符合绿色经济时代的社会价值标准，有助于企业获得组织合法性回报。

但企业因环境信息披露获取的组织合法性回报，因不同社会文化模式权力距离的高低不同而不同。不同权力距离社会文化模式给予组织合法性的回报程度不同，影响了企业环境信息披露与组织合法性回报之间的对应关系。较高权力距离社会文化模式社会成员的社会责任意识和社会责任水平较低，给予相应企业环境信息披露的组织合法性回报和收益较低；较低权力距离社会文化模式社会成员的社会责任意识和社会责任水平较高，给予相应企业环境信息披露的组织合法性回报和收益较高。因此，权力距离越高，企业披露同等环境信息水平获取的组织合法性越低，企业通过环境信息披露获取组织合法性的积极性较低；权力距离越小，企业披露同等环境信息水平获取的组织合法性越高，企业通过企业环境信息披露获取组织合法性的积极性较高。基于组织合法性动力和收益动力机制，权力距离与企业环境信息披露水平负相关。综合企业环境信息披露面临的组织合法性压力和组织合法性动力，以及企业环境信息披露的收益成本激励机制，权力距离降低了企业环境信息披露水平。

#### 4.2.1.2 集体主义与企业环境信息披露之间的关系

西方社会文化强调个体主义，东方社会文化强调集体主义。集体主义与个体主义思想的发展成熟有其历史过程，现代意义上的个体主义随资本主义生产关系出现而逐步发展。个体主义认为集体中每个社会成员都关注自身目标实现，并为此贡献自己全部；集体主义强调个人利益对群体利益绝对服从，主张将群体利益放在社会首位。

Parsons（1951）[185]首次将集体主义与个体主义视为相互联系的社会价值概念，认为集体主义和个体主义体现了集体与个人之间关系的性质。Hofstede等（2013）[162]从社会文化视角对集体主义与个体主义的社会价值进行了界定，认为个体主义社会文化模式的社会成员只关注自己及其家庭和个体独立性，集体主义社会文化模式的社会成员因从出生起就融入强大而紧密并为人们提供终身保护的群体而更关注与周围环境的关系（Hofstede等，2013）[162]。如果生活在群体利益高于个人利益的集体主义社会，因其成长在扩展型家庭，导致个人与他所在群体之间存在相互依赖关系；如果生活在个人利益高于群体利益的个人主义社会，因其成长在核心家庭，个体独立性更强，对群体依赖性更小（见表4.2）。

个体主义是人们只照顾自己及其核心家庭所形成的社会价值，集体主义是人们生活在扩展型家庭和内群体所形成的社会价值（Hofstede等，

2013)[162]。实际上，集体主义社会文化模式社会成员生存发展依赖于其所在集体，社会成员与集体之间存在相对紧密的依赖关系，通过对集体利益追求而实现自身利益或自身目标，社会成员之间竞争性关系较弱；个体主义社会文化模式社会成员注重独立性和社会成就，以及社会成员对集体较弱的依赖性关系，个体主义社会文化模式给予社会成员以更大空间和自由度，社会成员对自身利益或目标的追求更依赖于自身的努力，社会成员之间竞争性关系较强。

**表 4.2　集体主义、个体主义一般社会规范与家庭的主要差异**

| 集体主义社会价值 | 个体主义社会价值 |
| --- | --- |
| 人们出生于扩展性家庭或者其他内群体，群体始终提供保护，成员以忠诚作为回报 | 成人之后人们只照顾自己及其核心家庭 |
| 孩子们学会以“我们”的视角考虑问题 | 孩子们学会以“我”的角度考虑问题 |
| 应该始终维持和谐，避免直接冲突 | 直言不讳是为人诚实的表现 |
| 朋友关系是事先确定的 | 友谊是自愿的，且应该受到呵护 |
| 应该与亲人共享资源 | 个人占有资源，且不予他人共享 |
| 高情境的沟通方式 | 低情境的沟通方式 |
| 过失会导致自己和群体蒙羞和丢面子 | 过失会导致负罪感及丧失自尊 |

不同社会文化模式对集体与个体之间关系的不同认识和不同态度，形成了集体主义社会文化模式和个体主义社会文化模式对环境保护和环境治理问题的不同社会认知，赋予企业环境信息披露不同组织合法性压力，影响了企业环境信息披露水平。此外，集体主义社会文化模式和个体主义社会文化模式面对大致相同的企业环境信息披露水平而赋予不同的组织合法性回报，影响了企业环境信息披露的积极性和企业环境信息披露水平。

绿色经济时代，环境问题成为社会公众和政府监管部门共同关注的焦点，保护环境和治理环境成为社会和集体共识。不同社会文化模式对环境保护和环境治理的社会认知不同，影响了企业环境信息披露与组织合法性之间的关联性。相比集体主义社会文化模式强调集体在日常社会生活中的作用，个体主义社会文化模式社会成员自身较强的独立性使社会成员在面对环境保护和环境治理问题时，敢于坚持自身观点并勇于实践。个体主义社会文化模式下，部分社会成员以环境保护和环境治理为己任，视环境保护和环境治理为自身社会成就的体现，通过自身或其所处各种环境利益群体提升社会公众环境意识，促使社会公众更加关注企业环境信息披露（Husted，2005）[165]。具体而言，相比个体主义社会文化模式，集体主义社会文化模式给予企业环境信息披露的组织合法性压力和成本压力较小，企业环境信息披露水平较低。相比集体主义社会文化模式，个体主义社会文化模式给予企业环境信息披露的组织合法性回报较大，企业环境信息披露的积极性和企业环境信息披露水平较高。集体主义降低了企业环境信息披露水平。此外，集体主义社会文化模式社会成员通过集体而实现自身社会经济利益的社会行为特征，使获取集体社会认可和社会接纳成为影响社会成员社会经济行为重要因素。作为集体主义社会文化模式一员的企业及其管理层，需要通过获取社会认可和社会接纳而实现自身社会经济利益。处于集体主义社会文化模式的企业，将通过披露更高水平环境信息使自身社会经济行为与集体保持一致，通过披露环境信息获得集体社会认可和社会接纳。集体主义提高了企业环境信息披露水平。综上所述，集体主义既可能降低企业环境信息披露水平，也可能提高企业环境信息披露水平。

#### 4.2.1.3 男性化气质与企业环境信息披露之间的关系

男女两性生理上的差别，最根本的是男女两性在承担人类繁衍角色上的不同。除生理因素外，基于男女两性生理差别而建构的社会性别角色还受具体社会历史文化的影响。每一个社会文化模式都认为某些社会行为适合男性，另一些社会行为适合女性。但到底哪种社会行为适合男性，哪种适合女性，不同社会文化模式有不同判断标准，从而使不同社会文化模式男女两性的社会性别角色差异巨大。Hofstede 等（2013）[162]用男性化气质/女性化气质（masculinity 和 femininity）来探讨由社会历史文化所决定的社会性别角色。

与用男性、女性来讨论男女绝对意义上生理性别差异不同，男性化气质/女性化气质所表达的社会性别角色是相对意义上的社会性别差异：某个人在生理上只能是男性或是女性，但在社会性别角色上既可能具有男性倾向的男性化气质，也可能具有女性倾向的女性化气质。无论男女，其社会性别角色都可能同时拥有男性化气质和女性化气质。具有女性化气质的男性或具有男性化气质的女性，并不是其生理上出现了问题，只能说明其社会性别行为偏离了该社会文化模式所规定的社会文化系数。实际上，社会性别是一种社会文化制度安排，不同社会文化模式体现了男女两性社会性别规范上的差异（见表 4.3）。

表 4.3　男性化气质社会一般社会规范和家庭的主要差异

| 女性化气质社会 | 男性化气质社会 |
| --- | --- |
| 人际关系和生活质量都很重要 | 挑战、收入、认可和提升很重要 |
| 男性和女性都应该谦逊 | 男性应该果断、坚韧和雄心勃勃 |
| 男性和女性都应该温柔且注重人际关系 | 女性应该温柔并注重人际关系 |
| 父母共同处理家庭中的客观事务和感情问题 | 父亲处理家庭中的客观事务，母亲处理感情问题 |
| 男孩和女孩都被允许哭泣，但不允许打架 | 女孩可以哭泣，男孩可以打架 |
| 男孩和女孩玩游戏的理由一致 | 男孩玩游戏是为了竞争，女孩玩游戏是为了一起相处 |
| 对新郎和新娘的标准一致 | 新娘应该贞洁和勤劳，新郎则不必 |
| 新郎应该像男友一样 | 丈夫应该健康富有和善解人意，男朋友应该幽默风趣 |

对不同性别承担社会角色的不同认知形成了男性化气质/女性化气质的社会文化模式。在 Hofstede 等（2013）[162]看来，传统社会中从事狩猎活动和现代社会中从事经济活动，以及承担保护妇女儿童不受外人和野兽攻击等社会责任，形成了男性更具有竞争性、更具自信和更为强硬的性格特征，使男性更注重家庭之外的社会成就；而需要在不同年龄阶段养育孩子或培养如何养育孩子和照顾家庭的社会生活技能，使女性更加关注家庭生活。倾向于主宰家庭之外的社会生活强化了男性阳刚气质，使男性更自信和更具竞争性，也更加关注社会成就；倾向于家庭内部的养育活动强化了女性阴柔气质，使女性更关注人际关系和生存环境。实际上，始于家庭社会化的社会性别角色在同伴群体和学校生活中得到继续发展，并伴随各种社会规范和社会习俗而延续到社会层面，形成了具体社会文化模式对社会性别角色的社会价值判断，影响了社会成员的社会经济行为。不同社会文化模式因对社会性别角色的社会价值判断不同，使男性化气质/女性化气质对社会成员社会经济行为的影响不同。

不同社会时期赋予职业成就以不同含义。绿色经济时代的环境保护和环境治理已上升至国家战略层面，成为社会公众和政府关注的焦点，从而赋予企业环境信息披露和环境治理较大经济利益。收益成本机制对企业环境信息披露的激励作用更大。企业环境信息披露对企业的积极作用逐步显现。一方面，就企业环境信息披露面临的组织合法性压力和成本压力而言，男性化气质社会文化模式注重社会成员社会经济成就的社会期望，使通过提升企业环境信息披露质量而提升自身职业成就被认为是正确的，企业环境信息披露面临的组织合法性压力和成本压力较大。另一方面，就企业环境信息披露面临组织合法性动力而言，男性化气质社会文化模式注重社会经济成就及企业环境信息披露对企业的积极作用，增加了企业环境信息披露对企业收益的激励作用，增强了管理层通过企业环境信息披露获取较高经济利益回报的动机，提升环境信息披露质量能获得较高的组织合法性回报和收益，男性化气质社会文化模式提高了企业环境信息披露水平。总之，男性化气质程度越高，企业环境信息披露面临的组织合法性压力和成本压力越大，男性化气质社会文化模式提高了企业环境信息披露水平。

#### 4.2.1.4 不确定性规避与企业环境信息披露之间的关系

不确定性规避概念来美国组织社会学。不确定性规避概念认为，所有国家的社会成员均面临着如何面对明天和不确定性未来的问题。不同社会文化模式选择了对该问题不同的对待方式，形成了不同的不确定性规避社会文化模式。Hofstede 等 (2013)[162]将不确定性规避概念引入其社会价值文化模型调查，认为高不确定性规避社会文化模式下，社会成员偏好稳定且对未来充满忧虑，低不确定性规避社会文化模式下，社会成员对未来充满信心并愿意接受挑战（陈晓萍等，2012）[13]。实际上，不确定性规避是指人们忍受模糊或感到模糊和不确定性威胁的程度，是当社会受到不确定性事件和非常规环境威胁时，社会成员是否通过某种正式渠道避免或控制非常规环境威胁或不确定性事件的态度（李文娟，2009）[43]。总体而言，社会成员容忍程度越高，该社会文化模式不确定性规避越低；社会成员容忍程度越低，该社会文化模式不确定性规避越高。

社会成员因对模糊或感到模糊的容忍程度不同，使不同不确定性规避社会文化模式所要求的风险回报水平不同。高不确定性规避社会文化模式下，社会成员因对模糊或感到模糊的容忍程度较低而更加注重安全动机，要求风险回报水平较高；低不确定性规避文化模式下，社会成员因对模糊或感到模糊的容忍程度更高而更注重成就动机，要求风险回报水平较低(见表 4.4)。

**表 4.4　不确定性规避社会一般社会规范和家庭的主要差异**

| 低不确定性规避 | 高不确定性规避 |
| --- | --- |
| 不确定性是生活常态，顺其自然接受每一天的到来 | 生活中存在的不确定性是一种持续威胁，我们必须持续与之抗争 |
| 较低的压力和焦虑 | 较高的压力和焦虑 |
| 攻击性和情感不应外露 | 攻击性和情感应在适当时间合适场合显露出来 |
| 人格测试中的随和性方面得分较高 | 人格测试中的神经质方面得分较高 |
| 坦然面对模糊情况和不常见风险 | 接受常规风险，害怕模糊和不常见风险 |
| 给孩子们做出肮脏和禁忌的宽松规定 | 给孩子们做出肮脏和禁忌的严格规定 |
| 较弱的超我意识 | 强烈的超我意识 |
| 以相似称谓称呼不同的人 | 以不同称谓称呼不同的人 |
| 差异令人好奇 | 差异是危险的 |
| 家庭生活较为宽松 | 家庭生活较为紧张 |
| 在富裕西方国家，生育孩子的数量多 | 在富裕西方国家，生育孩子的数量少 |

具体到企业环境信息披露方面，对环境变化敏感程度和对环境风险容忍程度不同，使处于不同不确定性规避社会文化模式的社会成员对环境信息的需求不同，赋予企业环境信息披露不同社会压力和社会收益。不确定性规避影响了企业环境信息披露水平。一方面，就企业环境信息披露的组织合法性压力而言，低不确定性社会文化模式下，社会成员对企业侵害环境带给自己的风险缺乏敏感性，较少关注企业环境信息披露水平，企业环境信息披露面临的组织合法性压力和成本压力较低，企业环境信息披露水平较低；高不确定性规避社会文化模式下，社会成员对未来生态环境和生态环境变化带给自身的风险更为敏感，更加关注企业披露环境信息，企业环境信息披露面临的组织合法性压力和成本压力较高，企业环境信息披露水平较高。另一方面，就企业环境信息披露的组织合法性动力和收益而言，低不确定性规避社会文化模式因对日益严峻的生态环境所带来的风险接受程度较高，对企业环境信息披露的社会期望较低，赋予相应企业环境信息披露水平的组织合法性回报和收益较低，企业环境信息披露的积极性较低；高不确定规避社会文化模式因对日益严峻的生态环境所带来风险的接受程度较低，对企业环境信息披露的社会期望较高，赋予相应企业环境信息披露水平的组织合法性回报和收益较高，企业环境信息披露的积极性较高。总之，不确定性规避程度越高，企

业环境信息披露水平越高；不确定性规避程度越低。企业环境信息披露水平越低。不确定性规避提高了企业环境信息披露水平。

### 4.2.2 社会结构文化影响企业环境信息披露作用机理的分析

与社会价值文化通过组织合法性压力和组织合法性回报影响企业环境信息披露不同，强调社会行为规范习俗的社会结构文化主要通过社会信任水平和交易成本影响企业环境信息披露。社会结构文化与企业环境信息披露之间作用机理的分析，主要基于社会结构文化影响社会信任水平和交易成本并结合组织合法性和信息披露的收益成本约束机制而进行。由此，首先分析差序格局社会结构文化对企业环境信息披露的影响。其次，分别用家族取向、人情取向和恩威取向表示社会结构文化中的“己”“差”“序”，分析家族取向社会结构文化、人情取向社会结构文化和恩威取向社会结构文化对企业环境信息披露的影响。

#### 4.2.2.1 *差序格局社会结构文化与企业环境信息披露之间的关系*

受中国传统社会结构和中国传统文化影响，中国传统社会结构形成了以“己”为中心的差序格局社会结构和差序人际关系结构，以“己”为中心的差序人际关系格局按家人、熟人、生人次序，形成了由亲向疏、社会信任水平从高到低的差序格局社会关系（费孝通，2011）[18]。具体而言，以“差”为横向层面的社会结构文化，差序格局社会结构文化特质越强，离“己”中心越近，人际关系的亲密程度和社会信任水平越高；离“己”中心越远，人际关系的亲密程度和社会信任水平越低。“己”内与“己”外人际关系亲疏程度和社会信任水平的差越大，差序格局社会结构文化“差”的特征就越强。以“序”为纵向层面的社会结构文化，社会等级特征越明显，离“己”中心越近，人际关系的亲密程度和社会信任水平越高；离“己”中心越远，人际关系的亲密程度和社会信任水平越低。

实际上，以“己”为中心，以“差”和“序”为两翼的差序格局社会结构文化，强调不同社会圈子之间拥有不同的社会信任水平，差序格局社会结构文化体现了不同社会圈子之间社会文化模式的差异性和不同社会圈子之间边界的清晰性。差序格局社会结构文化特征越明显，以“己”为中心社会圈子的边界越清晰，对“己”内社会行为规范习俗与“己”外社会行为规范习俗之间边界的认知越清晰。差序格局社会结构文化特征越显著，不同社会圈子之间社会信任水平的差异性程度越高，社会信任水平越低。此外，因差序格局社会结构文化对“己”内与“己”外社会认知的差异性，影响了社会成员在面对相同社会问题时社会认知的一致性，差序格局社会结构文化特征越显著，全体社会成员面对相同社会问题时社会认知的一致性越低，对该社会问题所给予的组织合法性压力越小；差序格局社会结构文化特征越不显著，全体社会成员面对相同社会问题时社会认知的一致性越高，对该社会问题给予的组织合法性压力越大。

具体到企业环境信息披露方面，就企业环境信息披露面临的组织合法性压力而言，差序格局社会结构文化特征越显著，社会成员对环境保护和环境治理社会认知的一致性程度越低，给予企业环境信息披露的组织合法性压力和成本压力越小，企业环境信息披露水平越低；差序格局社会结构文化特征越不显著，全体社会成员对环境保护和环境治理认知的一致性程度越高，给予企业环境信息披露的组织合法性压力和成本压力越大，企业环境信息披露水平越高。此外，就企业环境信息披露的组织合法性动力而言，差序格局社会结构文化特征越显著，不同社会群体之间的社会信任水平差异越大，群体之间社会信任水平越低，交易成本越高（张博和范辰辰，2019）[105]，降低了企业环境信息披露水平获得相应组织合法性回报的可能性和企业环境信息披露的积极性；差序格局社会结构文化特征越不显著，不同社会群体之间的社会信任水平差异越小，社会信任水平越高和交易成本越低，提升了企业环境信息披露水平获得相应组织合法性回报的可能性和企业环境信息披露的积极性。

总之，综合企业环境信息披露的组织合法性压力和组织合法性动力，以及收益成本机制，差序格局社会结构文化特征越显著，社会群体对环境保护和环境治理社会认知的一致性越低，企业环境信息披露面临的组织合法性压力和成本压力越小，企业环境信息披露水平越低；差序格局社会结构文化特征越显著，社会信任水平越低和交易成本越高，降低了企业环境信息披露水平获取相应组织合法性回报的可能性，企业环境信息披露水平越低。因此，差序格局社会结构文化降低了企业环境信息披露水平。

4.2.2.2 家族取向社会结构文化与企业环境信息披露之间的关系

既包括血缘和父族，又包括母族和妻族的家族，构成了中国社会的基本特质（王沪宁，1991）[73]，是中国社会区别于西方社会或其他社会的基本特征之一（马克斯·韦伯，2004）[51]。来源于家族的家族文化不仅涉及家庭中人与人之间关系的社会规范及其社会文化模式，还涉及同一家族不同家庭之间关系的社会规范及其社会文化模式。家族文化是针对由不同家族社会成员基于血缘关系而组织起来的社会基本单位的社会行为规范，既以家庭为基础，又超越了家庭边界。家族文化的内在逻辑是宗亲血缘关系，是以社会关系表现血缘关系的社会文化模式（王沪宁，1991）[73]；是以家族存在活动为基础，以家族认同强化为特征，注重家族延续与和谐并强调个人服从整体的社会文化系统。在曹书文（2005）[5]看来，家族文化包括人伦秩序、道德情感和价值理想三个层面。人伦秩序建构了家族成员之间的伦理关系结构，道德情感意味着家族成员之间虽爱但有等差（爱有别），价值理想体现了人们生存场所、人伦关系和价值上的终极关怀。人伦秩序、道德情感和价值理想构成了三位一体的家族文化特质：道德情感从观念方面维系着人伦社会秩序的稳定性，价值理想为社会成员提供了最终心理归宿，人伦秩序为社会成员提供了外在强制性力量（曹书文，2005）[5]。三位一体文化特质使家族结构具有内在稳定性，形成了牢固的家族社会结构秩序，牢固的社会结构秩序提高了社会信任水平并降低了交易成本。

随着社会发展和人口迁移扩散，荒无人烟的边疆发展为成熟文明社区，全新的乡村和城镇开始建立，家族文化随之扩散。不同家族之间相互往来使家族的组织体系和社会行为规范随之扩散到更广泛社会生活之中。以家族伦理谋划国家治理，以孝替代忠，形成了家国同构的社会结构（吴祖鲲和王慧姝，2014）[85]及家族取向的社会结构文化。基于家族基础上而形成的“家天下”思想，认为“家”与“国”并无区别，“国”是一个更大的“家”，是“家”的另一种存在形态。“家天下”在将家族取向社会结构文化的思想、情感和意愿扩展到社会的同时，也将家族内较高社会信任水平扩展到社会，较高社会信任水平使各种基于非正式契约基础的社会经济行为能获得预期社会经济利益回报。家国同构思想和家族取向社会结构文化影响了人们对社会问题的普遍看法，形成了较高一致性的社会认知和相应社会行为规范，影响了社会成员的社会经济行为。

具体到企业环境信息披露方面，就企业环境信息披露面临的组织合法性压力而言，一方面，家族取向社会结构文化和家国同构思想特征越显著，社会成员对环境保护和环境治理社会认知的一致性越高，给予企业环境信息披露的组织合法性压力和成本压力越大，企业环境信息披露水平越高。另一方面，企业环境信息披露与组织合法性回报之间隐性契约的执行依赖于社会信任水平。家族取向社会结构文化和家国同构思想特征越显著，社会信任水平越高，家族取向社会结构文化较高社会信任水平为企业环境信息披露与组织合法性之间隐性契约的有效执行提供了保障，有助于企业环境信息披露获取相应组织合法性回报；家族取向社会结构文化和家国同构思想特征越显著，社会交易成本越低，较低社会交易成本降低了企业环境信息披露与组织合法性之间隐性契约的执行成本，有助于企业环境信息披露获取相应组织合法性回报。此外，生活在家族取向社会结构文化的企业管理层因拥有较强家族观念，在进行企业环境信息披露行为决策时往往"念祖先之德而思后代之祸"，主动进行企业环境信息披露，提高企业环境信息披露水平。因此，家族取向社会结构文化特征越显著，企业环境信息披露水平越高。

#### 4.2.2.3 人情取向社会结构文化与企业环境信息披露之间的关系

强调社会和谐及人际关系合理安排是中国社会文化最显著特征之一。"人情""关系"和"报"等词语定义了中国社会中人际关系安排的合理性，构成了中国人情取向社会结构文化的核心。在黄光国（2004）[26]看来，人情既指个人遭遇各种不同生活情境时可能产生的如喜怒爱乐等情绪反应，也指人与人进行社会交易时可用来馈赠对方的一种资源，还指中国社会人与人之间应该如何相处的社会规范。实际上，人情包括通情达理、用以社会交换的资源和某种社会规范等内涵。日常生活通过馈赠礼物及互相问候等方式与个体社会关系网内其他社会成员保持联系与良好人际关系以及做人情是人情社会规范的两类主要社会行为。

"受人于点滴之恩当涌泉相报"。人情施与者之所以施惠于人，是因为他预期对方将来一定会予以回报（涂碧，1987）[72]，"报"是人情关系的基本社会规范。社会实践的"报"受具体社会结构和人际关系类型影响，以"己"为中心的差序格局社会结构，形成了情感性、工具性以及混合性等人际关系类型。基于血缘关系基础的情感性人际关系，人情依附于社会成员之间的血缘关系结构，情感性人际关系满足了个体人际关系的归属感等情感需要；基于陌生人关系的工具性人际关系具有短暂性特征，理性计算和客观标准是工具性人际关系运行的基础，获取资源是工具性人际关系的目标；介于情感性和工具性人际关系类型之间，混合性人际关系的交往，双方既没有血缘关系，也非完全陌生人关系，而是彼此认识且具有一定程度情感关系。在血缘关系主导的情感性人际关系中，人情关系依附于血缘关系，人情关系是血缘关系及其背后伦理道德的表达（宋丽娜和田先红，2011）[64]。混合性人际关系既非像情感性人际关系一样长久存在，也非像工具性人际关系一样那么短暂，混合性人际关系的延续需要借助人与人之间的礼尚往来，需要借助于“报”的社会行为规范。

人情往来是中国人社会关系的表征，社会关系的建构维系只有遵循“报”的人情往来社会机制，才能保持人情往来的持续性和有效性（宋丽娜，2012）[63]。差序格局社会结构文化的情感性人际关系和工具性人际关系不符合以“报”为互惠规范的人情法则，只有混合性社会关系网内的交往双方才讲究“礼尚往来”。混合性人际关系才符合人际交往“报”的社会规范（黄光国，2004）[26]。

以“报”为社会行为规范习俗基础的人情取向社会结构文化，人际交往和社会经济活动以物质层面的利益导向为基础。虽然人情包括通情达理等基本伦理价值，但人情更主要的是通过与其他社会成员之间的人情往来，拓展自身生存发展空间和改善物质基础。人情取向社会结构文化的利益导向使社会成员的人情关系边界不断变动，不断变动的人情关系边界和过强功利性降低了人情取向社会结构文化的社会信任水平，提高了社会交易成本。此外，以“己”为中心、以“差”为基础的差序格局社会关系结构，强调人情关系平等交往双方的社会成员拥有不同社会行为规范习俗并从属于不同社会圈子。因此，基于人情关系交往双方之间因难以将对方视为“己”内社会圈子的社会成员，交往双方相互社会信任水平较低，降低了整体社会信任水平。

具体到企业环境信息披露方面，就企业环境信息披露面临的组织合法性压力和社会成本而言，一方面，因人情取向社会结构文化过于强调物质利益因素，不同社会成员面对社会共同问题的环境保护和环境治理时，拥有各自不同社会经济利益，社会成员对企业环境信息披露社会认知的一致性较低，企业环境信息披露所面临的组织合法性压力和成本压力较低，企业环境信息披露水平较低。另一方面，就企业环境信息披露的组织合法性动力而言，以“报”为基础的混合性人际关系，不断变动的人际关系边界，降低了人情取向社会结构文化的社会信任水平，提高人情取向社会结构文化的社会交易成本，妨碍了企业环境信息披露与社会之间交易契约的有效执行，使企业环境信息披露难以获取相应的组织合法性回报，企业环境信息披露水平较低。此外，人情取向社会结构文化较低的社会信任水平，制约了企业环境信息披露与社会之间交易契约的有效执行，使企业环境信息披露难以获取相应的组织合法性回报，降低了企业环境信息披露水平。因此，人情取向社会结构文化特征越显著，企业环境信息披露水平越低。

4.2.2.4 恩威取向社会结构文化与企业环境信息披露之间的关系

以“己”为中心、以“序”为基础的差序格局社会等级结构，强调社会成员在社会等级上从属于不同社会圈子，差序格局社会等级结构除阐述个体在社会等级结构上的不同等级外，还否定了个体人格之间的平等，不承认权利与义务之间的平衡。传统文化中“君子小人之辩”表明了人格与社会等级制度之间的关系，差序格局社会等级结构的上位者因其对精神物质资源垄断，更容易将自己定义为君子。但是，即使是君子，也要“畏天命，畏大人，畏圣人之言”，贵为君子的人格仍受社会等级结构限制（阎云翔，2006）[94]。一方面，当君子面对下方时，君子俨然是圣贤，负有教化下位者的权力；另一方面，当君子仰望上天、面对天命和圣人之时，其也成为下位者，失去了“天赋圣权”，而只能成为一个接受教化的下位者。

与君子只需界定天命与圣人之言不同，普通人还需界定“大人”。但谁是大人，要视具体情况而定。一般而言，凡事比自己更加有权势的人皆为“大人”，都是敬畏对象。更重要的是，当此“大人”遇到彼“大人”时，还需重新界定相互之间的等级，以便确定谁是更大的“大人”（阎云翔，2006）[94]。个体在社会等级结构中，这种可随时转化的本领形成了差序格局社会结构中“大丈夫能屈能伸”的差序人格（阎云翔，2006）[94]。差序人格和尊卑大小的社会等级结构构成了差序格局社会等级结构的社会行为规范和社会结构文化。

差序格局社会等级结构将个体分为不同尊卑等级，形成了相应社会行为规范，并构建了相应的社会合法性基础。但具体社会实践中，不同上位者拥有不同权威，且民间社会差序格局社会等级结构和政治体制的社会等级制度不同，民间社会差序格局社会等级结构依赖于非正式制度的社会行为规范，依赖于上位者和下位者相互隐性契约的具体执行。上位者与下位者基于声望和社会合法性基础的社会互动，通过上位者对下位者的“恩”和（或）“威”而具体体现，形成了恩威取向社会结构文化。

恩威取向社会结构文化将领导者与下属分为两个不同社会圈子，不同社会圈子形成了不同社会认知水平和社会行为规范习俗。恩威取向社会结构文化特征越显著，领导者与下属之间的边界越清晰，相互之间社会认知水平的差异越大，对某些社会普遍性问题的认知一致性越低；恩威取向社会结构文化特征越不显著，领导者与下属之间的边界越模糊，相互之间社会认知水平的差异越小，对某些普遍性社会问题认知的一致性越高。恩威取向社会结构文化特征越显著，领导者与下属之间的边界越清晰，相互之间社会行为规范的差异性越大，社会信任水平越低，社会交易成本越高；恩威取向社会结构文化特征越不显著，领导者和下属之间的边界越模糊，相互之间社会行为规范的差异性越小，整体社会信任水平越高，社会交易成本越高。

具体到企业环境信息披露方面，就企业环境信息披露所面临的组织合法性压力而言，恩威取向社会结构文化特征越显著，领导者群体和下属群体之间对环境保护和环境治理社会认知的一致性越低，企业环境信息披露所面临的组织合法性压力和成本压力越小，企业环境信息披露水平越低；恩威取向社会结构文化特征越不显著，领导者群体和下属群体之间对环境保护和环境治理社会认知的一致性越高，企业环境信息披露所面临的组织合法性压力和社会成本压力越大，企业环境信息披露水平越高。

就企业环境信息披露的组织合法性动力而言，恩威取向社会结构文化特征越显著，上下级之间社会行为规范习俗差异越大，社会信任水平越低、交易成本越高，企业环境信息披露水平获取相应组织合法性回报的可能性越低，企业环境信息披露的积极性越低，降低了企业环境信息披露水平；恩威取向社会结构文化特征越不显著，上下级之间社会行为规范习俗差异越小，社会信任水平越高、交易成本越低，企业环境信息披露水平获取相应组织合法性回报的可能性越高，企业环境信息披露的积极性越高。总之，恩威取向社会结构文化特征越显著，企业环境信息披露水平越低，恩威取向社会结构文化降低了企业环境信息披露水平。

### 4.2.3　社会文化和企业环境信息披露影响企业期权价值作用机理分析

根据 Meyer（1977）[177] 的观点，企业是一系列资产和增长机会的集合，企业价值是现有资产价值和企业所拥有增长机会的价值之和。在李宝玲和陈金龙（2005）[35] 看来，企业增长机会包括由企业过去投资活动所形成的增长机会和由企业现在及未来投资活动所形成的增长机会。但目前会计系统主要反映和披露企业现有资产的价值，对企业增长机会价值则通过实物期权方法进行计量。实际上，企业增长机会包括扩大规模的正增长机会和缩小规模的负增长机会，增长机会价值包括扩大投资机会的增长期权价值和缩减低效率投资的清算期权价值。为此，基于资本逐利基本经济规律，Zhang（2000）[205]在Burgstahler和Dichev（1997）[131]引入企业期权价值的基础上，将企业增长期权价值和清算期权价值引入企业权益价值模型。由于投资活动是企业权益价值创造的驱动力（Modigliani和Miller，1958）[179]，投资活动扩张或缩减将直接影响企业增长期权价值和清算期权价值。按照Burgstahler和Dichev（1997）[131]、Zhang（2000）[205]的实物期权模型，企业在任一时刻均存在清算、继续经营和扩张三种状态，管理层选择清算或扩张投资决策所产生的价值构成了企业期权价值。当企业面临较好投资机会时，管理层将扩大投资规模，此时企业权益价值更多体现为增长期权价值；当企业面临较差投资机会时，管理层将缩减投资规模，此时企业权益价值更多体现为清算期权价值；当企业经营稳定时，管理层将维持正常投资活动，此时企业权益价值更多反映为持续经营价值。

#### 4.2.3.1 企业环境信息披露影响企业期权价值的作用机理

自愿性企业信息披露提高了证券流动性和信息中介关注程度（Healy和Palepu，2001）[160]，缓解了管理层与外部投资者之间的信息不对称，影响了企业融资约束和投资效率。通过企业环境信息披露，向利益相关者展现企业对环境责任的履行，影响了利益相关者投资行为（Richardson等，1999）[188]，最终影响了企业期权价值。具体而言，企业环境信息披露对企业期权价值的作用主要体现在以下方面：

第一，缓解融资约束。企业环境信息披露缓解了企业与投资者之间的信息不对称，降低了投资者对企业未来经营和未来投资的预测风险。投资者市场期望和投资行为受随时间空间变化而改变的众多心理因素影响，包括企业环境信息在内各类会计信息披露有助于降低投资者心理因素变化程度。在企业环境信息披露不对称的情况下，如果将环保污染废弃物排放量和政策达标等信息传达给投资者，有助于投资者更好地进行投资决策。实际上，较高企业环境信息披露水平为企业塑造具有某种环保理念的公司形象，吸引某些环保理念型投资者以较低资本成本对企业进行投资，缓解融资约束和提升企业期权价值。较高企业环境信息披露使企业通过绿色金融渠道获得更高水平和更低资本成本的融资，缓解企业融资约束并提高企业期权价值。

第二，提高投资效率。通过企业环境信息披露，缓解了消费者与企业之间的信息不对称，改变了消费者对企业产品的认知，提高企业产品市场占有率；通过企业环境信息披露向社会传达了企业愿意承担环境保护责任的积极信号，有助于促进企业产品销售并提高市场占有率。实际上，较高企业环境信息披露水平所传达的负责任的社会形象，降低了消费者对环境敏感型企业产品的疑虑，提高了企业产品预期需求和营业收入；较高企业环境信息披露水平迎合了某些持环保型价值理念消费者，促使其积极购买企业产品，甚至愿意溢价购买环保优秀企业的产品。企业环境信息披露对企业产品预期需求和预期收入的积极影响，降低了企业投资收益风险，提高了企业投资收益和企业期权价值。

企业环境信息披露还降低了企业投资决策风险。企业环境信息披露对企业内部与外部信息不对称的缓解使企业管理层受到更高水平的外部监督，有助于降低管理层构建商业帝国等低效率投资，降低管理层机会主义行为对企业投资决策的损害，提高企业投资决策科学性和可行性，进而提升企业期权价值。此外，企业环境信息披露对企业与政府监管部门之间信息不对称的缓解，可降低企业面临的环保诉讼风险和环境处罚风险，从而降低企业投资决策风险。具体而言，企业通过环境信息披露，向政府监管部门表达其愿意积极配合政府环境保护和环境治理政策，有助于减少自身面临的潜在环境诉讼和处罚损失，降低企业环保监管风险，最终提高投资效率和企业期权价值。

#### 4.2.3.2 社会文化影响企业环境信息披露与企业期权价值之间关系的作用机理

通过缓解融资约束和提高投资效率，企业环境信息披露提高了企业期权价值。但是，环境信息披露对企业期权价值的影响受社会文化等外部制度环境影响，通过组织合法性压力、社会信任水平和交易成本，社会文化影响了企业环境信息披露对企业期权价值的作用程度。在靳庆鲁等（2010）[31]看来，不同市场化程度因政府与市场关系及法律对私有财产有效保护不同，市场化进程等外部制度环境影响了企业期权价值。具体到企业环境信息披露与企业期权价值之间，不同社会文化所形成的社会期望和社会行为规范习俗及相应的组织合法性压力和社会信任水平，影响了企业环境信息披露对企业融资约束的缓解程度，影响了企业环境信息披露对企业内部与外部信息不对称的缓解程度，使不同社会文化制度环境的企业环境信息披露对企业期权价值的作用程度不同，社会文化影响了企业环境信息披露与企业期权价值之间的关系。

具体而言，企业环境信息披露的不确定性和风险性（吴梦云和张林荣，2018）[83]，使企业管理层需要承担相应的风险和责任。不同社会价值文化对企业管理层在企业环境信息披露行为承担责任的不同社会期望，影响了管理层披露环境信息的积极性，社会价值文化影响了企业环境信息披露与企业期权价值之间的关系。此外，企业环境信息披露能否及时有效地缓解融资约束和提高投资效率，受社会信任水平和交易成本约束。不同社会结构文化因社会信任水平和交易成本不同，影响了企业环境信息披露对融资约束和投资效率的积极作用，社会结构文化影响了企业环境信息披露与企业期权价值之间的关系。因此，企业环境信息披露对企业期权价值的影响受社会文化约束，不同社会文化制度环境，企业环境信息披露对企业期权价值的作用不同。

## 4.3 小 结

本章首先对社会文化与企业环境信息披露之间关系及企业环境信息披露与企业期权价值之间关系进行梳理，认为社会文化通过社会期望和社会信任水平，以及通过社会声誉途径、公司治理途径和社会化途径影响了企业环境信息披露水平；企业环境信息披露借助融资约束效应和投资效率效应影响了企业期权价值，并受不同社会文化制度环境约束，建立“社会文化—企业环境信息披露”理论分析框架。

其次，阐述了社会价值文化和社会结构文化对企业环境信息披露影响的作用机理，阐述了社会文化和企业环境信息披露对企业期权价值影响的作用机理。本章建立的理论分析框架为后续实证研究提供了理论基础，社会价值文化的权力距离、集体主义、男性化气质和不确定性规避，差序格局社会结构文化及家族取向社会结构文化、人情取向社会结构文化和恩威取向社会结构文化对企业环境信息披露的作用机理，以及社会文化和企业环境信息披露对企业期权价值的作用机理等为后续实证研究奠定了具体逻辑基础。

# 5 社会价值文化影响企业环境信息披露的实证检验

观念及由观念所决定的“世界图像”决定了人类行为方向，不同观念的人或群体，其行动方向也不同（马克斯·韦伯，2004）[51]。人们在不断社会化的过程中逐渐形成了包括思维模式、感情模式以及潜在行为模式在内的“观念”，Hofstede 等（2013）[162]将这种思维模式、感情模式和潜在行为模式称为文化，认为虽然生活在相同社会环境中的人们形成了大致相同社会文化模式，但气候地理条件和人口规模导致文化符号和文化仪式的空间差异，形成了不同地理空间范围内关于社会价值文化的不同文化特质。

Hofstede 等（2013）[162]社会价值文化理论包括六个维度，但郭爱丽等（2016）[20]认为，纵容维度和长期导向维度与个人欲望克制有关，存在某种程度重复。此外，与权力距离、集体主义、男性化气质和不确定性规避具有价值观的广泛普遍性和客位性不同，长期导向具有显著儒家社会文化指向性特征，长期导向维度的价值观普遍性和客位性较低。综合上述考虑，将长期导向和纵容维度排除，选取权力距离、集体主义、男性化气质和不确定性规避为社会价值文化的组成部分，分析不同省级行政区社会价值文化对企业环境信息披露的影响。

## 5.1 理论分析与研究假说

### 5.1.1 权力距离对企业环境信息披露的影响

根植于不平等社会关系中的权力距离，是具体社会文化模式社会成员接受并期望不平等的态度（Hofstede 等，2013）[162]。不同社会文化模式对待权力的不同态度，形成了权力距离不同的社会文化模式。较高权力距离社会文化模式对不平等的接受程度较高，社会成员在面对社会事务时更依赖和尊重权威，社会成员参与社会事务的积极性较低，社会成员对社会事务的参与程度较低；较低权力距离社会文化模式对不平等的接受程度较低，社会成员面对社会事务时强调自己的独立性，社会成员参与社会事务的积极性较高，社会成员对社会事务的参与程度较高。不同权力距离社会文化模式社会成员对待权力和不平等的态度，形成了社会成员对各项社会事务的不同社会期望，赋予社会行为主体不同组织合法性压力，影响了社会经济行为。

基于组织合法性理论基础的企业环境信息披露，强调企业环境信息披露与社会价值文化对企业环境信息披露的社会期望的一致性。通过组织合法性理论，社会价值文化使企业环境信息披露与社会成员对企业环境信息披露的社会期望获得某种均衡。具体到权力距离与企业环境信息披露方面，在高权力距离社会文化模式下，社会成员较低的社会事务参与度降低了社会成员对企业环境信息披露的关注参与程度，降低了企业环境信息披露面临的组织合法性压力，企业少披露或不披露环境信息所需承担的成本较低；在低权力距离社会文化模式下，社会成员对社会事务的积极参与提升了其对企业环境信息披露的关注参与程度，增加了企业环境信息披露面临的组织合法性压力，企业少披露或不披露环境信息所需承担的成本较高。

不同权力距离社会文化模式，企业披露相应环境信息获取组织合法性回报和收益不同。较高权力距离社会文化模式下，社会成员对社会事务较低的参与程度，给予企业环境信息披露的组织合法性回报和收益较低；较低权力距离社会文化模式下，社会成员对社会事务较高的社会参与程度，给予企业环境信息披露的组织合法性回报和收益较高。为获取组织合法性回报，企业需要通过遵守环境保护和环境治理的社会认知和社会期望（DiMaggio 和 Powell，1983）[144]，通过展现良好环境绩效来获得组织合法性（Chelli 等，2014）[133]，获取企业生存发展所需的各项有用资源。综上所述，提出“假设 5.1”：

**H5.1**：权力距离与企业环境信息披露水平负相关。

### 5.1.2 集体主义对企业环境信息披露的影响

社会成员对所在集体的认同程度因所处社会文化模式不同而不同。相比集体主义社会文化模式强调集体对社会成员日常生活的重要性不同，个体主义社会文化模式强调社会成员的权利及社会成员自身在其日常生活中的重要性。无论是集体主义社会文化模式，还是个体主义社会文化模式，强调集体及主张个体权利的社会文化模式在影响社会成员自身认知水平同时，由众多社会成员大致相同认知水平所构成的集体认知模式和社会期望影响社会成员的社会经济行为。

集体主义社会文化模式下，社会成员与集体相对紧密的依存关系，使社会成员对集体有更多的社会认同和社会接纳，社会成员通过集体而实现自身利益，社会成员之间的竞争性关系较弱；个体主义社会文化模式下，因社会成员对集体的依赖性关系较弱，故给予社会成员的空间更大，社会成员之间的竞争性关系较强。集体主义社会文化模式和个体主义社会文化模式下，社会成员不同的竞争性关系及由此形成的不同社会认知模式，影响了社会经济行为和企业环境信息披露水平。

与集体主义社会文化模式强调集体在日常社会生活中的作用不同，个体主义社会文化模式更开放、竞争性更强和拥有较少个人私密性的社会组织，导致个体主义社会文化模式拥有更高水平的各种环境利益群体，使社会公众更加关注企业环境信息披露（Husted，2005）[165]。相比集体主义社会文化模式，个体主义社会文化模式给予企业环境信息披露的组织合法性压力较大，需要承担的成本较高。但个体主义社会文化模式社会成员由于更加关注自身经济利益目标等，往往忽视自身经济行为的负外部性（Ringov 和 Zollo，2007）[189]，使体现负外部性经济行为的企业环境信息披露面临的组织合法性压力较小，因此个体主义社会文化模式企业，其企业环境信息披露水平更低。实际上，在面对环境问题时，集体主义社会文化模式的企业有更强烈的合作意愿（Buhr 和 Freedman，2001）[130]，集体主义社会文化模式的企业环境信息披露面临更高组织合法性压力，给予相应企业环境信息披露的组织合法性回报更高，提高了企业环境信息披露水平。综上所述，提出竞争性“假设 5.2”：

**H5.2a**：集体主义与企业环境信息披露水平负相关；

**H5.2b**：集体主义与企业环境信息披露水平正相关。

### 5.1.3 男性化气质对企业环境信息披露的影响

对不同性别承担社会角色的不同认知形成了男性化气质/女性化社会文化

模式。相比女性化社会文化模式强调生活环境和生活质量，男性化气质社会文化模式强调社会成员的职业成就——获取更高职业成就是男性化气质社会文化模式的表征（Hofstede 等，2013）[162]。对职业成就的高社会期望使男性化气质社会文化模式社会成员面临较大社会压力和较高社会期望，男性化气质社会文化模式特征越显著，社会成员职业成就面临的社会期望越高；女性化社会文化模式特征越显著，社会成员职业成就面临的社会期望越小。不同社会文化模式因对社会成员职业成就的社会期望不同，影响了社会成员的社会经济行为。

不同社会时期赋予职业成就不同含义。环境保护和环境治理因成为社会公众和政府监管的关注焦点而被赋予较大经济利益关联，通过环境保护和环境治理，社会成员可获得较大经济利益和提升职业成就，符合男性化气质社会文化模式对职业成就的社会期望。男性化气质社会文化模式特征越显著，社会成员对获取经济成就的社会期望越高，通过环境保护和环境治理而获取社会经济利益和提升职业成就的动机越强，企业环境信息披露面临的组织合法性压力较大，企业环境信息披露水平较高。男性化气质社会文化模式特征越显著，通过环境保护和环境治理，以及企业环境信息披露而获取社会经济利益和提升职业成就的动机越强，企业环境信息披露获取相应组织合法性回报越高——男性化气质社会文化模式提升了企业环境信息披露水平。因此，男性化气质社会文化模式特征越显著，企业环境信息披露水平越高。综上所述，提出“假设 5.3”：

**H5.3**：男性化气质与企业环境信息披露水平正相关。

### 5.1.4 不确定性规避对企业环境信息披露的影响

社会成员对不确定性未来的不同面对方式，形成了不同的不确定性规避社会文化模式。相比低不确定性规避社会文化模式，高不确定性规避社会文化模式社会成员对未来有着更多焦虑，期望获取或了解关于未来的更多信息。面对日益严峻的环境问题，社会成员对未来的担忧转向环境保护和环境治理，关注自然生态环境对自身未来和后代子孙生活质量的影响，社会成员对企业环境信息披露有更高的社会期望。

对环境变化敏感程度和对环境风险容忍程度不同，影响了企业环境信息披露的压力和动力。在企业环境信息披露压力方面，低不确定性社会文化模式下，社会成员对企业侵害环境带给自己的风险缺乏敏感性，给予企业环境信息披露的社会期望较低，企业环境信息披露面临的组织合法性压力较小，企业环境信息披露水平较低；高不确定性规避社会文化模式下，社会成员对未来生态环境和生态环境变化带给自身的风险更为敏感，给予企业环境信息披露的社会期望较高，企业环境信息披露面临的组织合法性压力较大，企业环境信息披露水平较高。

在企业环境信息披露动力方面，低不确定性社会文化模式社会成员对企业侵害环境带给自己的风险缺乏敏感性，给予企业环境信息披露的社会期望较低，披露环境信息获取的组织合法性回报较低，企业环境信息披露水平较低；高不确定性规避社会文化模式社会成员对未来生态环境和生态环境变化带给自身的风险更为敏感，给予企业环境信息披露的社会期望较高，披露环境信息获取的组织合法性回报较高，企业环境信息披露水平较高。

实际上，包括社会文化等所形成的非正式制度压力影响了企业环境信息披露（Guthrie 和 Parker，1990；Patten，1992）[154][186]，迫于社会文化等非正式制度压力，企业通过企业环境信息披露来获取相应组织合法性回报，维系企业生产经营（Walden 和 Schwartz，1997；Matias Laine，2009）[198][176]。为缓解企业环境表现所面临的组织合法性压力，高不确定性规避社会文化模式的企业将通过披露环境信息，提高企业组织合法性回报（Baker 和 Carson，2011）[125]。综上所述，提出“假设 5.4”：

**H5.4**：不确定性规避与企业环境信息披露水平正相关。

## 5.2 研究设计

### 5.2.1 样本选择与数据来源

首先，自党的十八大以来，环境保护和环境治理上升为国家战略。为更好贯彻实施环境保护和环境治理国家战略，全国人大于 2014 年 4 月 24 日表决通过了《环保法修订法案》，并于 2015 年 1 月 1 日开始实施新的《中华人民共和国环境保护法》（以下简称新《环境保护法》）；国家环境保护部也于

2014 年 12 月 15 日颁布并于 2015 年 1 月 1 日开始实施《企业事业单位环境信息公开办法》，以推动企业贯彻实施环境保护和环境治理国家战略。

其次，我国 A 股主板上市公司多为全国性上市公司，受省级行政区具体社会文化影响较小。相比主板上市公司，扎根于地方的中小板上市公司受地方社会文化影响相对明显，以省级行政区为度量单位的社会文化对中小板上市公司环境信息披露的影响具有一定现实意义。

再次，作为环境保护和环境治理重要主体的企业，特别是作为地方社会经济支柱和直接影响社会公众宜居生活环境的中小板上市公司，其在环境保护和环境治理中的作用被社会公众逐渐认可，社会公众对所在地中小板上市公司环境知情权的需求越来越高，社会公众的积极关注影响了中小板上市公司环境信息披露。实际上，环保治理和环境保护不能仅依赖于规模较大的主板上市公司，只有包括中小板上市公司等各类企业主体共同参与，才能有效保护环境和治理环境。

最后，社会文化的问卷调查从 2017 年 11 月持续至 2018 年 3 月，虽然社会文化演变是一个长期过程，但年份跨度过大将影响调查问卷的时效性。总之，我们基于新《环境保护法》实施时代背景和问卷调查时效性，基于中小板上市公司贯彻实施环境保护和环境治理国家战略的重要性以及地方社会文化对中小板上市公司的影响，选择新《环境保护法》实施的 2015 年为时间起点，分析社会文化对中小板上市公司环境信息披露的影响。

具体而言，以 2015—2018 年 A 股中小板上市公司为初始样本，借鉴已有研究删除当年 ST 或 ST* 上市公司，2015 年后 IPO 上市公司、同时发行 H 股或 B 股的上市公司、数据缺失的上市公司，最终获取 415 家连续 4 年共计 1 660 个年度观察值的平衡面板数据。基于证监会 2001 年行业分类标准，样本公司具体行业分布如表 5.1 所示。可以看出，制造业行业分布比例最高，占全部样本的 83.86%，住宿餐饮业行业占比例最低，为 0.24%。其他行业中，建筑业及信息传输、软件信息技术服务业样本数均超过 50 家，所占比重超过 3%。

其他数据来源方面，社会价值文化数据来自对除港、澳、台地区外的中国 31 个省级行政区基于 VSM2013 调查问卷的调研结果，企业环境信息披露数据依据事先设计好的企业环境信息披露水平指数结构表，通过阅读样本公司年度财务报告、社会责任报告、可持续发展报告和环境责任报告收集获取。其他财务数据来自 CSMAR 数据库和 RESSET 数据库。为缓解异方差可能带来的影响，对所有连续型变量进行了1%和99%缩尾处理（winsorized）。本书研究使用的统计软件为stata14.0。

表5.1　　中小板上市公司环境信息披露行业分类及样本分布

| 序号 | 行业名称 | 行业代码 | Freq. | Percent | Cum. |
|---|---|---|---|---|---|
| 1 | 农、林、牧、渔业 | A | 20 | 1.2 | 1.2 |
| 2 | 采矿业 | B | 12 | 0.72 | 1.93 |
| 3 | 制造业 | C | 1 392 | 83.86 | 85.78 |
| 4 | 建筑业 | E | 72 | 4.34 | 90.12 |
| 5 | 批发零售业 | F | 16 | 0.96 | 91.08 |
| 6 | 交通运输、仓储邮政业 | G | 28 | 1.69 | 92.77 |
| 7 | 住宿餐饮业 | H | 4 | 0.24 | 93.01 |
| 8 | 信息传输、软件信息技术服务 | I | 56 | 3.37 | 96.39 |
| 9 | 房地产业 | K | 16 | 0.96 | 97.35 |
| 10 | 租赁商务服务业 | L | 8 | 0.48 | 97.83 |
| 11 | 科学研究技术服务业 | M | 16 | 0.96 | 98.8 |
| 12 | 水利、环境公共设施管理业 | N | 8 | 0.48 | 99.28 |
| 13 | 文化、体育娱乐业 | R | 12 | 0.72 | 100 |

## 5.2.2　企业环境信息披露水平的度量

### 5.2.2.1　企业环境信息披露内容

采用内容分析法，参照新《环境保护法》和《企业事业单位环境信息公开办法》，结合企业年度报告和社会责任报告披露的环境信息，设计了总共15项企业环境信息披露内容，用以度量企业环境信息披露水平。企业环境信息披露具体内容如下：

（1）环保方面有关风险、机遇及应对战略；

（2）环保机构组织设置；

（3）环保政策执行情况；

（4）实施环保措施；

（5）污染物排放量；

（6）环保资金投入；

（7）对周围环境的治理；

（8）环境事故情况；

（9）获取政府环保专项资金补助；

（10）环保社会荣誉；

（11）获取政府环保专项资金奖励；

（12）环保排污费或排污税；

（13）因环保问题而受到处罚；

（14）环保项目建设或环保设施运行情况；

（15）环保技术研究或环保新产品情况。

5.2.2.2 企业环境信息披露的度量

根据企业环境信息披露水平指数结构表，依据显著性、时间性和量化性三个维度对样本公司企业环境信息披露进行评分，三维度得分总和即为样本公司企业环境信息披露水平。具体判断如下：

显著性方面：在年报非财务部分披露记1分，在年报财务部分或社会责任报告部分披露记2分，同时符合前述三项条件中至少两项记3分。

时间性方面：披露针对现在的环境信息记1分，披露针对未来的环境信息记2分，披露现在与过去对比的环境信息记3分。

量化性方面：披露环境信息只有定性描述而没有定量描述记1分，披露环境信息只有数字化而非货币化定量描述记2分，披露环境信息同时有数字化信息和货币化信息记3分。

5.2.2.3 企业环境信息披露水平指数的信度分析

为确保企业环境信息披露度量方法的可靠性，运用重测信度法对上述评分结果进行信度分析。具体而言，首次评分30天后，从EXCEL样本分布表格中随机抽取5个中小板上市公司代码，依据前述企业环境信息披露度量方法对相同企业环境信息状况由3位同行专家进行重复评分，然后计算样本Kendall系数，用以测量样本公司企业环境信息披露评分结果的可靠性。

表5.2的检验结果显示，随机抽取5家样本公司Kendall系数均超过0.98并在1%水平下显著，说明对样本公司企业环境信息披露评分结果具有较高的一致性和稳定性。

**表 5.2　企业环境信息披露水平指数的 Kendall 系数**

| 证券代码 | Kendall 系数 | P 值 | 样本年份 |
|---|---|---|---|
| 002090 | 0.9912 | 0.0000 | 2017 年 |
| 002129 | 0.9914 | 0.0000 | 2017 年 |
| 002169 | 0.9888 | 0.0000 | 2016 年 |
| 002170 | 1.0000 | 0.0000 | 2015 年 |
| 002599 | 0.9886 | 0.0000 | 2015 年 |

#### 5.2.2.4　企业环境信息披露的状况分析

基于企业环境信息披露评分方法和证监会 2001 年行业分类标准，表 5.3 报告了各行业企业环境信息披露水平的基本情况。

**表 5.3　中小板上市公司环境信息披露水平行业分布**

| 序号 | 行业类型 | 企业环境信息披露水平 |
|---|---|---|
| 1 | 农、林、牧、渔业 | 0.309630 |
| 2 | 采矿业 | 0.190124 |
| 3 | 制造业 | 0.210137 |
| 4 | 建筑业 | 0.206276 |
| 5 | 批发零售业 | 0.103241 |
| 6 | 交通运输仓储邮政业 | 0.134656 |
| 7 | 住宿餐饮业 | 0.229630 |
| 8 | 信息传输软件信息技术服务 | 0.193519 |
| 9 | 房地产业 | 0.254630 |
| 10 | 租赁商务服务业 | 0.105556 |
| 11 | 科学研究技术服务业 | 0.191204 |
| 12 | 水利环境公共设施管理业 | 0.213889 |
| 13 | 文化体育娱乐业 | 0.108025 |
|  | 总计 | 0.207229 |

从表 5.3 可以看出，农林牧渔业、住宿餐饮业、房地产业、水利环境公共设施管理业和制造业的企业环境信息披露居前五位。农林牧渔业和制造业属于重污染行业，其企业环境信息披露面临的组织合法性压力较大。此外，房地产业施工场所位于居民密集居住区，居民对建筑业影响环境切身体验较为明显，施加给企业环境信息披露的社会压力较大。上述行业企业为缓解较

高外部社会压力，要披露较多环境信息，缓解社会压力，以维系企业组织合法性。

基于企业环境信息披露评分方法和样本公司年度分布情况，表 5.4 报告了样本公司各年度企业环境信息披露水平的基本情况。

表 5.4　　中小板上市公司环境信息披露水平年份分布

| 年份 | 总披露 |
| --- | --- |
| 2015 | 0.171727 |
| 2016 | 0.203231 |
| 2017 | 0.206658 |
| 2018 | 0.247300 |
| 平均 | 0.207229 |

从表 5.4 可以看出，我国中小板上市公司的企业环境信息披露水平逐年上升，从 2015 年披露均值的 0.171727，上升到 2018 年均值的 0.247300。企业环境信息披露水平年度分布结果表明，企业环境信息披露水平的年度分析，与我国环境保护和环境治理战略的实施、企业环境信息披露监管政策逐年完善的实际情况相符，说明我国环境保护和环境治理战略取得初步成效，并说明企业环境信息披露监管政策推动了企业环境信息披露，提升了企业环境信息披露水平。

### 5.2.3 社会价值文化的度量

#### 5.2.3.1 调查问卷的设计和调查过程

以 VSM2013 调查量表对各省级行政区社会价值文化进行问卷调查，调查过程分为三个阶段。

第一阶段，借鉴赵向阳等（2015）[117] 关于中国区域文化的问卷调查方法，从 2017 年 11 月起针对闽南师范大学和漳州职业技术学院全部非福建省大一新生（2017 级）进行问卷调查。选择大一新生作为调查对象，是因为我们假定大一新生刚刚离开自己的家乡，还没有被“福建化”或者“闽南化”，仍然带着自己家乡的社会文化观念。

第二阶段，针对第一阶段部分省份样本数量不足，同样借鉴赵向阳等（2015）[117] 的抽样方法在样本数量较少省份进行针对性调查。

第三阶段，从 2018 年 3 月起，针对前两阶段样本数量不足的少数省份，委托问卷星公司进行调查。

三阶段共获取总样本 2 092 份，包括 1 495 份网络调查问卷和 597 份实地调查问卷；其中有效问卷数为 1 860 份，包括 1 369 份网络调查问卷和 491 份实地调查问卷。总体有效问卷率为 88.91%。在省级行政区归属上，针对大一新生的问卷调查，要求该学生籍贯和高考地在省份上相同，且至少在该省份生活 10 年以上；针对非大一新生，以在该省级行政区出生或在该省级行政区工作生活 10 年以上为标准，判断调查对象的省级行政区归属。各省级行政区问卷调查数量分布如表 5.5 所示。

表 5.5 各省级行政区有效问卷调查数量表

| 省级行政区 | 问卷数量（份） | 省级行政区 | 问卷数量（份） |
| --- | --- | --- | --- |
| 安徽 | 97 | 辽宁 | 35 |
| 北京 | 54 | 内蒙古 | 53 |
| 福建 | 118 | 宁夏 | 38 |
| 甘肃 | 58 | 青海 | 31 |
| 广东 | 60 | 山东 | 49 |
| 广西 | 59 | 山西 | 81 |
| 贵州 | 100 | 陕西 | 38 |
| 海南 | 33 | 上海 | 53 |
| 河北 | 47 | 四川 | 69 |
| 河南 | 110 | 天津 | 43 |
| 黑龙江 | 41 | 西藏 | 31 |
| 湖北 | 45 | 新疆 | 48 |
| 湖南 | 52 | 云南 | 79 |
| 吉林 | 35 | 浙江 | 67 |
| 江苏 | 57 | 重庆 | 81 |
| 江西 | 107 | — | — |

从表 5.5 可以看出，全部样本数量符合抽样统计调查样本应高于 30 份的数量要求。在全部 1 860 份有效样本中，男性占 45.05%，女性占 54.95%，女性多于男性。教育程度方面，83.60% 的调研对象为本科以上学历，整体受教育程度较高，说明调查对象有较高独立判断能力，能充分理解调查问卷中各问题，避免了因对调查问题无法准确把握而出现的偏差。

5.2.3.2 社会价值文化的度量方法

Hofstede 官方网站提供的 VSM2013 说明手册详细介绍了社会价值文化各维度计算过程和计算公式。具体如下：

平均分计算公式：针对某一问题答卷，首先计算总分，如果该问题为空白选项或多选，则将该问卷视为无效问卷，要剔除这份问卷后再计算该问题总分。如针对某一问题的回答有 57 份答卷，其中有 3 份为空白选项或多选无效问卷，则剔除这 3 份后该问题的总分计算如下：

10 ×“选项 1” +24 ×“选项 2” +14 ×“选项 3” +5 ×“选项 4” +1 ×“选项 5” =125 （分）

54 份有效问卷总得分为 125 分，则该问题平均得分为 2.31 分（125/54 = 2.31）。

VSM2013 社会价值文化维度指数计算公式如表 5.6 所示。

表 5.6 社会价值文化各维度指数的计算方法

| 维度类型 | 维度代码 | 计算方法 |
| --- | --- | --- |
| 权力距离 | PDI | PDI = 35 × （m07 − m02） + 25 × （m20 − m23） + c （pd） |
| 集体主义 | IDV | IDV = 35 × （m04 − m01） + 35 × （m09 − m06） + c （ic） |
| 男性化气质 | MAS | MAS = 35 × （m05 − m03） + 35 × （m08 − m10） + c （mf） |
| 不确定性规避 | UAI | UAI = 40 × （m18 − m15） + 25 × （m21 − m24） + c （u） |

注：m07 为“问题 7”的平均得分，其他类推。

由于各维度数值一般用在 0 到 100 之间的数字表示，根据样本得分具体情况，采用一个调整数值 c（正值或负值）将最后指数得分调整在 0 到 100 的区间当中。由于调整后不影响各社会价值文化指数值比较分析，本书采用未经调整的社会价值文化指数进行实证分析。

5.2.3.3 社会价值文化调查问卷的信度分析和效度分析

信度分析采用 stata14.0 统计软件，效度分析采用 SPSS18.0 统计软件。检验结果发现，社会价值文化调查问卷信度分析的 Cranach's a 系数值为 0.8600，符合社会价值文化问卷调查 Cranach's a 系数高于 0.75 的信度检验要求。效度分析方面，社会价值文化调查问卷的 KMO 检验系数为 0.654，Bartlett's 球形检验系数为 295.242，并在 1% 水平上显著。检验结果表明，社会价值文化问卷调查通过了信度检验和效度检验，说明社会价值文化问卷调查具有一定科学性，依据本次问卷调查所获取的调查数据可以正常使用。

### 5.2.4 模型设计

针对“假设5.1”“假设5.2”“假设5.3”和“假设5.4”，借鉴Luo和Tang（2016）[174]的研究结论，设计以下模型进行实证检验：

$$EID = a_0 + a_1 size + a_2 lev + a_3 second + a_4 first1 + a_5 growth + a_6 state + a_7 CSR + a_8 long + a_9 PDI + a_{10} IDV + a_{11} MAS + a_{12} UAI + + a_{13} \sum ind + a_{13} \sum year + e \quad (5.1)$$

其中，EID为企业环境信息披露水平指数，用“环境信息实际总得分”除以“企业环境信息披露理论总得分”，即进行企业环境信息披露得分比例度量；理论总得分是企业环境信息披露各指标最大得分值之和（即15×9=135）。PDI、IDV、MAS和UAI分别为：未经调整的权力距离指数、集体主义指数、男性化气质指数和不确定性规避指数。选择公司规模（size）等为控制变量，因高污染行业与企业环境信息披露水平无关（Monteiro和Aibar-Guzman，2010）[180]，没有将是否属于重点污染行业企业纳入控制变量。本章解释变量、被解释变量和控制变量的具体定义见表5.7。

表5.7 社会价值文化与企业环境信息披露变量定义表

| 变量类型 | 变量名称 | 变量符号 | 变量定义 |
|---|---|---|---|
| 被解释变量 | 企业环境信息披露 | EID | 企业环境信息披露实际总得分/理论总分 |
| 解释变量 | 权力距离 | PDI | 社会价值文化的权力距离指数 |
| | 集体主义 | IDV | 社会价值文化的集体主义指数 |
| | 男性化气质 | MAS | 社会价值文化的男性化气质指数 |
| | 不确定性规避 | UAI | 社会价值文化的不确定性规避指数 |
| 控制变量 | 公司规模 | size | 期末总资产自然对数 |
| | 资产负债水平 | lev | 期末总负债/期末总资产 |
| | 成长性 | growth | 期末营业收入增长率 |
| | 股权制衡 | second | 第一大/第二至第五大股东持股比例之和 |
| | 第一大股东持股 | first1 | 第一大股东持股比例 |
| | 社会责任报告 | CSR | 只发布年度财务报告赋值为0，否则为1 |
| | 产权性质 | state | 实际控制人为国有赋值为1，否则为0 |
| | 上市年份 | long | 上市年限的自然对数 |
| | 行业变量 | ind | 按证券会2012年行业分类标准 |
| | 年度变量 | year | 样本有4个年度，设置3个哑变量 |

# 5.3 实证检验

## 5.3.1 描述性统计

表5.8报告了各主要变量描述性统计。从表5.8可以看出，企业环境信息披露水平（EID）最高值为0.733333，最低值为0.022222，均值为0.207229，中位数为0.177778，标准差为0.131550。描述性统计结果表明，我国中小板上市公司环境信息披露水平较低。社会价值文化各维度，未经调整的权力距离最大值为2.317073，最小值为-36.2037；集体主义最大值为23.90244，最小值为-21.3044；男性化气质最大值为6.481481，最小值为-25.2459；不确定性规避最大值为7.272727，最小值为-55.2222。其他各控制变量描述性统计见表5.8。

表5.8　社会价值文化与企业环境信息披露各变量的描述性统计

| vars | obs | mean | Std. | min | median | max |
|---|---|---|---|---|---|---|
| EID | 1 660 | 0.207229 | 0.131550 | 0.022222 | 0.177778 | 0.733333 |
| PDI | 1 660 | -13.9846 | 7.329270 | -36.2037 | -14.47675 | 2.317073 |
| IDV | 1 660 | -6.64068 | 8.946517 | -21.3044 | -5.384615 | 23.90244 |
| MAS | 1 660 | -18.0245 | 6.632839 | -25.2459 | -15.03509 | 6.481481 |
| UAI | 1 660 | -30.9132 | 11.18017 | -55.2222 | -31.05769 | 7.272727 |
| size | 1 660 | 22.14065 | 0.860803 | 20.36487 | 22.09940 | 24.51052 |
| lev | 1 660 | 0.396547 | 0.172290 | 0.069774 | 0.394939 | 0.827037 |
| growth | 1 660 | 0.175005 | 0.312986 | -0.508933 | 0.128279 | 1.590025 |
| second | 1 660 | 2.548033 | 2.923451 | 0.356051 | 1.532438 | 16.29894 |
| state | 1 660 | 0.166265 | 0.372431 | 0 | 0 | 1 |
| CSR | 1 660 | 0.204217 | 0.403250 | 0 | 0 | 1 |
| first1 | 1 660 | 0.320911 | 0.137122 | 0.099500 | 0.300650 | 0.697000 |
| long | 1 660 | 7.605621 | 0.001223 | 7.602900 | 7.605890 | 7.608340 |

### 5.3.2 相关性分析

表5.9为社会价值文化影响企业环境信息披露各主要变量相关关系，表中左下角粗体部分为Pearson相关，右上角粗体部分为Spearman相关。

**表5.9 社会价值文化与企业环境信息披露主要变量的相关性系数表**

| | EID | PDI | IDV | MAS | UAI | size | lev |
|---|---|---|---|---|---|---|---|
| EID | | **-0.044 *** | **-0.100 ***** | **0.138 ***** | **0.086 ***** | **0.248 ***** | **0.119 ***** |
| PDI | -0.015 | | **-0.232 ***** | **0.117 ***** | **0.471 ***** | **-0.048 *** | **-0.047 *** |
| IDV | -0.075 *** | -0.304 *** | | **-0.450 ***** | **-0.610 ***** | **0.003** | **0.064 ***** |
| MAS | 0.097 *** | 0.207 *** | -0.170 *** | | **0.405 ***** | **-0.017** | **-0.098 ***** |
| UAI | 0.073 *** | 0.598 *** | -0.709 *** | 0.278 *** | | **-0.036** | **-0.100 ***** |
| size | 0.271 *** | -0.068 *** | 0.035 | -0.008 | -0.027 | | **0.451 ***** |
| lev | 0.126 *** | -0.048 * | 0.048 ** | -0.095 *** | -0.071 *** | 0.466 *** | |
| growth | 0.018 | -0.010 | -0.012 | -0.008 | 0.004 | 0.189 | 0.068 *** |
| second | -0.010 | -0.035 | 0.072 *** | 0.046 * | -0.018 | -0.015 | -0.032 |
| first1 | -0.027 | -0.017 | 0.034 | 0.010 | -0.007 | 0.049 ** | -0.032 |
| state | -0.054 ** | 0.025 | -0.037 | -0.040 | 0.082 *** | -0.133 *** | -0.075 *** |
| CSR | 0.437 *** | -0.066 *** | -0.043 * | 0.025 | -0.018 | 0.283 *** | 0.101 *** |
| long | -0.122 *** | 0.013 | -0.061 ** | 0.013 | 0.025 | -0.142 *** | -0.116 *** |

| | growth | second | first1 | state | CSR | long | |
|---|---|---|---|---|---|---|---|
| EID | 0.056 ** | -0.006 | -0.016 | -0.049 * | 0.379 *** | -0.125 *** | |
| PDI | 0.002 | -0.021 | -0.018 | 0.022 | -0.054 ** | -0.001 | |
| IDV | -0.038 | 0.057 ** | 0.044 ** | -0.032 | -0.064 *** | -0.056 ** | |
| MAS | 0.008 | 0.009 | -0.007 | -0.024 | 0.045 * | 0.016 | |
| UAI | 0.010 | -0.025 | 0.009 | 0.092 *** | -0.021 | 0.006 | |
| size | 0.204 *** | -0.010 | 0.030 | -0.148 *** | 0.258 *** | -0.135 *** | |
| lev | 0.069 *** | 0.007 | -0.014 | -0.071 *** | 0.101 *** | -0.102 *** | |
| growth | | -0.087 *** | -0.057 ** | 0.029 | 0.019 | 0.029 | |
| second | **-0.084 ***** | | 0.789 *** | 0.038 | -0.006 | -0.080 *** | |
| first1 | **-0.047 *** | **0.680 ***** | | 0.160 *** | -0.025 | 0.035 | |
| state | **0.004** | **0.064 ***** | **0.165 ***** | | -0.066 *** | -0.176 *** | |
| CSR | **-0.010** | **-0.027** | **-0.031** | **-0.066 ***** | | -0.145 *** | |
| long | **0.044 *** | **-0.040** | **0.044 *** | **-0.168 ***** | **-0.136 ***** | | |

注：“***”“**”“*”分别表示在1%、5%和10%水平下的统计显著。

在表5.9主要变量相关性分析中，权力距离和集体主义与企业环境信息披露水平显著负相关，男性化气质和不确定性规避与企业环境信息披露水平显著正相关。相关性分析说明，弱势群体对待权力的态度、社会成员对群体与个人关系角色的看法，以及社会成员在多大程度上容忍不确定或模棱两可情况等，影响了企业环境信息披露水平。控制变量中，公司规模、资产负债水平、产权性质、上市年限及是否披露除财务报告之外的其他企业环境信息披露报告等，与企业环境信息披露水平均至少在10%水平下显著相关。

### 5.3.3 实证检验结果及分析

首先，对社会价值文化影响企业环境信息披露进行OLS效应检验。其次，对社会价值文化影响企业环境信息披露固定效应模型检验和随机效应模型检验，社会价值文化影响企业环境信息披露固定效应模型F检验结果在1%水平下显著。由此，同时采用OLS模型和固定效应模型，检验社会价值文化对企业环境信息披露水平的影响，具体检验结果如表5.10所示。

**表5.10 社会价值文化对企业环境信息披露水平影响的回归检验结果**

| vars | (1) | (2) |
|---|---|---|
| | OLS | FE |
| PDI | -0.000981 * | -0.000981 ** |
| | (-1.83) | (-2.02) |
| IDV | 0.000224 | 0.000224 |
| | (0.47) | (0.49) |
| MAS | 0.000786 * | 0.000786 * |
| | (1.66) | (1.78) |
| UAI | 0.00125 *** | 0.00125 *** |
| | (2.70) | (2.86) |
| size | 0.0163 *** | 0.0163 *** |
| | (3.54) | (4.02) |
| lev | 0.0446 ** | 0.0446 ** |
| | (2.21) | (2.40) |
| growth | -0.000427 | -0.000427 |
| | (-0.05) | (-0.05) |

续表

| vars | (1) | (2) |
|---|---|---|
| | OLS | FE |
| second | 0. 000367 | 0. 000367 |
| | (0. 26) | (0. 28) |
| first1 | -0. 0109 | -0. 0109 |
| | ( -0. 35) | ( -0. 38) |
| state | 0. 00555 | 0. 00555 |
| | (0. 61) | (0. 63) |
| CSR | 0. 132 *** | 0. 132 *** |
| | (15. 07) | (18. 05) |
| long | -5. 020 * | -5. 020 ** |
| | ( -1. 80) | ( -2. 00) |
| ind & year | control | control |
| _cons | 38. 04 * | 38. 07 ** |
| | (1. 79) | (1. 99) |
| F | 29. 83 *** | 13. 88 *** |
| R_sq | 0. 3665 | 0. 3389 |
| obs | 1 660 | 1 660 |
| F test | | 22. 25 *** |

注："***""**""*"分别表示在1%、5%和10%水平下的统计显著。

从表5. 10第1列和第2列可以看出，权力距离在10%水平下显著降低了企业环境信息披露水平，男性化气质在10%水平下显著提高了企业环境信息披露水平，不确定性规避在1%水平下显著提高了企业环境信息披露水平，集体主义不显著影响企业环境信息披露水平。检验结果表明：权力距离越大，企业环境信息披露水平越低；男性化气质和不确定性规避程度越高，企业环境信息披露水平越高。检验结果支持了"假设5. 1""假设5. 3"和"假设5. 4"，不支持"假设5. 2"。

控制变量中，公司规模和资产负债水平均至少在5%水平下显著增加了企业环境信息披露水平，说明公司规模越大、资产负债水平越高，企业环境信息披露水平越高；是否只披露财务报告在1%水平下显著降低了企业环境信息披露水平，表明至少披露两份企业环境信息报告的企业，其企业环境信息披露水平显著高于只披露年度财务报告的企业；上市年限在10%水平下显著降低了企业环境信息披露水平，说明上市年限越长，企业环境信息披露水平越低。

### 5.3.4 内生性检验

遗漏某些能同时影响解释变量和被解释变量的变量，以及解释变量与被解释变量之间的相关关系（反向因果关系）是导致内生性问题的主要因素。由于企业环境信息披露难以影响所在地的社会价值文化，本书采用遗漏变量方法来检验模型的内生性问题。考虑到同行业其他企业公司治理特征可能会影响社会价值文化与企业环境信息披露的相关关系，借鉴吴超鹏等(2019)[81]在模型中加入“行业×年份（ind×year）”变量并乘以$10^5$进行调整重新进行回归检验。OLS模型和固定效应模型具体检验结果如表5.11所示。

表5.11　社会价值文化对企业环境信息披露影响的内生性检验（一）

| vars | (1) | (2) |
|---|---|---|
| | OLS | FE |
| PDI | -0.000872 * | -0.000872 * |
| | (-1.74) | (-1.83) |
| IDV | 0.000443 | 0.000443 |
| | (1.05) | (0.99) |
| MAS | 0.000992 ** | 0.000992 ** |
| | (2.16) | (2.28) |
| UAI | 0.00118 *** | 0.00118 *** |
| | (2.76) | (2.74) |
| size | 0.0177 *** | 0.0177 *** |
| | (4.07) | (4.48) |
| lev | 0.0357 * | 0.0357 ** |
| | (1.80) | (1.98) |
| second | 0.000248 | 0.000248 |
| | (0.19) | (0.19) |
| growth | 0.000893 | 0.000893 |
| | (0.11) | (0.10) |

续表

| vars | (1) | (2) |
|---|---|---|
| | OLS | FE |
| first1 | -0.0255 | -0.0255 |
| | (-0.86) | (-0.91) |
| state | -0.000532 | -0.000532 |
| | (-0.06) | (-0.06) |
| CSR | 0.126*** | 0.126*** |
| | (14.47) | (17.57) |
| long | -5.222** | -5.222** |
| | (-2.03) | (-2.18) |
| ind * year | -0.163*** | -0.163*** |
| | (-7.57) | (-7.55) |
| ind & year | control | control |
| _cons | 39.64** | 39.66** |
| | (2.02) | (2.18) |
| F | 25.64*** | 26.72*** |
| R_sq | 0.3202 | 0.2906 |
| obs | 1 660 | 1 660 |
| F test | | 20.91*** |

注："***""**""*"分别表示在1%、5%和10%水平下的统计显著。

从表5.11可以看出，权力距离在10%水平下显著降低了企业环境信息披露水平，男性化气质和不确定性规避分别在5%水平下和1%水平下显著增加了企业环境信息披露水平，集体主义不显著影响企业环境信息披露水平。加入"行业×年份"遗漏变量后的内生性检验结果与表5.10保持一致。

借鉴吴超鹏等（2019）[81]，通过加入如下变量降低遗漏变量对回归模型的影响：第t年样本公司i所在省份除样本公司i以外所有样本公司企业环境信息披露水平均值（pyEID），第t年样本公司i所在行业除样本公司i以外所有样本公司企业环境信息披露水平均值（iyEID）。加入上述变量后的OLS模型和固定效应模型具体检验结果如表5.12所示。

表 5.12　社会价值文化对企业环境信息披露影响的内生性检验（二）

| vars | (1) | (2) |
| --- | --- | --- |
| | OLS | FE |
| PDI | -0.000969* | -0.000969** |
| | (-1.80) | (-2.00) |
| IDV | 0.000204 | 0.000204 |
| | (0.39) | (0.42) |
| MAS | 0.000786* | 0.000786* |
| | (1.63) | (1.77) |
| UAI | 0.00122** | 0.00122*** |
| | (2.41) | (2.66) |
| size | 0.0165*** | 0.0165*** |
| | (3.59) | (4.08) |
| lev | 0.0422** | 0.0422** |
| | (2.08) | (2.26) |
| second | 0.000400 | 0.000400 |
| | (0.29) | (0.31) |
| growth | -0.00101 | -0.00101 |
| | (-0.12) | (-0.11) |
| first1 | -0.0121 | -0.0121 |
| | (-0.38) | (-0.42) |
| state | 0.00372 | 0.00372 |
| | (0.40) | (0.42) |
| CSR | 0.132*** | 0.132*** |
| | (15.02) | (18.00) |
| long | -5.646** | -5.646** |
| | (-1.99) | (-2.21) |
| pyEID | 5.36e-08 | 5.36e-08 |
| | (0.28) | (0.17) |
| iyEID | -0.000108*** | -0.000108 |
| | (-2.81) | (-1.47) |
| ind & year | control | control |
| _cons | 42.68** | 42.71** |
| | (1.98) | (2.20) |

续表

| vars | (1) | (2) |
|---|---|---|
| | OLS | FE |
| F | 28.49 *** | 13.46 *** |
| R_sq | 0.3680 | 0.3398 |
| obs | 1 660 | 1 660 |
| F test | | 22.31 *** |

注："***""**""*"分别表示在1%、5%和10%水平下的统计显著。

从表5.12的固定效应模型和OLS模型可以看出，加入pyEID和iyEID变量后，权力距离、男性化气质和不确定性规避均显著影响了企业环境信息披露水平，集体主义对企业环境信息披露水平的影响不显著。表5.12的内生性检验结果与表5.10检验结果保持一致。

### 5.3.5 进一步分析

#### 5.3.5.1 社会价值文化对企业硬披露环境信息和软披露环境信息的影响

企业所披露的环境信息包括难以量化的文字性信息和可验证的量化信息，虽然通过企业环境信息披露度量方法可将文字性环境信息进行量化，并纳入统一构建的企业环境信息披露指标体系，但经过量化的非财务性环境信息与无需量化的财务性环境信息在可靠性等信息质量特征方面所体现的差异性，使不同环境信息对利益相关者投资决策的影响不同（Wiseman，1982）[201]。为更好地分析企业环境信息披露质量对利益相关者的影响，Clarkson等（2013）[136]依据信息可靠性原则，将易于相互模仿的文字描述性环境信息称为"软披露信息"，将不易企业相互模仿、量化性和验证性的环境信息称为"硬披露信息"，分别探讨企业硬披露环境信息和企业软披露环境信息对利益相关者的影响。

本书研究借鉴Clarkson等（2013）[136]的研究，将企业披露的环境信息划分为硬披露环境信息和软披露环境信息。企业硬披露环境信息是企业披露的排污费、污染废弃物排放量、环保投入、环境事故、获得节能减排专项补助和资金奖励、获取环保方面社会荣誉以及因环保而受到处罚等可靠性较高的环境信息。企业软披露环境信息是企业披露的关于环境保护对企业主营业务影响以及企业未来应对环境问题措施等可靠性较低的环境信息。基于固定效应模型和 OLS 模型，社会价值文化影响企业硬披露环境信息水平和企业软披露环境信息水平的回归检验具体结果见表 5.13。

表 5.13　社会价值文化对硬披露/软披露环境信息影响的检验结果

| vars | (1) | (2) | (3) | (4) |
|---|---|---|---|---|
| | EIDy | | EIDr | |
| | FE | OLS | FE | OLS |
| PDI | -0.00157*** | -0.00157** | -0.000310 | -0.000310 |
| | (-2.61) | (-2.36) | (-0.61) | (-0.58) |
| IDV | -0.000379 | -0.000379 | 0.000914* | 0.000914* |
| | (-0.67) | (-0.63) | (1.90) | (1.93) |
| MAS | 0.00108** | 0.00108* | 0.000452 | 0.000452 |
| | (1.97) | (1.88) | (0.97) | (0.92) |
| UAI | 0.00158*** | 0.00158*** | 0.000871* | 0.000871* |
| | (2.91) | (2.78) | (1.90) | (1.83) |
| size | 0.0175*** | 0.0175*** | 0.0149*** | 0.0149*** |
| | (3.48) | (3.07) | (3.50) | (3.34) |
| lev | 0.0678*** | 0.0678*** | 0.0181 | 0.0181 |
| | (2.94) | (2.78) | (0.93) | (0.86) |
| growth | -0.00253 | -0.00253 | 0.00198 | 0.00198 |
| | (-0.23) | (-0.24) | (0.21) | (0.24) |
| second | 0.000396 | 0.000396 | 0.000334 | 0.000334 |
| | (0.25) | (0.25) | (0.24) | (0.22) |
| first1 | -0.0128 | -0.0128 | -0.00880 | -0.00880 |
| | (-0.36) | (-0.34) | (-0.29) | (-0.27) |
| state | 0.0198* | 0.0198* | -0.0107 | -0.0107 |
| | (1.80) | (1.71) | (-1.16) | (-1.15) |
| CSR | 0.119*** | 0.119*** | 0.146*** | 0.146*** |
| | (13.14) | (11.20) | (19.06) | (16.86) |
| long | -6.012* | -6.012* | -3.885 | -3.885 |
| | (-1.93) | (-1.81) | (-1.47) | (-1.30) |
| ind & year | control | control | control | control |
| _cons | 45.61* | 45.58* | 29.45 | 29.42 |
| | (1.92) | (1.80) | (1.46) | (1.29) |

续表

| vars | (1) | (2) | (3) | (4) |
|---|---|---|---|---|
| | EIDy | | EIDr | |
| | FE | OLS | FE | OLS |
| F | 10.29 *** | 27.46 *** | 12.31 *** | 12.72 *** |
| R_sq | 0.2754 | 0.3073 | 0.3126 | 0.3306 |
| obs | 1 660 | 1 660 | 1 660 | 1 660 |
| F test | 23.29 *** | | 12.17 *** | |

注："***""**""*"分别表示在1%、5%和10%水平下的统计显著。

从表5.13可以看出，权力距离与企业硬披露环境信息水平在5%水平下显著负相关，男性化气质和不确定性规避与企业硬披露环境信息水平均至少在10%水平下显著正相关，集体主义与企业硬披露环境信息水平不显著相关；集体主义和不确定性规避与企业软披露环境信息水平至少在10%水平下显著正相关。检验结果表明，权力距离、集体主义、男性化气质和不确定性规避对企业硬披露环境信息水平和企业软披露环境信息水平的具体影响存在不同。

5.3.5.2 低碳试点省份对社会价值文化与企业环境信息披露关系的影响

为促进地方政府重视所辖地区的环境保护和治理，国家发展改革委先后公布了两批低碳试点省份。相比未列入低碳试点的省份，列入省份的地方政府更强调所在地企业的环境责任，政府监管部门对企业环境信息披露的影响更大。为此，以样本公司注册地是否为低碳试点省份为依据进行分组，对社会价值文化影响企业环境信息披露水平进行回归分析。低碳试点省份数据来自国务院发展改革委官方网站。OLS模型检验具体结果如表5.14所示。

**表5.14 低碳试点省份对社会价值文化与企业环境信息披露关系影响的检验结果**

| vars | (1) | (2) |
|---|---|---|
| | 试点省份组 | 非试点省份组 |
| PDI | −0.00423 *** | −0.00177 * |
| | (−4.23) | (−1.89) |
| IDV | −0.00600 *** | 0.000488 |
| | (−4.17) | (0.85) |

续表

| vars | (1) | (2) |
|---|---|---|
| | 试点省份组 | 非试点省份组 |
| MAS | 0.00218*** | -0.000740 |
| | (3.62) | (-0.93) |
| UAI | 0.00255*** | 0.00136** |
| | (3.27) | (2.43) |
| size | 0.0251*** | 0.0107* |
| | (4.73) | (1.75) |
| lev | 0.0236 | 0.0627** |
| | (0.96) | (2.23) |
| growth | -0.000157 | -0.000496 |
| | (-0.01) | (-0.04) |
| second | -0.00489*** | 0.00417** |
| | (-2.91) | (2.12) |
| first1 | 0.0389 | -0.0113 |
| | (0.99) | (-0.27) |
| state | 0.00728 | -0.0199 |
| | (0.66) | (-1.40) |
| CSR | 0.138*** | 0.113*** |
| | (14.02) | (10.93) |
| long | 5.154 | -14.90*** |
| | (1.57) | (-4.00) |
| ind & year | control | control |
| _cons | -39.42 | 113.1*** |
| | (-1.58) | (3.99) |
| F | 14.90*** | 8.54*** |
| R_sq | 0.4834 | 0.3798 |
| obs | 852 | 808 |
| t test | 3.44*/16.25***/7.35***/1.31 | |

注："***""**""*"分别表示在1%、5%和10%水平下的统计显著。

从表5.14可以看出，采用SUE方法的回归系数差异性检验结果显示，低碳试点省份组和非低碳试点省份组中权力距离、集体主义和男性化气质影响企业环境信息披露水平的回归系数均至少在10%水平下存在显著性差异，低碳试点省份组和非低碳试点省份组不确定性规避影响企业环境信息披露水平的回归系数没有达到10%水平下的显著性差异。检验结果说明，相比非低碳试点省份组，低碳试点省份组中权力距离和集体主义对企业环境信息披露水平的减少程度更高，男性化气质对企业环境信息披露水平的增加程度更高。检验结果表明，是否列入低碳试点省份，对权力距离、集体主义和男性化气质与企业环境信息披露水平之间的关系具有显著影响，不确定性规避对企业环境信息披露水平的增加作用影响不显著。

#### 5.3.5.3 不同方言区对社会文化与企业环境信息披露之间关系的影响

语言影响了人类信息传递质量，不同语言类型因蕴涵着不同社会文化模式和思维方式（李锡江和刘永兵，2014）[44]而影响了人们的社会经济行为。语言在其发展过程中受历史地理等因素影响而形成了不同方言和方言区，方言使人们之间的交流产生了障碍，影响了信息传递质量和人类社会经济行为。不同方言形成了人们不同的认知记忆方式，影响了社会成员对会计信息的认识和感知，影响了社会价值文化对企业环境信息披露水平的作用程度。由此，以汉语言普通话方言区和非普通话方言区为依据，将样本划分为普通话方言区样本组和非普通话方言区样本组，分析其对社会价值文化与企业环境信息披露之间关系的调节影响，OLS模型检验结果分别如表5.15所示。

**表5.15 不同方言区对社会价值文化与企业环境信息披露关系的影响**

| vars | (1) | (2) |
|---|---|---|
| | 普通话 | 非普通话 |
| PDI | 0.00142 | -0.00261*** |
| | (1.46) | (-3.11) |
| IDV | 0.00192 | -0.000452 |
| | (1.37) | (-0.85) |
| MAS | 0.00279*** | 0.00111 |
| | (3.07) | (1.38) |

续表

| vars | (1)<br>普通话 | (2)<br>非普通话 |
|---|---|---|
| UAI | 0.000379 | 0.00287 *** |
| | (0.33) | (4.46) |
| size | 0.00816 | 0.0205 *** |
| | (1.55) | (3.28) |
| lev | 0.0617 *** | 0.0749 ** |
| | (2.62) | (2.49) |
| growth | -0.00424 | 0.00507 |
| | (-0.39) | (0.37) |
| second | -0.00240 | 0.00609 *** |
| | (-1.46) | (2.96) |
| first1 | 0.0156 | -0.108 ** |
| | (0.41) | (-2.41) |
| state | 0.00945 | -0.00161 |
| | (0.87) | (-0.11) |
| CSR | 0.139 *** | 0.125 *** |
| | (14.91) | (11.14) |
| long | -0.503 | -13.09 *** |
| | (-0.16) | (-3.20) |
| ind & year | control | control |
| _cons | 3.976 | 99.34 *** |
| | (0.17) | (3.19) |
| F | 12.73 *** | 9.49 *** |
| R_sq | 0.4630 | 0.4102 |
| obs | 868 | 792 |
| t test | 7.97 ***/2.15/1.86/2.12 * | |

注："***""**""*"分别表示在1%、5%和10%水平下的统计显著。

从表5.15可以看出，采用SUE方法的回归系数差异性检验结果显示，普通话方言区和非普通话方言区中，权力距离和不确定性规避影响企业环境信息披露水平回归系数之间的差异性均至少在10%水平下显著，集体主义和男性化气质影响企业环境信息披露水平回归系数之间的差异性没有达到10%

的显著性水平。检验结果显示，相比普通话方言区，非普通话方言区中权力距离对企业环境信息披露水平的减少程度更高，不确定性规避对企业环境信息披露水平的增加程度更高。检验结果说明，普通话方言区和非普通话方言区因素显著影响了权力距离和不确定性规避与企业环境信息披露水平之间的关系，对集体主义和男性化气质与企业环境信息披露水平之间的关系影响不显著。

### 5.3.6 治理效应分析

通过社会文化对社会经济发展影响的研究，马克斯·韦伯（2004）[51]为商业经济活动编织了一张“意义网络”。但不同时间不同空间，商业经济活动“意义网络”的具体体现不同，只有基于社会文化有主观意向与有组织社会经济结构之间的辩证形成，才能让基于社会文化观念的社会文化意义穿透想象空间而具体影响到企业环境信息披露。实际上，企业环境信息披露受社会价值文化影响同时，还受审计意见类型和董事会组织结构特征的影响，只有与审计意见类型和董事会结构特征等具体制度环境相结合，才能完整理解社会价值文化对企业环境信息披露的具体影响。由此，我们以审计意见类型和董事会成员是否领取薪酬为变量，分析审计意见类型和董事会成员是否领取薪酬对社会价值文化与企业环境信息披露之间关系的影响。

#### 5.3.6.1 审计意见类型对社会价值文化与企业环境信息披露关系的影响

将无保留审计意见（audit）赋值为0，其他审计意见类型赋值为1，设计审计意见类型与社会价值文化的权力距离、男性化气质以及不确定性规避之间的交互项（PDI·audit、MAS·audit和UAI·audit），实证检验审计意见类型对社会价值文化与企业环境信息披露之间关系的影响。考虑到集体主义不显著影响企业环境信息披露水平，社会价值文化对企业环境信息披露影响的治理效应分析只针对权力距离、男性化气质和不确定性规避。OLS模型和固定效应模型的检验具体结果如表5.16所示。

**表5.16 审计意见类型对社会价值文化与企业环境信息披露关系影响的检验结果**

| vars | (1) | (2) | (3) | (4) | (5) | (6) |
|---|---|---|---|---|---|---|
| | OLS | FE | OLS | FE | OLS | FE |
| PDI | -0.000816 | -0.000816 | -0.000811 | -0.000811 | -0.000903 | -0.000903* |
| | (-1.43) | (-1.60) | (-1.42) | (-1.59) | (-1.59) | (-1.78) |

续表

| vars | (1)<br>OLS | (2)<br>FE | (3)<br>OLS | (4)<br>FE | (5)<br>OLS | (6)<br>FE |
|---|---|---|---|---|---|---|
| IDV | -0.000246 | -0.000246 | -0.000241 | -0.000241 | -0.000333 | -0.000333 |
| | (-0.50) | (-0.52) | (-0.49) | (-0.51) | (-0.69) | (-0.71) |
| MAS | 0.000937 * | 0.000937 ** | 0.000934 * | 0.000934 ** | 0.000950 * | 0.000950 ** |
| | (1.88) | (2.03) | (1.86) | (2.02) | (1.91) | (2.07) |
| UAI | 0.000821 * | 0.000821 * | 0.000826 * | 0.000826 * | 0.000996 ** | 0.000996 ** |
| | (1.71) | (1.82) | (1.72) | (1.83) | (2.09) | (2.21) |
| audit | -0.0102 | -0.0102 | -0.0134 | -0.0134 | -0.258 *** | -0.258 *** |
| | (-0.27) | (-0.17) | (-0.27) | (-0.17) | (-5.01) | (-4.39) |
| PDI · audit | 0.00123 | 0.00123 | | | | |
| | (0.39) | (0.33) | | | | |
| MAS · audit | | | 0.000859 | 0.000859 | | |
| | | | (0.29) | (0.21) | | |
| UAI · audit | | | | | -0.00679 *** | -0.00679 *** |
| | | | | | (-4.78) | (-4.16) |
| size | 0.0207 *** | 0.0207 *** | 0.0206 *** | 0.0206 *** | 0.0222 *** | 0.0222 *** |
| | (4.40) | (4.87) | (4.40) | (4.86) | (4.75) | (5.23) |
| lev | 0.0304 | 0.0304 | 0.0309 | 0.0309 | 0.0278 | 0.0278 |
| | (1.46) | (1.55) | (1.48) | (1.57) | (1.34) | (1.42) |
| growth | -0.000695 | -0.000695 | -0.000652 | -0.000652 | -0.000407 | -0.000407 |
| | (-0.08) | (-0.08) | (-0.08) | (-0.07) | (-0.05) | (-0.04) |
| second | 0.00123 | 0.00123 | 0.00122 | 0.00122 | 0.000320 | 0.000320 |
| | (0.81) | (0.90) | (0.80) | (0.89) | (0.21) | (0.23) |
| first1 | -0.0126 | -0.0126 | -0.0129 | -0.0129 | 0.000536 | 0.000536 |
| | (-0.37) | (-0.41) | (-0.38) | (-0.42) | (0.02) | (0.02) |
| state | 0.00862 | 0.00862 | 0.00838 | 0.00838 | 0.00898 | 0.00898 |
| | (0.80) | (0.82) | (0.78) | (0.80) | (0.85) | (0.86) |
| CSR | 0.127 *** | 0.127 *** | 0.127 *** | 0.127 *** | 0.128 *** | 0.128 *** |
| | (14.31) | (16.96) | (14.30) | (16.96) | (14.41) | (17.11) |
| long | -6.446 ** | -6.446 ** | -6.515 ** | -6.515 ** | -7.083 ** | -7.083 *** |
| | (-2.19) | (-2.44) | (-2.22) | (-2.47) | (-2.43) | (-2.70) |

续表

| vars | (1) | (2) | (3) | (4) | (5) | (6) |
|---|---|---|---|---|---|---|
| | OLS | FE | OLS | FE | OLS | FE |
| ind & year | control | control | control | control | control | control |
| _cons | 48.82 * | 48.85 * | 49.34 ** | 49.37 ** | 53.63 ** | 53.66 *** |
| | (2.18) | (2.43) | (2.21) | (2.46) | (2.42) | (2.69) |
| F | 27.22 *** | 13.12 *** | 27.20 *** | 13.12 *** | 27.91 *** | 13.57 *** |
| R_sq | 0.3868 | 0.3429 | 0.3686 | 0.3429 | 0.3760 | 0.3505 |
| obs | 1 520 | 1 520 | 1 520 | 1 520 | 1 520 | 1 520 |
| F test | | 18.70 *** | | 18.72 *** | | 19.03 *** |

注："***""**""*"分别表示在1%、5%和10%水平下的统计显著。

从表5.16可以看出，交互项PDI · audit和MAS · audit没有达到10%显著性水平，交互项UAI · audit在1%水平下显著为负且不确定性规避对企业环境信息披露水平影响的显著正相关关系不变。检验结果说明，审计意见类型不显著影响权力距离和男性化气质与企业环境信息披露水平之间的显著关系，审计意见类型显著影响了不确定性规避与企业环境信息披露水平之间的显著关系。检验结果表明，保留意见等非标准无保留审计意见类型显著降低了不确定性规避对企业环境信息披露水平的增加程度，对权力距离对企业环境信息披露水平的减少程度和男性化气质对企业环境信息披露水平的增加程度影响不显著。

#### 5.3.6.2 董事会成员领取薪酬对社会价值文化与企业环境信息披露关系的影响

作为公司治理核心的董事会结构，董事会成员是否领取薪酬体现了其与企业的利益一致性。相比没有领取薪酬的董事会成员，领取薪酬的董事会成员将更加关注企业的生存发展、关注企业环境信息披露，并采取更积极的措施应对社会价值文化对企业环境信息披露的组织合法性压力。由此，将董事会成员领取薪酬赋值为1，董事会成员不领取薪酬赋值为0，以董事会全体成员是否领取薪酬的均值（wage）为变量，设计董事会成员是否领取薪酬与权力距离、男性化气质和不确定性规避的交互项（PDI · wage、PDI · wage和PDI · wage），分析董事会成员是否领取薪酬对权力距离、男性化气质和不确定性规避与企业环境信息披露之间关系的影响。OLS模型和固定效应模型检验具体结果如表5.17所示。

表 5.17　董事会成员领取薪酬对社会价值文化与企业环境信息披露关系影响的检验结果

| vars | (1) | (2) | (3) | (4) | (5) | (6) |
|---|---|---|---|---|---|---|
| | OLS | FE | OLS | FE | OLS | FE |
| PDI | 0.00150 | 0.00150 | -0.00101* | -0.00101** | -0.00101* | -0.00101** |
| | (1.19) | (1.30) | (-1.90) | (-2.08) | (-1.90) | (-2.08) |
| IDV | 0.000244 | 0.000244 | 0.000235 | 0.000235 | 0.000198 | 0.000198 |
| | (0.52) | (0.53) | (0.49) | (0.51) | (0.42) | (0.43) |
| MAS | 0.000715 | 0.000715 | 0.00168 | 0.00168 | 0.000790* | 0.000790* |
| | (1.50) | (1.62) | (1.24) | (1.25) | (1.67) | (1.79) |
| UAI | 0.00126*** | 0.00126*** | 0.00125*** | 0.00125*** | 0.00270*** | 0.00270*** |
| | (2.75) | (2.89) | (2.72) | (2.87) | (2.89) | (3.08) |
| wage | -0.0645* | -0.0645* | -0.0237 | -0.0237 | -0.0836 | -0.0836 |
| | (-1.86) | (-1.82) | (-0.47) | (-0.49) | (-1.50) | (-1.62) |
| PDI · wage | -0.00517** | -0.00517** | | | | |
| | (-2.28) | (-2.37) | | | | |
| MAS · wage | | | -0.00178 | -0.00178 | | |
| | | | (-0.69) | (-0.70) | | |
| UAI · wage | | | | | -0.00301* | -0.00301* |
| | | | | | (-1.78) | (-1.90) |
| size | 0.0164*** | 0.0164*** | 0.0161*** | 0.0161*** | 0.0158*** | 0.0158*** |
| | (3.56) | (4.04) | (3.50) | (3.97) | (3.42) | (3.88) |
| lev | 0.0438** | 0.0438** | 0.0461** | 0.0461** | 0.0452** | 0.0452** |
| | (2.17) | (2.35) | (2.28) | (2.46) | (2.24) | (2.42) |
| growth | -0.000676 | -0.000676 | -0.000683 | -0.000683 | -0.000112 | -0.000112 |
| | (-0.08) | (-0.08) | (-0.08) | (-0.08) | (-0.01) | (-0.01) |
| second | 0.000423 | 0.000423 | 0.000408 | 0.000408 | 0.000513 | 0.000513 |
| | (0.30) | (0.33) | (0.29) | (0.31) | (0.37) | (0.40) |
| first1 | -0.00951 | -0.00951 | -0.0114 | -0.0114 | -0.0117 | -0.0117 |
| | (-0.30) | (-0.33) | (-0.36) | (-0.39) | (-0.37) | (-0.41) |
| state | 0.00625 | 0.00625 | 0.00690 | 0.00690 | 0.00526 | 0.00526 |
| | (0.68) | (0.70) | (0.74) | (0.77) | (0.57) | (0.59) |

续表

| vars | (1) | (2) | (3) | (4) | (5) | (6) |
|---|---|---|---|---|---|---|
| | OLS | FE | OLS | FE | OLS | FE |
| CSR | 0. 133 *** | 0. 133 *** | 0. 132 *** | 0. 132 *** | 0. 133 *** | 0. 133 *** |
| | (15. 26) | (18. 14) | (15. 05) | (18. 04) | (15. 19) | (18. 10) |
| long | -4. 982 * | -4. 982 ** | -4. 970 | -4. 970 ** | -5. 123 * | -5. 123 ** |
| | ( -1. 79) | ( -1. 98) | ( -1. 78) | ( -1. 97) | ( -1. 84) | ( -2. 04) |
| ind & year | control | control | control | control | control | control |
| _cons | 37. 78 * | 37. 81 ** | 37. 67 * | 37. 70 ** | 38. 88 * | 38. 91 ** |
| | (1. 78) | (1. 98) | (1. 77) | (1. 97) | (1. 83) | (2. 03) |
| F | 29. 76 *** | 13. 55 *** | 14. 43 *** | 13. 42 *** | 29. 74 *** | 13. 50 *** |
| R_sq | 0. 3688 | 0. 3413 | 0. 3667 | 0. 3392 | 0. 3680 | 0. 3405 |
| obs | 1 660 | 1 660 | 1 660 | 1 660 | 1 660 | 1 660 |
| F test | | 22. 36 *** | | 22. 18 *** | | 22. 39 *** |

注："***""**""*"分别表示在1%、5%和10%水平下的统计显著。

从表5. 17可以看出，交互项MAS · wage没有达到10%显著性水平，交互项PDI · wage在5%水平下显著为负，UAI · wage在10%水平下显著为负。但权力距离影响企业环境信息披露水平的相关关系发生改变，说明董事会成员是否领取薪酬对权力距离与企业环境信息披露之间关系的影响不具有统计学意义；而不确定性规避影响企业环境信息披露水平的相关关系保持不变，说明董事会成员是否领取薪酬显著影响了不确定性规避与企业环境信息披露水平之间的关系。检验结果表明，董事会成员领取薪酬不显著影响权力距离和男性化气质与企业环境信息披露的显著关系，董事会成员领取薪酬显著降低了不确定性规避对企业环境信息披露水平的增加程度。

### 5.3.7 稳健性检验

#### 5.3.7.1 改变因变量度量方法稳健性检验

参照李志斌和章铁生（2017）[46]将企业环境信息披露指数分为10个等级，并分别赋值为1—10后，进行稳健性检验。稳健性检验结果与前述检验结果保持一致，OLS模型和固定效应模型的具体检验结果如表5.18所示。

**表 5.18　社会价值文化影响企业环境信息披的稳健性检验（一）**

| vars | (1) | (2) |
|---|---|---|
| | OLS | FE |
| PDI | -0.0196 *** | -0.0196 *** |
| | (-2.98) | (-3.08) |
| IDV | 0.00197 | 0.00197 |
| | (0.35) | (0.33) |
| MAS | 0.0161 *** | 0.0161 *** |
| | (2.67) | (2.77) |
| UAI | 0.0151 ** | 0.0151 *** |
| | (2.58) | (2.62) |
| size | 0.310 *** | 0.310 *** |
| | (3.15) | (3.40) |
| lev | 1.090 ** | 1.090 *** |
| | (2.43) | (2.60) |
| growth | -0.0154 | -0.0154 |
| | (-0.08) | (-0.08) |
| second | -0.00553 | -0.00553 |
| | (-0.18) | (-0.19) |
| first1 | 0.105 | 0.105 |
| | (0.16) | (0.16) |
| state | 0.0129 | 0.0129 |
| | (0.06) | (0.06) |
| CSR | 2.453 *** | 2.453 *** |
| | (14.64) | (14.87) |
| long | -1.337 ** | -1.337 ** |
| | (-2.18) | (-2.36) |
| ind & year | control | control |
| _cons | 1.0164 ** | 1.0171 ** |
| | (2.18) | (2.35) |
| F | 12.33 *** | 11.18 *** |
| R_sq | 0.3237 | 0.2922 |
| obs | 1 660 | 1 660 |
| F test | | 23.71 *** |

注："***""**""*"分别表示在1%、5%和10%水平下的统计显著。

#### 5.3.7.2 依据各省社会价值文化指数排名的稳健性检验

将问卷调查获取的各省级行政区社会价值文化指数按排名进行度量，检验社会价值文化对企业环境信息披露的影响。稳健性检验结果与前述检验结果保持一致，OLS 模型和固定效应模型的具体检验结果如表 5.19 所示。

**表 5.19 社会价值文化影响企业环境信息披露的稳健性检验（二）**

| vars | (1) | (2) |
|---|---|---|
| | OLS | FE |
| PDI | -0.000768 * | -0.000768 ** |
| | (-1.90) | (-2.10) |
| IDV | 0.000419 | 0.000419 |
| | (0.95) | (0.99) |
| MAS | 0.000728 * | 0.000728 ** |
| | (1.94) | (2.00) |
| UAI | 0.00177 *** | 0.00177 *** |
| | (3.45) | (3.91) |
| size | 0.0162 *** | 0.0162 *** |
| | (3.54) | (4.03) |
| lev | 0.0489 ** | 0.0489 *** |
| | (2.41) | (2.63) |
| growth | -0.000361 | -0.000361 |
| | (-0.04) | (-0.04) |
| second | 0.000324 | 0.000324 |
| | (0.24) | (0.25) |
| first1 | -0.0118 | -0.0118 |
| | (-0.38) | (-0.41) |
| state | 0.00462 | 0.00462 |
| | (0.51) | (0.53) |
| CSR | 0.132 *** | 0.132 *** |
| | (15.14) | (18.12) |
| long | -4.913 * | -4.913 ** |
| | (-1.77) | (-1.96) |

续表

| vars | (1) | (2) |
|---|---|---|
| | OLS | FE |
| ind & year | control | control |
| _cons | 37.16 * | 37.19 * |
| | (1.76) | (1.95) |
| F | 30.87 *** | 14.14 *** |
| R_sq | 0.3706 | 0.3432 |
| obs | 1 660 | 1 660 |
| F test | | 22.35 *** |

注：“***”“**”“*”分别表示在1%、5%和10%水平下的统计显著。

## 5.4 小　结

权力距离显著降低了企业环境信息披露水平，集体主义不显著影响企业环境信息披露水平，男性化气质和不确定性规避显著增加了企业环境信息披露水平。相比非低碳试点省份，低碳试点省份权力距离和集体主义对企业环境信息披露水平的减少程度更高，低碳试点省份男性化气质对企业环境信息披露水平的增加程度更高，低碳试点省份不显著影响不确定性规避对企业环境信息披露水平的增加作用。相比普通话方言区，非普通话方言区中权力距离对企业环境信息披露水平的减少程度更高，非普通话方言区中不确定性规避对企业环境信息披露水平的增加程度更高。进一步分析表明，权力距离、男性化气质和不确定性规避显著影响了硬披露环境信息，集体主义和不确定性规避不显著影响软披露环境信息。审计意见类型和董事会成员是否领取薪酬不显著影响权力距离和男性化气质与企业环境信息披露之间的关系，显著缓解了不确定性规避对企业环境信息披露水平的增加程度。内生性检验结果显示，权力距离、男性化气质和不确定性规避对企业环境信息披露水平的显著影响不存在内生性问题。改变企业环境信息披露度量方法及权力距离、集体主义、男性化气质和不确定性规避度量方法的稳健性检验结果，支持了权力距离对企业环境信息披露水平的显著减少作用，以及男性化气质和不确定性规避对企业环境信息披露水平的显著增加作用。

# 6　社会结构文化影响企业环境信息披露的实证检验

文化深处存在于人们日常起居之间，渗透在日常生活各个角落的种种关系行为当中（费孝通，2011）[18]。中国数千年历史发展进程中，家族、人情以及恩威深入每一个中国人内心深处，渗入、影响和正在影响着每一个中国人的日常起居生活，形成了差序格局社会结构和差序格局社会结构文化。但中国广袤土地和不同区域社会发展进程的差异，使不同区域的差序格局社会结构文化存在差异性，约束并影响了人们的社会经济行为。由此，通过差序格局社会结构文化量表对31个省级行政区社会结构文化进行问卷调查，形成31个省级行政区的家族取向社会结构文化因子、人情取向社会结构文化因子和恩威取向社会结构文化因子指数，以及差序格局社会结构文化总因子指数，探讨社会结构文化对企业环境信息披露的影响。

## 6.1　理论分析与研究假说

企业环境信息披露能否获取预期收益和相应组织合法性，依赖于企业环境信息披露与相关交易主体之间的利益传送机制及其稳定性。基于社会信任水平非正式制度基础的社会交换，较高社会信任水平保障了企业环境信息披露获取相应社会认同的可能性，提高了企业环境信息披露获取相应组织合法性回报和收益的稳定性。

以“己”为中心，以“差”和“序”为两翼的中国差序格局社会结构，形成了家族取向社会结构文化、人情取向社会结构文化、恩威取向社会结构文化和差序格局社会结构文化。差序格局社会结构文化、家族取向社会结构文化、人情取向社会结构文化和恩威取向社会结构文化因社会行为规范习俗不同，形成了不同社会信任水平，影响了企业环境信息披露对相应组织合法性回报的获取，影响了企业环境信息披露水平。由此，从差序格局社会结构文化、家族取向社会结构文化、人情取向社会结构恩惠和恩威取向社会结构文化四个方面，探讨社会结构文化对企业环境信息披露的影响。

### 6.1.1 差序格局社会结构文化对企业环境信息披露的影响

以“己”为中心，以“差”“序”为两翼的差序格局社会结构文化，强调不同社会圈子拥有不同社会行为规范习俗。差序格局社会结构文化特征越明显，不同社会圈子之间社会行为规范习俗差别越大，不同社会圈子之间的边界越清晰。实际上，差序格局社会结构文化特征越明显，对“己”内社会行为规范习俗等的认同越强烈，对“己”内社会行为规范习俗与“己”外社会行为规范习俗之间边界的认知越清晰。对族群内社会认同的强调降低了社会成员对族群外陌生人的信任（Alesina 和 Giuliano，2013）[124]，差序格局特征越明显，对族群外和陌生人的社会信任程度越低（陈斌开和陈思宇，2018）[8]。“己”内和“己”外较低社会信任水平提高了社会经济行为交易成本，影响了社会经济行为。此外，“己”内和“己”外社会行为规范习俗的差异性，使“己”内和“己”外社会成员形成了不同社会认知，降低了对某些社会问题达成一致性社会认识的可能性。差序格局社会结构文化形成的这种社会认同和社会认知的差异性，同样影响了社会经济行为。

具体到企业环境信息披露方面，差序格局社会结构文化“己”内“己”外之间社会认知的差异性，影响了社会成员面对相同社会问题时社会认知的一致性，差序格局社会结构文化特征越显著，全体社会成员面对环境保护和环境治理社会认知的一致性越低，对企业环境信息披露所给予的组织合法性压力越小，企业环境信息披露水平越低；差序格局社会结构文化特征越不显著，全体社会成员面对环境保护和环境治理社会认知的一致性越高，对企业环境信息披露给予的组织合法性压力越大，企业环境信息披露水平越高。

此外，传统乡土社会乡土本色和高度封闭性的社会结构特征，使社会信任局限于家族、亲戚、同学和老乡而无法延展到陌生人（陈斌开和陈思宇，2018）[8]，企业环境信息披露难以依赖较高社会信任水平获取相应组织合法性回报和收益。差序格局社会结构文化特征越显著，不同社会群体之间社会信任水平差异越大、整体社会信任水平越低、交易成本越高，降低了企业环境信息披露水平获得相应组织合法性回报的可能性，降低了企业环境信息披露的积极性；差序格局社会结构文化特征越不显著，不同社会群体之间的社会信任水平差异越小、社会信任水平越高、交易成本越低，提升了企业环境信息披露水平获得相应组织合法性回报的可能性，提升了企业环境信息披露的积极性。

总之，差序格局社会结构文化特征越显著，社会群体对环境保护和环境治理社会认知的一致性越低，企业环境信息披露面临的组织合法性压力越小，企业环境信息披露水平越低；差序格局社会结构文化特征越显著，社会信任水平越低和交易成本越高，降低了企业环境信息披露水平获取相应组织合法性回报的可能性，企业环境信息披露水平越低。差序格局社会结构文化降低了企业环境信息披露水平。综上所述，提出“假设 6.1”：

**H6.1**：差序格局社会结构文化与企业环境信息披露水平负相关。

### 6.1.2 家族取向社会结构文化对企业环境信息披露的影响

以“己”为中心实际上就是以家族为中心。在家族基础上形成的家族取向社会结构文化，强调家族成员的伦理规范、行为规范和家族观念，以及家族成员对自身、社会与家族关系的认识。由人伦秩序、道德情感和价值理想构成三位一体的家族取向社会结构文化，使家族取向社会结构具有内在稳定性（曹书文，2005）[5]，形成了家族取向社会结构文化模式每一个家族内较高社会信任水平和社会认知一致性。与家族外部相比，家族内部的交易成本更低（薛胜昔和李培功，2017；张博和范辰辰，2019）[93][105]。

不同家族之间相互往来使家族的组织体系和社会行为规范习俗随之扩散到更广泛的社会生活之中。以家族伦理谋划国家治理，以孝替代忠，形成了家国同构社会结构（吴祖鲲和王慧姝，2014）[85]及家族取向的社会结构文化。家国同构社会结构使受家族文化熏陶的中国人，将家族内行事规则概化到家族外人员中，作为为人处事的准则（薛胜昔和李培功，2017）[93]。家国同构思想在将家族取向社会结构文化的思想、情感和意愿扩展到社会同时，也通过社会化途径等将家族内较高社会信任水平扩展到社会，提高社会信任水平，并降低了交易成本，使社会经济行为能获得稳定预期回报。家族取向社会结构文化家族内部大致相同的社会行为规范习俗，使社会成员面对某些普遍性社会问题形成了较高社会共识，给予社会经济行为较大社会压力。

具体到企业环境信息披露方面，面对环境保护和环境治理的国家战略，各社会成员将自己归入由全体国民组成的“家”，形成了一切以家族为重、以个人为轻的家族文化传统（杨国枢和叶明华，2008）[97]。家族取向社会结构文化将家族内较高社会信任水平扩展国家层面，使企业环境信息披露能获得相应组织合法性回报；家族取向社会结构文化对环境保护和环境治理等普遍社会问题的较高社会共识，使企业环境信息披露面临较大社会压力。此外，受家族观念影响的管理层在进行管理决策时，还需要“念祖先之得而思后代之祸”，需要从更长期限和更大范围进行考量（王金波，2013）[74]。环境责任履行对企业价值和后代子孙的长远性影响，使受家族取向社会结构文化影响的管理层更注重企业环境信息披露，提高了企业环境信息披露水平。因此，家族取向社会结构文化特征越明显，社会信任水平越高，交易成本越低，企业环境信息披露获取相应组织合法性回报和收益的稳定性越高；家族取向社会结构文化特征越显著，社会成员对企业环境信息披露的社会认知的一致性越高，企业环境信息披露面临的组织合法性压力越大；家族取向社会结构文化特征越明显，管理层更注重企业环境表现对长期的影响，更注重企业环境信息披露。综上所述，提出“假设6.2”：

**H6.2**：家族取向社会结构文化与企业环境信息披露水平正相关。

### 6.1.3 人情取向社会结构文化对企业环境信息披露的影响

与家族取向社会结构文化将血缘亲缘关系和族群认同置于首要位置不同，人情取向社会结构文化以“报”的社会行为规范习俗为基础，人际交往和社会经济活动更强调物质利益和功利性。虽然人情包括通情达理等基本伦理价值，但人情更主要是通过与其他社会成员之间的人情往来，拓展自身生存发展空间（黄光国，2004）[26]。利益导向使社会成员的人情关系网络不断变动，不断变动的人情关系边界和人情关系中过强的功利性降低了人情取向社会结构文化的社会信任水平。此外，不断变动的人情关系网络和人情关系的功利性，降低了社会成员社会圈子的稳定性，具体社会成员与不同群体或社会成员进行交往，往往将自己视为不同的社会圈子或“己”，降低了人情取向社会结构文化的社会信任水平。实际上，基于“差”基础上的人情取向社会结构文化，强调不同群体之间社会行为规范习俗的差异性，强调不同群体之间社会信任水平的差异性。人情取向社会结构文化特征越显著，不同社会群体之间社会行为规范习俗的差异性越大，人际交往的利益导向特征越突出；人情取向社会结构文化特征越显著，社会信任水平越低。

具体到企业环境信息披露方面，基于非正式契约社会机制并以获取组织合法性回报和收益为目标的企业环境信息披露，披露环境信息能否获得预期组织合法性回报和收益依赖于较高社会信任水平。但人情取向社会结构文化模式的利益导向和不断变动的人情关系降低了社会信任水平，使企业环境信息披露难以获得预期组织合法性回报和收益；人情取向社会结构文化因不同群体之间社会行为规范习俗的差异性降低了社会信任水平，影响了全体社会成员对环境保护和环境治理社会认知的一致性。因此，人情取向社会结构文化较低的社会信任水平和社会认知一致性，使企业环境信息披露面临的组织合法性压力较小，企业环境信息披露难以获得相应的组织合法性回报和收益，降低了企业环境信息披露水平。此外，人情取向社会结构文化模式较低社会信任水平还通过社会化途径和社会声誉途径降低了管理层对通过企业环境信息披露获取组织合法性的预期回报，降低了管理层对企业环境信息披露的预期收益水平。人情取向社会结构文化特征越明显，社会信任水平越低，对企业环境信息披露社会认知的一致性越低，企业环境信息披露获取相应组织合法性回报的可能性越低。综上所述，提出“假设 6.3”：

**H6.3**：人情取向社会结构文化与企业环境信息披露水平负相关。

### 6.1.4 恩威取向社会结构文化对企业环境信息披露的影响

基于“序”基础上的恩威取向社会结构文化与基于“差”基础上的人情取向社会结构文化一样，强调不同群体之间社会关系和社会信任水平的差。但与人情取向社会结构文化强调水平层面和横向层面不同群体之间社会关系和社会信任水平的差不同，以“序”为基础的恩威取向社会结构文化强调立体层面和纵向层面不同群体之间社会关系和社会信任水平的差。恩威取向社会结构文化将领导者与下属分为两个不同群体和层面，恩威取向社会结构文化特征越显著，不同层级之间的边界越清晰，相互之间社会行为规范习俗的差异性越大，社会信任水平越低；恩威取向社会结构文化特征越不显著，不同层级之间的边界越模糊，相互之间社会行为规范习俗的差异性越小，社会信任水平越高。

具体到企业环境信息披露方面，就企业环境信息披露的组织合法性回报和收益而言，恩威取向社会结构文化特征越显著，社会不同层级群体之间社会行为规范习俗差异越大、社会信任水平越低，企业环境信息披露获取相应组织合法性回报和收益的可能性越小，企业环境信息披露动力越低。就企业环境信息披露所面临的组织合法性压力和成本压力而言，恩威取向社会结构文化特征越显著，社会不同层级群体之间较大差异的社会行为规范习俗和较低的社会信任水平，降低了社会成员企业环境信息披露社会认知的一致性，企业环境信息披露所面临的组织合法性压力和成本压力越小，企业环境信息披露水平越低。总体而言，恩威取向社会结构文化特征越显著，企业环境信息披露所面临的组织合法性压力越小；恩威取向社会结构文化特征越显著，社会信任水平越低，企业环境信息披露获取相应组织合法性回报和收益的可能性越小。综上所述，提出“假设6.4”：

**H6.4**：恩威取向社会结构文化与企业环境信息披露水平负相关。

## 6.2 研究设计

### 6.2.1 样本选择与数据来源

社会结构文化影响企业环境信息披露的样本选择与第5章的样本选择相同。其他财务数据来自RESSET数据库和CSMAR数据库。

### 6.2.2 企业环境信息披露水平的度量

依据事先设置好的企业环境信息披露水平指数表，采用文本分析法对企业所披露的财务报告、社会责任报告和环境责任报告等进行分析，获取企业环境信息披露水平指数，具体度量与第5章相同。

### 6.2.3 社会结构文化的度量

#### 6.2.3.1 调查问卷设计和调查过程

对差序格局社会文化的度量，以胡军等（2002）[24]的调查量表题目为基础，进行反复比较和筛选，最后编制了包含17个题目的差序格局文化量表。调查问卷采用李克特（Likert）5点量尺，即：a非常不赞同；b不赞同；c无法确定；d赞同；e非常赞同。具体调查过程与社会价值文化调查过程相同。

#### 6.2.3.2 差序格局指数建构及信度分析

差序格局社会结构文化指数建构过程如下：将调查所得问卷通过 stata 因子分析法，用 orthogonal varimax（Kaiser off）进行旋转后，将各因素中荷重低于 0.40 的题目予以剔除，再重复上述方法进行进一步分析。将全部题目中因素荷重低于 0.40 的题目删除后，最后剩下 10 题，可以抽取 3 个因子，分别命名为家族取向因子、人情取向因子和恩威取向因子，并通过三者获取差序格局社会结构文化总因子（即差序格局社会结构文化指数）。差序格局社会结构文化各调查问题答案的描述性统计见表 6.1。

**表 6.1　社会结构文化问卷调查各问题的描述性统计**

| 问题 | obs | mean | Std. | median | min | max |
|---|---|---|---|---|---|---|
| c1：一个人应该尊敬父母和长辈，要听他们的教诲，尽量不要与他们发生争执 | 1 860 | 3.744086 | 0.991135 | 4 | 1 | 5 |
| c2：我一生中最重要的奋斗目标是使家业兴旺，光宗耀祖 | 1 860 | 3.095161 | 1.012072 | 3 | 1 | 5 |
| c3：百善孝为先 | 1 860 | 4.025269 | 0.920104 | 4 | 1 | 5 |
| c4：只有讲究长幼有序，才能维持一个家庭或组织的和谐关系 | 1 860 | 3.493548 | 1.007482 | 4 | 1 | 5 |
| c5：与周围人和睦相处很重要 | 1 860 | 3.991398 | 0.780292 | 4 | 1 | 5 |
| c6：凡事要以大局为重，不要只考虑自己 | 1 860 | 3.791935 | 0.877818 | 4 | 1 | 5 |
| c7：一个人不管多么有理，也应该得饶人处且饶人 | 1 860 | 3.648387 | 0.974678 | 4 | 1 | 5 |
| c8：领导应该仁慈且和蔼，同时，他还应该有教养、有同情心且能承担责任 | 1 860 | 3.853763 | 0.960832 | 4 | 1 | 5 |
| c9：一个好领导要像家长一样，因为照顾体恤下属是领导责无旁贷的义务 | 1 860 | 3.306452 | 1.047891 | 3 | 1 | 5 |
| c10：对下属过错，领导应该谆谆诱导，耐心告诫 | 1 860 | 3.654839 | 0.868555 | 4 | 1 | 5 |

从表 6.1 可以看出，“百善孝为先”（c3）和“与周围人和睦相处很重要”（c5）平均得分最高，分别为 4.025269 和 3.991398，“光宗耀祖”（c2）

得分最低，为3.095161。这说明孝道和人际关系最为重要，符合差序格局以“孝”为基础而建构的“序”和以“仁”为基础而建构的“差”的社会结构格局；但是在现代化冲击下，对“传承家业和光宗耀祖”的认可程度在下降。

表6.2　社会结构文化问卷调查的信度分析和效度分析

| 因子名称 | 问题 | 人情取向 | 家族取向 | 恩威取向 | Cranach's a | | 特征根 | 累积平方根 |
|---|---|---|---|---|---|---|---|---|
| | | | | | 删除该条款 | 因子alpha | | |
| 家族取向 | c1 | **0.6000** | 0.3043 | 0.2363 | 0.5558 | 0.6587 | 1.77922 | 0.1779 |
| | c2 | **0.7264** | 0.0970 | -0.0724 | 0.6674 | | | |
| | c3 | **0.4747** | 0.3604 | 0.3741 | 0.5639 | | | |
| | c4 | **0.7405** | -0.0114 | 0.2527 | 0.5712 | | | |
| 人情取向 | c5 | -0.0566 | **0.7378** | 0.2750 | 0.6332 | 0.6734 | 2.06472 | 0.3844 |
| | c6 | 0.1498 | **0.7824** | 0.0053 | 0.5080 | | | |
| | c7 | 0.1754 | **0.7310** | -0.0279 | 0.5847 | | | |
| 恩威取向 | c8 | 0.0764 | 0.3298 | **0.6533** | 0.5655 | 0.6284 | 1.88416 | 0.5728 |
| | c9 | 0.2288 | -0.1201 | **0.7418** | 0.4783 | | | |
| | c10 | 0.0573 | 0.1370 | **0.7521** | 0.5380 | | | |
| 总量表 | alpha = 0.7567 | | KMO = 0.773 | | Bartlett's = 3811.061 *** | | | |
| chi2 (45) = 3813.12 | | Prob > chi2 = 0.0000 | | | orthogonal varimax (Kaiser off) | | | |

表6.2为差序格局社会结构文化问卷调查的信度分析和效度分析。同社会价值文化问卷调查一样，信度分析使用stata14.0统计软件，效度分析使用SPSS18.0统计软件。

从表6.2可以看出，家族取向因子、人情取向因子和恩威取向因子信度（alpha）系数分别为0.6587、0.6734和0.6284，累积平方根为0.5728，总信度系数为0.7567；效度检验的KMO系数为0.773，Bartlett's球形检验结果系数为3811.061，且在1%水平显著。综合信度分析和效度分析，说明社会结构文化问卷调查具有一定科学性，本次社会结构文化问卷调查结果可正常使用。

从表6.2可知，差序格局社会结构文化各因子得分和总因子得分表达式如下：

家族取向因子 $= c1\times 0.6000 + c2\times 0.7264 + c3\times 0.4747 + c4\times 0.7405 + c5\times (-0.0566) + c6\times 0.1498 + c7\times 0.1754 + c8\times 0.0764 + c9\times 0.2288 + c10\times 0.0573$

人情取向因子 $= c1\times 0.3043 + c2\times 0.0970 + c3\times 0.3604 + c4\times (-0.0114) + c5\times 0.7378 + c6\times 0.7824 + c7\times 0.7310 + c8\times 0.3298 + c9\times (-0.1201) + c10\times 0.1370$

恩威取向因子 $= c1\times 0.2363 + c2\times (-0.0724) + c3\times 0.3741 + c4\times 0.2527 + c5\times 0.2750 + c6\times 0.0053 + c7\times (-0.0279) + c8\times 0.6533 + c9\times 0.7418 + c10\times 0.7521$

差序格局社会结构文化总因子 $= (0.1779/0.5728)\times fjz + (0.2065/0.5728)\times frq + (0.1884/0.5728)\times few$

### 6.2.4　模型设计

考虑因子分析中，相比单因子分析模型，全因子模型是更好的分析模型。本书采用全因子模型对社会结构文化影响企业环境信息披露进行回归分析。为检验“假设6.1”“假设6.2”“假设6.3”和“假设6.4”，分别构建如下实证检验模型：

$$EID = a_0 + a_1 size + a_2 lev + a_3 second + a_4 growth + a_5 state + a_6 CSR + a_7 first1 + a_8 long + a_9 cxgj + a_{10}\sum ind + a_{11}\sum year + e \tag{6.1}$$

$$EID = a_0 + a_1 size + a_2 lev + a_3 second + a_4 growth + a_5 state + a_6 CSR + a_7 first1 + a_8 long + a_9 frq + a_{10} fjz + a_{11} few + a_{12}\sum ind + a_{13}\sum year + e \tag{6.2}$$

其中，EID为企业环境信息披露水平指数，用样本企业的“企业环境信息披露总得分”除以“企业环境信息披露理论得分”计算样本企业的环境信息披露得分率。cxgj为差序格局社会结构文化指数，fjz、frq和few分别为差序格局社会结构文化的家族取向因子、人情取向因子和恩威取因子，即家族取向社会结构文化、人情取向社会结构文化和恩威取向社会结构文化。其他为控制变量，和前文一致。为消除极端值，对回归模型、对各连续变量在1%水平上进行winsorized收尾处理。具体变量定义如表6.3所示。

表 6.3　社会结构文化与企业环境信息披露变量定义表

| 变量类型 | 变量名称 | 变量符号 | 变量定义 |
| --- | --- | --- | --- |
| 被解释变量 | 企业环境信息披露 | EID | 企业环境信息披露实际得分/理论总得分 |
| 解释变量 | 差序格局 | cxgj | 差序格局社会结构文化总因子 |
| | 家族取向 | fjz | 社会结构文化的家族取向因子 |
| | 人情取向 | frq | 社会结构文化的人情取向因子 |
| | 恩威取向 | few | 社会结构文化的恩威取向因子 |
| 控制变量 | 公司规模 | size | 期末总资产自然对数 |
| | 资产负债水平 | lev | 期末总负债/期末总资产 |
| | 成长性 | growth | 期末营业收入增长率 |
| | 股权制衡 | second | 第一大/第二至第五大股东持股比例之和 |
| | 第一大股东持股 | first1 | 第一大股东持股比例 |
| | 社会责任报告 | CSR | 只发布年度财务报告赋值为 0，否则为 1 |
| | 产权性质 | state | 实际控制人为国有赋值为 1，否则为 0 |
| | 上市年份 | long | 上市年限的自然对数 |
| | 行业变量 | ind | 按证券会 2012 年行业分类标准 |
| | 年度变量 | year | 样本有 4 个年度，设置 3 个哑变量 |

## 6.3　实证检验

### 6.3.1　描述性统计

表 6.4 为社会结构文化指数描述性统计结果。从表 6.4 可以看出，企业环境信息披露水平均值为 0.207238，最大值为 0.733333，最小值为 0.022222，中位数为 0.131539；各省级行政区差序格局社会结构文化总因子均值为 0.035595，家族取向社会结构文化因子均值为 0.038195，人情取向社会结构文化因子均值为 0.074044，恩威取向社会结构文化因子均值为 -0.014150。

**表 6.4　　社会结构文化与企业环境信息披露主要变量的描述性统计**

| vars | obs | mean | Std. | min | median | max |
|---|---|---|---|---|---|---|
| EID | 1 660 | 0.207238 | 0.131539 | 0.022222 | 0.177778 | 0.733333 |
| fjz | 1 660 | 0.038195 | 0.163371 | -0.498310 | 0.073794 | 0.467759 |
| frq | 1 660 | 0.074044 | 0.152457 | -0.440180 | 0.110926 | 0.428110 |
| few | 1 660 | -0.014150 | 0.218897 | -0.401660 | 0.036186 | 0.529285 |
| cxgj | 1 660 | 0.035595 | 0.13206 | -0.161420 | 0.055494 | 0.385367 |
| size | 1 660 | 22.14065 | 0.860803 | 20.36487 | 22.09940 | 24.51052 |
| lev | 1 660 | 0.396547 | 0.172290 | 0.069774 | 0.394940 | 0.827037 |
| growth | 1 660 | 0.175005 | 0.312986 | -0.508930 | 0.128279 | 1.590025 |
| second | 1 660 | 2.548033 | 2.923451 | 0.356051 | 1.532438 | 16.29894 |
| first1 | 1 660 | 0.320911 | 0.137122 | 0.099500 | 0.300065 | 0.697000 |
| state | 1 660 | 0.166265 | 0.372431 | 0 | 0 | 1 |
| CSR | 1 660 | 0.204217 | 0.40325 | 0 | 0 | 1 |
| long | 1 660 | 7.605621 | 0.001223 | 7.602900 | 7.605890 | 7.608374 |

## 6.3.2 相关性分析

表6.5为社会结构文化影响企业环境信息披露主要变量相关系数表，从中可以看出，差序格局社会结构文化、人情取向社会结构文化、恩威取向社会结构文化均与企业环境信息披露水平显著负相关，家族取向社会结构文化与企业环境信息披露水平不显著相关。具体而言，差序格局社会结构文化指数越高，企业环境信息披露水平越低；人情取向社会结构文化指数和恩威取向社会结构文化指数越高，企业环境信息披露水平越低；家族取向社会结构文化指数越高，企业环境信息披露水平越高。相关性检验初步验证了“假设6.1”“假设6.3”和“假设6.4”。

**表 6.5　　社会结构文化与企业环境信息披露主要变量的相关系数表**

| | EID | fjz | frq | few | cxgj | size | lev |
|---|---|---|---|---|---|---|---|
| EID | | -0.0107 | -0.088*** | -0.090*** | -0.074*** | 0.248*** | 0.120*** |
| fjz | -0.021 | | 0.580*** | 0.377*** | 0.676*** | 0.045* | 0.065*** |
| frq | -0.091*** | 0.599*** | | 0.623*** | 0.805*** | 0.064*** | 0.087*** |
| few | -0.084*** | 0.231*** | 0.306*** | | 0.800*** | 0.008 | 0.066*** |

续表

| | EID | fjz | frq | few | cxgj | size | lev |
|---|---|---|---|---|---|---|---|
| cxgj | -0.089*** | 0.758*** | 0.783*** | 0.737*** | | 0.057*** | 0.111*** |
| size | 0.271*** | 0.048* | 0.060** | -0.018 | 0.038 | | 0.451*** |
| lev | 0.126*** | 0.086*** | 0.077*** | 0.036 | 0.084*** | 0.466*** | |
| growth | 0.018 | -0.010 | 0.003 | -0.009 | -0.008 | 0.189*** | 0.068*** |
| second | -0.010 | -0.033 | -0.036 | 0.097*** | 0.028 | -0.015 | -0.032 |
| first1 | -0.027 | -0.004 | 0.017 | 0.069*** | 0.039 | 0.049** | -0.032 |
| state | -0.054** | -0.043* | -0.041* | 0.011 | -0.033 | -0.133*** | -0.075*** |
| CSR | 0.437*** | -0.051** | -0.049** | -0.010 | -0.047* | 0.283*** | 0.101*** |
| long | -0.122*** | -0.031 | -0.010 | 0.004 | -0.016 | -0.142*** | -0.116*** |

| | growth | second | first1 | state | CSR | long |
|---|---|---|---|---|---|---|
| EID | 0.056** | -0.006 | -0.016 | -0.049** | 0.379*** | -0.125*** |
| fjz | -0.031 | -0.0001 | 0.019 | -0.038 | -0.064*** | -0.041* |
| frq | -0.007 | 0.015 | 0.018 | -0.040 | -0.062** | -0.016 |
| few | -0.022 | 0.074*** | 0.052** | -0.016 | -0.048* | -0.018 |
| cxgj | -0.012 | 0.030 | 0.014 | -0.033 | -0.028 | -0.014 |
| size | 0.204*** | -0.010 | 0.030 | -0.148*** | 0.258*** | -0.135*** |
| lev | 0.069*** | 0.007 | -0.014 | -0.071*** | 0.101*** | -0.102*** |
| growth | | -0.087*** | -0.057** | 0.029 | 0.019 | 0.029 |
| second | -0.084*** | | 0.789*** | 0.038 | -0.006 | -0.080*** |
| first1 | -0.047* | 0.680*** | | 0.160*** | -0.025 | 0.035 |
| state | 0.004 | 0.064*** | 0.165*** | | -0.066*** | -0.176*** |
| CSR | -0.010 | -0.027 | -0.031 | -0.066*** | | -0.145*** |
| long | 0.044* | -0.040 | 0.044* | -0.168*** | -0.136*** | |

注：“***”“**”“*”分别表示在1%、5%和10%水平下的统计显著。

### 6.3.3 实证检验结果及分析

首先，对社会结构文化影响企业环境信息披露进行OLS模型检验；其次，对社会结构文化影响企业环境信息披露进行随机效应模型和固定效应模型检验，固定效应模型的F检验在1%水平下显著。社会结构文化影响企业环境信息披露的OLS模型和固定效应模型具体检验结果如表6.6所示。

表 6.6 社会结构文化对企业环境信息披露影响的检验结果

| vars | (3) | (1) | (4) | (2) |
| --- | --- | --- | --- | --- |
| | OLS | FE | OLS | FE |
| cxgj | -0.0581*** | -0.0581*** | | |
| | (-2.60) | (-2.70) | | |
| fjz | | | 0.0606*** | 0.0606*** |
| | | | (2.76) | (2.80) |
| frq | | | -0.0901*** | -0.0901*** |
| | | | (-3.65) | (-3.84) |
| few | | | -0.0244* | -0.0244* |
| | | | (-1.73) | (-1.79) |
| size | 0.0179*** | 0.0179*** | 0.0176*** | 0.0176*** |
| | (3.93) | (4.44) | (3.87) | (4.39) |
| lev | 0.0398** | 0.0398** | 0.0391** | 0.0391** |
| | (2.00) | (2.14) | (1.96) | (2.11) |
| growth | -0.000629 | -0.000629 | -0.000157 | -0.000157 |
| | (-0.08) | (-0.07) | (-0.02) | (-0.02) |
| second | 0.000583 | 0.000583 | 0.000499 | 0.000499 |
| | (0.41) | (0.45) | (0.36) | (0.38) |
| first1 | -0.0131 | -0.0131 | -0.0100 | -0.0100 |
| | (-0.41) | (-0.45) | (-0.32) | (-0.35) |
| state | 0.00807 | 0.00807 | 0.00817 | 0.00817 |
| | (0.87) | (0.92) | (0.90) | (0.93) |
| CSR | 0.131*** | 0.131*** | 0.131*** | 0.131*** |
| | (15.17) | (17.98) | (15.35) | (18.02) |
| long | -4.799* | -4.799* | -4.425 | -4.425* |
| | (-1.72) | (-1.91) | (-1.58) | (-1.76) |
| ind & year | control | control | control | control |
| _cons | 36.29* | 36.32* | 33.46 | 33.49* |
| | (1.70) | (1.89) | (1.57) | (1.75) |
| F | 31.04*** | 14.34*** | 30.27*** | 14.20*** |

续表

| vars | (3) | (1) | (4) | (2) |
|---|---|---|---|---|
| | OLS | FE | OLS | FE |
| R_sq | 0.3620 | 0.3342 | 0.3677 | 0.3402 |
| obs | 1 660 | 1 660 | 1 660 | 1 660 |
| F test | | 21.77 *** | | 22.05 *** |

注："***""**""*"分别表示在1%、5%和10%水平下的统计显著。

从表6.6第1列和第2列可以看出，无论是OLS模型还是固定效应模型，差序格局社会结构文化均在1%水平下显著降低了企业环境信息披露水平。从表6.6第3列和第4列可以看出，家族取向社会结构文化在1%水平下显著增加了企业环境信息披露水平，人情取向社会结构文化在1%水平下显著降低了企业环境信息披露水平，恩威取向社会结构文化在10%水平下显著降低了企业环境信息披露水平。具体而言，差序格局社会结构文化特征越显著，不同社会关系圈子社会行为规范习俗的较大差异降低了社会信任水平和企业环境信息披露面临的组织合法性压力，影响了披露环境信息水平获取相应组织合法性回报和收益的稳定性，进而降低了企业环境信息披露水平。在社会结构文化各因子中，家族取向社会结构文化中较高社会信任水平和企业环境信息披露面临较高的组织合法性压力，有助于企业环境信息披露获取预期组织合法性回报，家族取向社会结构文化提升了企业环境信息披露水平；人情取向社会结构文化人际关系边界不断变动和不同群体之间社会行为规范习俗的差异性，降低了社会信任水平和企业环境信息披露面临的组织合法性压力，实施企业环境信息披露难以获得预期组织合法性回报，进而降低了企业环境信息披露水平；恩威取向社会结构文化同样因不同等级社会群体之间社会认知和社会行为规范习俗的差异性而降低了社会信任水平和企业环境信息披露面临的组织合法性压力，使企业环境信息披露水平难以获取相应组织合法性回拨和预期收益，进而降低了企业环境信息披露水平。固定效应模型和OLS模型检验结果支持了"假设6.1""假设6.2""假设6.3"和"假设6.4"。

控制变量中，公司规模和资产负债水平以及是否披露其他年度报告等显著影响了企业环境信息披露水平。表6.6检验结果表明，公司规模越大、资产负债水平越高，企业环境信息披露水平越高；相比只披露年度财务报告，披露其他年度报告提升了企业环境信息披露水平；企业上市年限越长，其环境信息披露水平越低。

### 6.3.4 内生性检验

分别采用遗漏变量法和工具变量法对社会结构文化影响企业环境信息披露进行内生性检验。

#### 6.3.4.1 遗漏变量法

与第5章相同，借鉴吴超鹏等（2019）[81]在模型中加入"行业×年份"(ind×year）重新进行回归检验。OLS模型和固定效应模型具体检验结果如表6.7所示。

表6.7 社会结构文化对企业环境信息披露影响的内生性检验（一）

| vars | (1) | (2) | (3) | (4) |
|---|---|---|---|---|
| | OLS | FE | OLS | FE |
| cxgj | -0.0582*** | -0.0582*** | | |
| | (-2.60) | (-2.70) | | |
| fjz | | | 0.0606*** | 0.0606*** |
| | | | (2.76) | (2.79) |
| frq | | | -0.0902*** | -0.0902*** |
| | | | (-3.66) | (-3.84) |
| few | | | -0.0243* | -0.0243* |
| | | | (-1.72) | (-1.78) |
| size | 0.0179*** | 0.0179*** | 0.0176*** | 0.0176*** |
| | (3.94) | (4.45) | (3.88) | (4.39) |
| lev | 0.0399** | 0.0399** | 0.0392** | 0.0392** |
| | (2.01) | (2.15) | (1.96) | (2.12) |
| growth | -0.000998 | -0.000998 | -0.000526 | -0.000526 |
| | (-0.12) | (-0.11) | (-0.06) | (-0.06) |
| second | 0.000542 | 0.000542 | 0.000457 | 0.000457 |
| | (0.38) | (0.42) | (0.33) | (0.35) |
| first1 | -0.0123 | -0.0123 | -0.00926 | -0.00926 |
| | (-0.39) | (-0.42) | (-0.29) | (-0.32) |

续表

| vars | (1) | (2) | (3) | (4) |
|---|---|---|---|---|
| | OLS | FE | OLS | FE |
| state | 0. 00806 | 0. 00806 | 0. 00816 | 0. 00816 |
| | (0. 87) | (0. 92) | (0. 90) | (0. 93) |
| CSR | 0. 131 *** | 0. 131 *** | 0. 131 *** | 0. 131 *** |
| | (15. 19) | (17. 99) | (15. 37) | (18. 02) |
| long | -4. 799 * | -4. 799 * | -4. 424 | -4. 424 * |
| | (-1. 71) | (-1. 90) | (-1. 58) | (-1. 76) |
| ind * year | -0. 000206 | -0. 000206 | -0. 000206 | -0. 000206 |
| | (-0. 88) | (-0. 84) | (-0. 89) | (-0. 84) |
| year & year | control | control | control | control |
| _cons | 36. 70 * | 36. 73 * | 33. 87 | 33. 90 * |
| | (1. 72) | (1. 91) | (1. 59) | (1. 77) |
| F | 33. 61 *** | 14. 10 *** | 33. 32 *** | 13. 97 *** |
| adj $R^2$ | 0. 3623 | 0. 3345 | 0. 3680 | 0. 3405 |
| obs | 1 660 | 1 660 | 1 660 | 1 660 |
| F test | | 7. 32 *** | | 7. 40 *** |

注："***""**""*"分别表示在1%、5%和10%水平下的统计显著。

从表6.7可看出，在加入随时间变化行业固定效应后，差序格局社会结构文化和人情取向社会结构文化均在1%水平下显著降低了企业环境信息披露水平，恩威取向社会结构文化在10%水平下显著增加了企业环境信息披露水平，家族取向社会结构文化在1%水平下显著增加了企业环境信息披露水平。检验结果表明，控制了随时间变化行业固定效应后，差序格局社会结构文化、家族取向社会结构文化、人情取向社会结构文化和恩威取向社会结构文化对企业环境信息披露水平的显著影响不变。

同样借鉴吴超鹏等（2019）[81]的研究，加入以下变量以降低遗漏变量对回归模型的影响：第t年样本公司i所在省份除样本公司i以外所有样本企业环境信息披露水平的均值（pyEID），第t年样本公司i所在行业除样本公司i以外所有样本企业环境信息披露水平的均值（iyEID）。OLS模型和固定效应模型检验具体结果如表6.8所示。

表 6.8 社会结构文化对企业环境信息披露影响的内生性检验（二）

| vars | (1) | (2) | (3) | (4) |
|---|---|---|---|---|
| | OLS | FE | OLS | FE |
| cxgj | -0.0575 ** | -0.0575 *** | | |
| | (-2.56) | (-2.67) | | |
| fjz | | | 0.0636 *** | 0.0636 *** |
| | | | (2.86) | (2.91) |
| frq | | | -0.0905 *** | -0.0905 *** |
| | | | (-3.67) | (-3.86) |
| few | | | -0.0256 * | -0.0256 * |
| | | | (-1.80) | (-1.87) |
| size | 0.0182 *** | 0.0182 *** | 0.0179 *** | 0.0179 *** |
| | (3.99) | (4.51) | (3.94) | (4.46) |
| lev | 0.0372 * | 0.0372 ** | 0.0362 * | 0.0362 * |
| | (1.86) | (1.99) | (1.80) | (1.95) |
| growth | -0.00130 | -0.00130 | -0.000881 | -0.000881 |
| | (-0.16) | (-0.15) | (-0.11) | (-0.10) |
| second | 0.000651 | 0.000651 | 0.000627 | 0.000627 |
| | (0.46) | (0.50) | (0.45) | (0.48) |
| state | 0.00619 | 0.00619 | 0.00640 | 0.00640 |
| | (0.66) | (0.70) | (0.69) | (0.72) |
| CSR | 0.131 *** | 0.131 *** | 0.131 *** | 0.131 *** |
| | (15.12) | (17.95) | (15.31) | (18.00) |
| first1 | -0.0148 | -0.0148 | -0.0123 | -0.0123 |
| | (-0.47) | (-0.51) | (-0.39) | (-0.42) |
| long | -5.477 * | -5.477 ** | -5.116 * | -5.116 ** |
| | (-1.92) | (-2.14) | (-1.79) | (-2.01) |
| iyEID | -0.000109 *** | -0.000109 | -0.000107 *** | -0.000107 |
| | (-2.83) | (-1.49) | (-2.79) | (-1.47) |
| pyEID | 0.000000187 | 0.000000187 | 0.000000332 ** | 0.000000332 |
| | (1.24) | (0.62) | (2.09) | (1.09) |
| ind & year | control | control | control | control |

续表

| vars | (1) | (2) | (3) | (4) |
|---|---|---|---|---|
| | OLS | FE | OLS | FE |
| _cons | 41.33 * | 41.36 ** | 38.60 * | 38.63 ** |
| | (1.90) | (2.13) | (1.78) | (1.99) |
| F | 14.93 *** | 13.90 *** | 28.70 *** | 13.80 *** |
| adj $R^2$ | 0.3630 | 0.3353 | 0.3690 | 0.3415 |
| obs | 1 660 | 1 660 | 1 660 | 1 660 |
| F test | | 21.84 *** | | 22.13 *** |

注：“***”“**”“*”分别表示在1%、5%和10%水平下的统计显著。

从表6.8可以看出，差序格局社会结构文化、家族取向社会结构文化、人情取向社会结构文化和恩威取向社会结构文化对企业环境信息披露水平的显著影响仍然不变，与表6.6检验结果保持一致。

#### 6.3.4.2 工具变量法

以“己”为中心，以“差”和“序”为两侧，构成了差序格局社会结构和差序格局社会结构文化，“己”内与“己”外社会行为规范习俗差异是差序格局社会结构文化的根本特质。依据差序格局理论，差序格局社会结构文化体现了“己”内社会信任水平和“己”外群体社会信任水平之间的差。某一地区“己”内与“己”外群体之间社会信任水平或不同社会群体之间社会信任水平的差越大，说明该地区差序格局社会结构文化特征越显著。为此，选择世界价值调查（WVS）关于中国各省级行政区家庭价值观调查数据作为差序格局社会结构文化指数的工具变量。具体而言，采用2012年度WVS针对中国各省级行政区关于对不同社会群体之间社会信任程度的问卷调查[①]，将熟人视为“己”内人（或圈内人），将第一次见面的人视为“己”外人（或圈外人），以各省级行政区熟人与第一次见面人社会信任度均值的差构建工具变量（trust），对差序格局社会结构文化影响企业环境信息披露进行内生性检验。

基于不同群体之间社会信任水平差异的内生性检验第一阶段（1SLS）实

① 问卷调查问题是：请问您对以下这些人是非常信任、比较信任、不太信任，还是非常不信任？这些人包括：家人，邻居，熟人，第一次见面的人，与您宗教信仰不同的人，其他国籍的人。其中非常信任赋值为4，比较信任赋值为3，不太信任赋值为2，非常不信任赋值为1。此外，由于WVS缺乏部分省级行政区的样本，工具变量法最终检验样本比原检验样本少。

证回归中，以内生性变量差序格局社会结构文化为被解释变量、以工具变量 trust 为解释变量、以汉语言普通话方言区（dialect）和该省居民 2015—2018 年人均受教育年限（edu）为控制变量进行回归，获得差序格局社会结构文化预测变量 pcxgj；汉语言普通话方言区度量方法见第 5 章第 3.5 节，各省居民受教育年限数据来自中国统计年鉴。然后，以企业环境信息披露水平 EID 为被解释变量、以差序格局社会结构文化预测变量 pcxgj 为解释变量、以其他控制变量进行第二阶段（2SLS）回归，检验“模型 6.1”。两阶段回归检验结果如表 6.9 所示。

**表 6.9 社会结构文化影响企业环境信息披露 2SLS 回归检验结果**

| vars | 1SLS | vars | 2SLS |
|---|---|---|---|
| | cxgj | | EID |
| trust | 0.0387** | pcxgj | -0.217*** |
| | (2.21) | | (-4.47) |
| dialect | -0.00450 | size | 0.0155*** |
| | (-0.15) | | (3.42) |
| edu | 0.0558*** | lev | 0.0359* |
| | (3.67) | | (1.81) |
| | | growth | -0.00407 |
| | | | (-0.50) |
| | | second | 0.000640 |
| | | | (0.44) |
| | | first1 | -0.0122 |
| | | | (-0.38) |
| | | state | 0.00227 |
| | | | (0.25) |
| | | CSR | 0.130*** |
| | | | (14.79) |
| | | long | -2.687 |
| | | | (-0.97) |
| ind & year | control | ind & year | control |
| _cons | -0.461*** | _cons | 20.28 |
| | (-3.13) | | (0.96) |

续表

| vars | 1SLS | vars | 2SLS |
|---|---|---|---|
| | cxgj | | EID |
| F | 6.13 *** | F | 31.08 *** |
| R_sq | 0.1419 | R_sq | 0.3632 |
| obs | 96 | obs | 1 592 |

注："***""**""*"分别表示在1%、5%和10%水平下的统计显著。

表6.9中1SLS检验结果显示，熟人与第一次见面的人之间社会信任水平差的回归系数在5%水平下显著为正，说明熟人与第一次见面的人之间社会信任水平差是差序格局社会结构文化的有效工具变量。表6.9中2SLS回归检验结果显示，差序格局社会结构文化预测变量pcxgj与企业环境信息披露水平的回归系数在1%水平下显著为负，说明差序格局社会结构文化预测变量显著降低了企业环境信息披露水平。2SLS的检验结果说明，差序格局社会结构文化特征越显著，企业环境信息披露水平越低。工具变量法的内生性检验结果再次证实了研究"假设6.1"。

### 6.3.5 进一步分析

#### 6.3.5.1 社会结构文化对企业硬披露环境信息和软披露环境信息的影响

与第5章相同，将企业环境信息披露分为硬披露环境信息和软披露环境信息，检验社会结构文化对企业硬披露环境信息和企业软披露环境信息的影响。OLS模型的具体检验结果如表6.10所示。

表6.10 社会结构文化对硬披露/软披露环境信息影响的检验结果

| vars | (1) | (2) | (3) | (4) |
|---|---|---|---|---|
| | EIDy | | EIDr | |
| cxgj | -0.0876 *** | | -0.0245 | |
| | (-3.15) | | (-1.05) | |
| fjz | | 0.0809 *** | | 0.0374 |
| | | (3.01) | | (1.62) |
| frq | | -0.115 *** | | -0.0615 ** |
| | | (-3.77) | | (-2.40) |

续表

| vars | (1) | (2) | (3) | (4) |
|---|---|---|---|---|
| | EIDy | | EIDr | |
| few | | -0.0449** | | -0.000882 |
| | | (-2.51) | | (-0.06) |
| size | 0.0197*** | 0.0191*** | 0.0158*** | 0.0159*** |
| | (3.49) | (3.41) | (3.58) | (3.56) |
| lev | 0.0615** | 0.0607* | 0.0150 | 0.0145 |
| | (2.54) | (2.50) | (0.72) | (0.69) |
| growth | -0.00260 | -0.00189 | 0.00163 | 0.00183 |
| | (-0.25) | (-0.18) | (0.19) | (0.21) |
| second | 0.000544 | 0.000541 | 0.000627 | 0.000450 |
| | (0.33) | (0.33) | (0.41) | (0.30) |
| first1 | -0.0149 | -0.0114 | -0.0110 | -0.00847 |
| | (-0.39) | (-0.30) | (-0.33) | (-0.26) |
| state | 0.0235** | 0.0241** | -0.00957 | -0.0101 |
| | (2.02) | (2.09) | (-1.02) | (-1.09) |
| CSR | 0.119*** | 0.119*** | 0.145*** | 0.145*** |
| | (11.32) | (11.48) | (16.83) | (16.90) |
| long | -5.523* | -4.917 | -3.972 | -3.862 |
| | (-1.64) | (-1.46) | (-1.34) | (-1.30) |
| ind & year | control | control | control | control |
| _cons | 41.78 | 37.19 | 30.02 | 29.20 |
| | (1.62) | (1.45) | (1.33) | (1.29) |
| F | 28.44*** | 27.75*** | 18.34*** | 17.83*** |
| R_sq | 0.2921 | 0.3067 | 0.3284 | 0.3307 |
| obs | 1 660 | 1 660 | 1 660 | 1 660 |

注："***""**""*"分别表示在1%、5%和10%水平下的统计显著。

从表6.10可以看出，差序格局社会结构文化和人情取向社会结构文化均在1%水平显著降低了企业硬披露环境信息水平，家族取向社会结构文化在1%水平下显著增加了企业硬披露环境信息水平，恩威取向社会结构文化在5%水平下显著降低了企业硬披露环境信息水平；人情取向社会结构文化在

5%水平下显著降低了企业软披露环境信息水平。检验结果说明，差序格局社会结构文化对企业硬披露环境信息和软披露环境信息的影响具有差异性。

6.3.5.2 低碳试点省份对社会结构文化与企业环境信息披露关系的影响

与第5章一样，将样本公司按注册地是否属于国家发展改革委所列低碳试点省份为依据进行分组，对社会结构文化与企业环境信息披露之间的关系进行回归分析。低碳试点省份数据来自国家发展改革委官方网站。OLS模型具体检验结果如表6.11所示。

**表6.11 低碳试点省份对社会结构文化与企业环境信息披露关系的影响**

| vars | (1)<br>试点省份 | (2)<br>非试点省份 | (3)<br>试点省份 | (4)<br>非试点省份 |
|---|---|---|---|---|
| cxgj | -0.139*** | 0.0404 | | |
| | (-4.35) | (1.25) | | |
| fjz | | | 0.0144 | 0.0923** |
| | | | (0.41) | (3.14) |
| frq | | | -0.129*** | -0.0690** |
| | | | (-3.45) | (-2.19) |
| few | | | -0.0390 | 0.0183 |
| | | | (-1.29) | (0.86) |
| size | 0.0225*** | 0.0134** | 0.0234*** | 0.0129** |
| | (4.08) | (2.19) | (4.22) | (2.12) |
| lev | 0.0395 | 0.0349 | 0.0340 | 0.0386 |
| | (1.56) | (1.24) | (1.34) | (1.38) |
| growth | 0.00581 | -0.00313 | 0.00618 | -0.00313 |
| | (0.50) | (-0.23) | (0.54) | (-0.24) |
| second | -0.00240 | 0.00427** | -0.00250 | 0.00389* |
| | (-1.41) | (2.19) | (-1.47) | (1.94) |
| first1 | -0.0389 | -0.0153 | -0.0413 | -0.00689 |
| | (-0.99) | (-0.36) | (-1.05) | (-0.16) |
| state | 0.0143 | -0.0119 | 0.0126 | -0.0124 |
| | (1.25) | (-0.85) | (1.10) | (-0.88) |

续表

| vars | (1) | (2) | (3) | (4) |
|---|---|---|---|---|
| | 试点省份 | 非试点省份 | 试点省份 | 非试点省份 |
| CSR | 0. 132 *** | 0. 114 *** | 0. 130 *** | 0. 115 *** |
| | (12. 97) | (10. 98) | (12. 78) | (11. 10) |
| long | 6. 804 ** | -15. 54 *** | 5. 852 * | -14. 10 *** |
| | (2. 01) | (-4. 18) | (1. 71) | (-3. 78) |
| ind & year | control | control | control | control |
| _cons | -52. 04 ** | 118. 0 *** | -44. 81 * | 107. 1 *** |
| | (-2. 02) | (4. 18) | (-1. 72) | (3. 77) |
| F | 4. 16 *** | 5. 85 *** | 4. 01 *** | 5. 94 *** |
| adj $R^2$ | 0. 2668 | 0. 2776 | 0. 2636 | 0. 2885 |
| obs | 852 | 808 | 852 | 808 |
| t test | 16. 92 *** | | 3. 07 * /1. 54/2. 26 | |

注：“***”“**”“*”分别表示在1%、5%和10%水平下的统计显著。

从表6. 11第1列和第2列可以看出，差序格局社会结构文化对企业环境信息披露的显著影响只存在于低碳试点省份样本组。相比非低碳试点省份样本组，差序格局社会结构文化对企业环境信息披露水平显著减少程度更高，且这种差异至少达到了1%水平下显著性，说明低碳试点省份差序格局社会结构文化对企业环境信息披露水平的显著减少程度具有统计学实际意义。此外，低碳试点省份和非低碳试点省份家族取向社会结构文化影响企业环境信息披露回归系数的差异性在10%水平下显著，说明非低碳试点省份家族取向社会结构文化对企业环境信息披露水平的增加程度显著高于非低碳试点省份家族取向社会结构文化对企业环境信息披露水平的增加程度。人情取向社会结构文化和恩威取向社会结构文化影响企业环境信息披露水平在低碳试点省份和非低碳试点省份回归系数的差异性没有达到10%水平下显著性，说明低碳试点省份和非低碳试点省份的划分不显著影响人情取向社会结构文化和恩威取向社会结构文化对企业环境信息披露水平的显著减少程度。

#### 6. 3. 5. 3 居民受教育年限对社会结构文化与企业环境信息披露关系的影响

社会结构文化对企业环境信息披露的具体影响受居民受教育程度约束，各省级行政区居民受教育程度影响了社会结构文化与企业环境信息披露之间的关系。为此，以各省级行政区接受大专及大专以上教育（大学教育程度）比例均值为依据，将样本划分为受大学教育程度较高样本组和受大学教育程度较低样本组，分析居民是否接受大学教育对社会结构文化与企业环境信息披露之间关系的影响。各省级行政区居民是否接受大学教育数据来自《中国统计年鉴》。OLS 模型具体检验结果如表 6.12 所示。

**表 6.12　居民受大学教育程度对社会结构文化与企业环境信息披露关系的影响**

| vars | (1)<br>大学教育程度低 | (2)<br>大学教育程度高 | (3)<br>大学教育程度低 | (4)<br>大学教育程度高 |
|---|---|---|---|---|
| cxgj | -0.152 *** | -0.0338 | | |
| | (-4.33) | (-0.81) | | |
| fjz | | | 0.0425 | -0.0284 |
| | | | (1.57) | (-0.55) |
| frq | | | -0.179 *** | 0.0492 |
| | | | (-5.80) | (1.03) |
| few | | | -0.0119 | -0.0705 ** |
| | | | (-0.60) | (-2.24) |
| size | 0.0145 ** | 0.0202 ** | 0.0145 ** | 0.0224 ** |
| | (2.80) | (2.68) | (2.78) | (2.76) |
| lev | 0.0713 ** | 0.000400 | 0.0687 ** | -0.00665 |
| | (3.05) | (0.01) | (2.94) | (-0.21) |
| growth | -0.00579 | 0.0183 | -0.00545 | 0.0188 |
| | (-0.56) | (1.76) | (-0.53) | (1.78) |
| second | 0.00222 | -0.00258 | 0.00140 | -0.00211 |
| | (1.23) | (-1.23) | (0.80) | (-0.99) |
| first1 | -0.0776 * | 0.172 ** | -0.0655 | 0.167 ** |
| | (-2.04) | (2.93) | (-1.75) | (2.88) |
| state | 0.0219 * | -0.0223 | 0.0200 * | -0.0165 |
| | (2.09) | (-1.22) | (1.98) | (-0.90) |
| CSR | 0.132 *** | 0.129 *** | 0.130 *** | 0.129 *** |
| | (13.28) | (7.59) | (13.40) | (7.70) |
| long | 1.821 | -28.39 *** | 1.667 | -28.26 *** |
| | (0.56) | (-5.97) | (0.51) | (-6.15) |

续表

| vars | (1) | (2) | (3) | (4) |
|---|---|---|---|---|
| | 大学教育程度低 | 大学教育程度高 | 大学教育程度低 | 大学教育程度高 |
| ind & year | control | control | control | control |
| _cons | -13.98 | 215.6*** | -12.78 | 214.5*** |
| | (-0.56) | (5.95) | (-0.52) | (6.13) |
| F | 26.35*** | 12.84*** | 26.39*** | 12.64*** |
| adj $R^2$ | 0.3745 | 0.5783 | 0.3866 | 0.5962 |
| obs | 1 248 | 412 | 1 248 | 412 |
| t test | 5.27** | | 1.62/17.62***/2.73* | |

注："***""**""*"分别表示在1%、5%和10%水平下的统计显著。

从表6.11第1列和第2列可看出，受大学教育程度较低省级行政区差序格局社会结构文化对企业环境信息披露水平影响回归系数在5%水平显著低于受大学教育程度较高省级行政区的回归系数，说明差序格局社会结构文化对企业环境信息披露水平的显著减少作用主要体现在受大学教育程度较低省级行政区。社会结构文化各因子方面，受大学教育程度较低省级行政区和受大学教育程度较高省级行政区人情取向社会结构文化和恩威取向社会结构文化影响企业环境信息披露水平回归系数的差异性均至少在10%水平下显著，家族取向社会结构文化影响企业环境信息披露水平回归系数的差异性没有达到10%水平下显著。检验结果说明，各省级行政区居民受大学教育程度显著影响了差序格局社会结构文化以及人情取向社会结构文化和恩威取向社会结构文化与企业环境信息披露之间的关系，相比受大学教育程度较低省级行政区，受大学教育程度较高省级行政区差序格局社会结构文化和人情取向社会结构文化对企业环境信息披露水平的减少程度更高，恩威取向社会结构文化对企业环境信息披露水平的减少程度更低。

### 6.3.6　治理效应分析

与第5章一样，以审计意见类型和董事会成员是否领取薪酬为变量，分析审计意见类型和董事会成员领取薪酬对社会结构文化与企业环境信息披露之间关系的影响。

#### 6.3.6.1 审计意见类型对社会结构文化与企业环境信息披露关系的影响

将无保留审计意见类型（audit）赋值为0，其他审计意见类型赋值为1，设计审计意见类型与社会结构文化之间的交互项（cxgj · audit、fjz · audit、frq · audit 和 few · audit），实证检验审计意见类型对社会结构文化与企业环境信息披露之间关系的影响。审计意见类型对社会结构文化与企业环境信息披露之间关系影响的具体检验结果如表6.13所示。

**表6.13 审计意见类型对社会结构文化影响企业环境信息披露关系的检验结果**

| vars | (1) | (2) | (3) | (4) | (5) |
|---|---|---|---|---|---|
| | FE | OLS | FE | FE | FE |
| cxgj | -0.0857*** | -0.0857*** | | | |
| | (-3.84) | (-3.70) | | | |
| audit | -0.0546** | -0.0546*** | -0.0530** | -0.0873*** | -0.00791 |
| | (-2.52) | (-2.83) | (-2.21) | (-3.52) | (-0.36) |
| cxgj · audit | 0.568*** | 0.568*** | | | |
| | (3.77) | (4.10) | | | |
| fjz | | | 0.0484** | 0.0500** | 0.0511** |
| | | | (2.07) | (2.15) | (2.20) |
| frq | | | -0.0869*** | -0.0952*** | -0.0866*** |
| | | | (-3.39) | (-3.71) | (-3.39) |
| few | | | -0.0331** | -0.0344** | -0.0390*** |
| | | | (-2.36) | (-2.47) | (-2.78) |
| fjz · audit | | | 0.233* | | |
| | | | (1.64) | | |
| frq · audit | | | | 0.505*** | |
| | | | | (3.91) | |
| few · audit | | | | | 0.347*** |
| | | | | | (3.53) |
| size | 0.0235*** | 0.0235*** | 0.0218*** | 0.0233*** | 0.0238*** |
| | (5.57) | (5.06) | (5.18) | (5.54) | (5.62) |
| lev | 0.0238 | 0.0238 | 0.0234 | 0.0207 | 0.0187 |
| | (1.22) | (1.16) | (1.20) | (1.06) | (0.96) |

续表

| vars | (1) | (2) | (3) | (4) | (5) |
|---|---|---|---|---|---|
| | FE | OLS | FE | FE | FE |
| growth | -0.000944 | -0.000944 | -0.000636 | -0.000780 | -0.000634 |
| | (-0.10) | (-0.11) | (-0.07) | (-0.09) | (-0.07) |
| second | 0.000436 | 0.000436 | 0.000733 | 0.000181 | 0.000382 |
| | (0.32) | (0.28) | (0.53) | (0.13) | (0.28) |
| first1 | 0.00146 | 0.00146 | -0.00301 | 0.00750 | 0.00514 |
| | (0.05) | (0.04) | (-0.10) | (0.24) | (0.17) |
| state | 0.0106 | 0.0106 | 0.00877 | 0.00915 | 0.0126 |
| | (1.03) | (1.02) | (0.84) | (0.89) | (1.21) |
| CSR | 0.127*** | 0.127*** | 0.127*** | 0.127*** | 0.127*** |
| | (17.08) | (14.56) | (17.04) | (17.18) | (17.16) |
| long | -6.544** | -6.544** | -6.406** | -6.350** | -6.019** |
| | (-2.50) | (-2.23) | (-2.43) | (-2.43) | (-2.30) |
| ind & year | control | control | control | control | control |
| _cons | 49.50** | 49.47** | 48.49** | 48.03** | 45.50** |
| | (2.48) | (2.22) | (2.42) | (2.41) | (2.28) |
| F | 14.10*** | 28.87*** | 13.55*** | 13.89*** | 13.81*** |
| R_sq | 0.3468 | 0.3724 | 0.3461 | 0.3517 | 0.3505 |
| obs | 1 520 | 1 520 | 1 520 | 1 520 | 1 520 |
| F test | 18.66*** | | 18.70*** | 18.81*** | 18.76*** |

注："***""**""*"分别表示在1%、5%和10%水平下的统计显著。

从表6.13第1列和第2列可以看出，无论是固定效应模型还是OLS模型，交互项audit·cxgj回归系数均在1%水平下显著为正，且差序格局社会结构文化影响企业环境信息披露的相关性保持不变，说明审计意见类型显著降低了差序格局社会结构文化对企业环境信息披露水平的减少程度。表6.13中第4列和第5列中交互项frq·audit和few·audit回归系数同样均在1%水平下显著为正，且人情取向社会结构文化和恩威取向社会结构文化影响企业环境信息披露的相关性没有改变，说明审计意见类型显著降低了人情取向社会结构文化和恩威取向社会结构文化对企业环境信息披露水平的减少程度。此外，表6.13中第3列中交互项fjz·audit回归系数在10%水平下显著为正，且家族取向社会结构文化对企业环境信息披露水平的相关性没有改变，说明审计意见类型显著提升了家族取向社会结构文化对企业环境信息披露水平的增加程度。检验结果表明，相比无保留审计意见类型，保留意见等审计意见类型显著缓解了差序格局社会结构文化和人情取向社会结构文化以及恩威取向社会结构文化对企业环境信息披露水平的减少程度，显著提升了家族取向社会结构文化对企业环境信息披露水平的增加程度。

#### 6.3.6.2 董事会成员领取薪酬对社会结构文化与企业环境信息披露关系的影响

与社会价值文化影响企业环境信息披露水平需要受董事会成员是否领取薪酬约束一样，社会结构文化对企业环境信息披露水平的影响同样受董事会成员是否领取薪酬的约束。由此，以董事会成员是否领取薪酬（wage）的均值为变量，设计董事会成员是否领取薪酬与社会结构文化之间的交互项（wage · cxgj、wage · fjz、wage · frq 和 wage · few），分析董事会成员是否领取薪酬对社会结构文化与企业环境信息披露之间关系的影响。具体检验结果如表 6.14 所示。

表 6.14　董事会成员是否领薪酬对社会结构文化与企业环境信息披露关系影响的检验结果

| vars | (1)<br>OLS | (2)<br>FE | (3)<br>FE | (4)<br>FE | (5)<br>FE |
|---|---|---|---|---|---|
| cxgj | −0.178**<br>(−2.55) | −0.178***<br>(−2.64) | | | |
| wage | −0.00306<br>(−0.16) | −0.00306<br>(−0.16) | −0.00348<br>(−0.19) | −0.00729<br>(−0.38) | 0.00487<br>(0.27) |
| cxgj · wage | 0.247*<br>(1.83) | 0.247*<br>(1.87) | | | |
| fjz | | | −0.0809<br>(−1.51) | 0.0628***<br>(2.90) | 0.0615***<br>(2.83) |
| frq | | | −0.0910***<br>(−3.88) | −0.205***<br>(−3.26) | −0.0912***<br>(−3.87) |
| few | | | −0.0237*<br>(−1.74) | −0.0245*<br>(−1.80) | −0.0487<br>(−1.11) |

续表

| vars | (1) | (2) | (3) | (4) | (5) |
|---|---|---|---|---|---|
| | OLS | FE | FE | FE | FE |
| fjz · wage | | | 0.298 *** | | |
| | | | (2.88) | | |
| frq · wage | | | | 0.229 ** | |
| | | | | (1.96) | |
| few · wage | | | | | 0.0495 |
| | | | | | (0.59) |
| size | 0.0179 *** | 0.0179 *** | 0.0178 *** | 0.0175 *** | 0.0175 *** |
| | (3.92) | (4.45) | (4.43) | (4.35) | (4.36) |
| lev | 0.0402 ** | 0.0402 ** | 0.0405 ** | 0.0394 ** | 0.0395 ** |
| | (2.02) | (2.16) | (2.18) | (2.12) | (2.12) |
| growth | -0.000999 | -0.000999 | -0.00132 | -0.000336 | -0.000214 |
| | (-0.12) | (-0.11) | (-0.15) | (-0.04) | (-0.02) |
| second | 0.000663 | 0.000663 | 0.000553 | 0.000478 | 0.000545 |
| | (0.47) | (0.51) | (0.43) | (0.37) | (0.42) |
| first1 | -0.0130 | -0.0130 | -0.00876 | -0.00812 | -0.0105 |
| | (-0.41) | (-0.45) | (-0.30) | (-0.28) | (-0.36) |
| state | 0.00812 | 0.00812 | 0.00935 | 0.00866 | 0.00820 |
| | (0.87) | (0.91) | (1.06) | (0.98) | (0.92) |
| CSR | 0.132 *** | 0.132 *** | 0.131 *** | 0.132 *** | 0.131 *** |
| | (15.18) | (18.00) | (18.06) | (18.08) | (17.99) |
| long | -4.711 * | -4.711 * | -3.966 | -4.229 * | -4.510 * |
| | (-1.67) | (-1.87) | (-1.58) | (-1.68) | (-1.79) |
| ind & year | control | control | control | control | control |
| _cons | 35.63 * | 35.65 * | 29.99 | 32.01 * | 34.14 * |
| | (1.66) | (1.86) | (1.57) | (1.67) | (1.78) |
| F | 30.23 *** | 13.92 *** | 13.93 *** | 13.81 *** | 13.72 *** |
| R_sq | 0.3634 | 0.3357 | 0.3436 | 0.3418 | 0.3403 |
| obs | 1 660 | 1 660 | 1 660 | 1 660 | 1 660 |
| F test | | 21.92 *** | 22.40 *** | 22.21 *** | 22.03 *** |

注："***""**""*"分别表示在1%、5%和10%水平下的统计显著。

从表 6.14 可以看出，交互项 wage · few 的回归系数没有达到 10% 水平下显著性，说明董事会成员是否领取薪酬不显著影响恩威取向社会结构文化与企业环境信息披露之间的关系；交互项 wage · fjz 的回归系数均至少在 1% 水平下显著为正，但家族取向社会结构文化影响企业环境信息披露水平的相关关系发生改变，说明董事会成员是否领取薪酬不显著影响家族取向社会结构文化与企业环境信息披露水平之间的关系；交互项 wage · cxgj 和 wage · frq 的回归系数均至少在 10% 水平下显著为正，且差序格局社会结构文化和人情取向社会结构文化与企业环境信息披露水平的相关关系未发生改变，说明董事会成员是否领取薪酬显著降低了差序格局社会结构文化和人情取向社会结构文化对企业环境信息披露水平的减少程度。检验结果表明，领取薪酬的董事会成员越多，差序格局社会结构文化和人情取向社会结构文化对企业环境信息披露水平的减少程度越低，家族取向社会结构文化对企业环境信息披露水平的增加程度不变，恩威取向社会结构文化对企业环境信息披露水平的减少程度不变。

### 6.3.7 稳健性检验

采用改变差序格局社会结构文化和企业环境信息披露水平度量方法，对社会结构文化影响企业环境信息披露水平进行稳健性检验。

#### 6.3.7.1 改变差序格局社会结构文化度量方法的稳健性检验

差序格局社会结构文化问卷调查包括网络调查和实地调查两部分。考虑到网络调查问卷数量较多，本书以网络调查所获数据通过因子分析法分别获取家族取向、人情取向和恩威取向的社会结构文化因子，以及差序格局社会结构文化总因子，对社会结构文化影响企业环境信息披露的关系进行稳健性分析。因子提取过程与 6.2.3.2 部分相同。基于网络调查样本差序格局社会结构文化各信度分析和效度分析如表 6.15 所示。

从表 6.15 可以看出，社会结构文化网络问卷调查的信度分析和效度分析符合要求，说明社会结构文化问卷调查具有一定科学性，依据本次调查所获取的社会结构文化数据进行实证分析不影响实证检验结果的科学性。

**表 6.15 基于网络调查问卷样本差序格局社会结构文化的信度分析**

| 因子名称 | 问题 | 家族取向 | 人情取向 | 恩威取向 | alpha | | 特征根 | 累积平方根 |
|---|---|---|---|---|---|---|---|---|
| | | | | | 删除该条款 | 因子 alpha | | |
| 家族取向 | c1 | **0.7033** | 0.3061 | 0.0198 | 0.5954 | 0.6799 | 2.01591 | 0.2016 |
| | c2 | **0.6622** | −0.1286 | 0.2911 | 0.6667 | | | |
| | c3 | **0.6761** | 0.3779 | 0.0526 | 0.5877 | | | |
| | c4 | **0.6782** | 0.0545 | 0.2634 | 0.6093 | | | |
| 人情取向 | c5 | 0.1235 | **0.7799** | 0.1076 | 0.5522 | 0.6519 | 1.99719 | 0.4013 |
| | c6 | 0.1394 | **0.7180** | 0.0867 | 0.5380 | | | |
| | c7 | 0.2216 | **0.6129** | 0.2068 | 0.5777 | | | |
| 恩威取向 | c8 | −0.0399 | 0.4451 | **0.5646** | 0.6376 | 0.6432 | 1.78111 | 0.5794 |
| | c9 | 0.2356 | −0.0228 | **0.8218** | 0.5085 | | | |
| | c10 | 0.0781 | 0.2487 | **0.7536** | 0.4729 | | | |
| 总量表 | Cronbach's a = 0.7642 | | KMO = 0.803 | | Bartlett's = 2 318.260 *** | | | |
| chi2 (45) = 2 833.93 | | Prob > chi2 = 0.0000 | | | orthogonal varimax (Kaiser off) | | | |

依据表 6.15，差序格局社会结构文化各因子和总因子得分表达式如下。

家族取向因子 = $c1 \times 0.7033 + c2 \times 0.6622 + c3 \times 0.6761 + c4 \times 0.6782 + c5 \times (0.1235) + c6 \times 0.1394 + c7 \times 0.2216 + c8 \times (-0.0399) + c9 \times 0.2356 + c10 \times 0.0781$

人情取向因子 = $c1 \times 0.3061 + c2 \times (-0.1286) + c3 \times 0.3799 + c4 \times (0.0545) + c5 \times 0.7799 + c6 \times 0.7180 + c7 \times 0.6129 + c8 \times 0.4451 + c9 \times (-0.0228) + c10 \times 0.2487$

恩威取向因子 = $c1 \times 0.0198 + c2 \times (0.2911) + c3 \times 0.0526 + c4 \times 0.2634 + c5 \times 0.1076 + c6 \times 0.0867 + c7 \times (0.2068) + c8 \times 0.5646 + c9 \times 0.8218 + c10 \times 0.7536$

差序格局社会结构文化总因子 = $(0.2016/0.5794) \times fjz + (0.1997/0.5794) \times frq + (0.1781/0.5794) \times few$

基于网络调查问卷样本的社会结构文化与企业环境信息披露之间关系的具体检验结果如表 6.16 所示。

表 6.16　社会结构文化影响企业环境信息披露的稳健性检验（一）

| vars | (1) | (2) | (3) | (4) |
| --- | --- | --- | --- | --- |
| | OLS | FE | OLS | FE |
| cxgj | -0.0806*** | -0.0806*** | | |
| | (-3.92) | (-4.26) | | |
| fjz | | | 0.0374** | 0.0374** |
| | | | (2.23) | (2.17) |
| frq | | | -0.0448*** | -0.0448*** |
| | | | (-3.59) | (-3.44) |
| few | | | -0.0885*** | -0.0885*** |
| | | | (-5.66) | (-5.83) |
| size | 0.0175*** | 0.0175*** | 0.0179*** | 0.0179*** |
| | (3.88) | (4.36) | (4.00) | (4.49) |
| lev | 0.0406** | 0.0406** | 0.0405** | 0.0405** |
| | (2.07) | (2.20) | (2.06) | (2.21) |
| growth | -0.00114 | -0.00114 | -0.000616 | -0.000616 |
| | (-0.14) | (-0.13) | (-0.08) | (-0.07) |
| second | 0.000658 | 0.000658 | 0.000790 | 0.000790 |
| | (0.48) | (0.51) | (0.57) | (0.61) |
| first1 | -0.0163 | -0.0163 | -0.0224 | -0.0224 |
| | (-0.52) | (-0.56) | (-0.71) | (-0.77) |
| state | 0.00658 | 0.00658 | 0.00396 | 0.00396 |
| | (0.72) | (0.75) | (0.44) | (0.45) |
| CSR | 0.131*** | 0.131*** | 0.132*** | 0.132*** |
| | (15.05) | (17.97) | (15.54) | (18.27) |
| long | -4.785* | -4.785* | -4.883* | -4.883* |
| | (-1.74) | (-1.91) | (-1.77) | (-1.95) |
| ind & year | control | control | control | control |
| _cons | 36.19* | 36.21* | 36.95* | 36.98* |
| | (1.73) | (1.90) | (1.76) | (1.94) |
| F | 31.12*** | 14.63*** | 31.10*** | 14.92*** |
| R_sq | 0.3662 | 0.3387 | 0.3781 | 0.3510 |

续表

| vars | (1) | (2) | (3) | (4) |
|---|---|---|---|---|
| | OLS | FE | OLS | FE |
| obs | 1 660 | 1 660 | 1 660 | 1 660 |
| F test | | 22.01 *** | | 22.16 *** |

注："***""**""*"分别表示在1%、5%和10%水平下的统计显著。

从表6.16可以看出，差序格局社会结构文化在1%水平下显著降低了企业环境信息披露水平；家族取向社会结构文化在5%水平显著增加了企业环境信息披露水平，人情取向社会结构文化和恩威取向社会结构文化均在1%水平下显著降低了企业环境信息披露水平。稳健性检验结果与表6.6检验结果保持一致。

#### 6.3.7.2 改变因变量度量方法的稳健性检验

参照李志斌和章铁生（2017）[46]的研究，将企业环境信息披露水平指数分为10个等级，并分别赋值为1—10后进行OLS模型和固定效应模型检验，稳健性检验结果与表6.6检验结果保持一致。具体检验结果如表6.17所示。

表6.17 社会结构文化影响企业环境信息披露的稳健性检验（二）

| vars | (1) | (2) | (3) | (4) |
|---|---|---|---|---|
| | OLS | FE | OLS | FE |
| cxgj | -1.378 *** | -1.378 *** | | |
| | (-2.69) | (-2.83) | | |
| fjz | | | 1.039 ** | 1.039 ** |
| | | | (2.08) | (2.12) |
| frq | | | -1.436 ** | -1.436 *** |
| | | | (-2.49) | (-2.70) |
| few | | | -0.836 *** | -0.836 *** |
| | | | (-2.66) | (-2.71) |
| size | 0.359 *** | 0.359 *** | 0.349 *** | 0.349 *** |
| | (3.68) | (3.95) | (3.58) | (3.84) |
| lev | 0.880 ** | 0.880 ** | 0.872 ** | 0.872 ** |
| | (1.99) | (2.10) | (1.96) | (2.08) |
| growth | -0.0334 | -0.0334 | -0.0227 | -0.0227 |
| | (-0.17) | (-0.17) | (-0.12) | (-0.11) |

续表

| vars | (1) | (2) | (3) | (4) |
|---|---|---|---|---|
| | OLS | FE | OLS | FE |
| second | -0.000398 | -0.000398 | 0.00152 | 0.00152 |
| | (-0.01) | (-0.01) | (0.05) | (0.05) |
| first1 | 0.0476 | 0.0476 | 0.0859 | 0.0859 |
| | (0.07) | (0.07) | (0.13) | (0.13) |
| state | 0.0713 | 0.0713 | 0.0881 | 0.0881 |
| | (0.35) | (0.36) | (0.43) | (0.44) |
| CSR | 2.471*** | 2.471*** | 2.476*** | 2.476*** |
| | (14.96) | (14.96) | (15.13) | (15.02) |
| long | -122.0** | -122.0** | -112.1* | -112.1** |
| | (-1.97) | (-2.14) | (-1.81) | (-1.97) |
| ind & year | control | control | control | control |
| _cons | -0.886 | -1.029 | -1.120 | -1.254 |
| | (-0.64) | (-0.75) | (-0.88) | (-0.98) |
| F | 45.21*** | 11.43*** | 43.86*** | 11.28*** |
| adj $R^2$ | 0.3168 | 0.2858 | 0.3213 | 0.2905 |
| obs | 1 660 | 1 660 | 1 660 | 1 660 |
| F test | | 22.35*** | | 22.66*** |

注："***""**""*"分别表示在1%、5%和10%水平下的统计显著。

## 6.4 小　结

社会结构文化影响企业环境信息披露的固定效应模型和OLS模型检验中，差序格局社会结构文化显著降低了企业环境信息披露水平，家族取向社会结构文化显著增加了企业环境信息披露水平，人情取向社会结构文化和恩威取向社会结构文化显著降低了企业环境信息披露水平。相比非低碳试点省份，低碳试点省份差序格局社会结构文化对企业环境信息披露水平的减少程度更低；相比接受大学教育程度较高省级行政区，接受大学教育程度较低省级行政区社会结构文化对企业环境信息披露水平的减少程度更低。进一步分析表明，差序格局社会结构文化、人情取向社会结构文化和恩威取向社会结构文化显著降低了硬披露环境信息水平，家族取向社会结构文化显著增加了硬披露环境信息水平，人情取向社会结构文化显著降低了软披露环境信息水平；保留意见等审计意见类型降低了差序格局社会结构文化、人情取向社会结构文化和恩威取向社会结构文化对企业环境信息披露水平的减少程度，提升了家族取向社会结构文化对企业环境信息披露水平的增加程度；董事会成员领取薪酬显著降低了差序格局社会结构文化和人情取向社会结构文化对企业环境信息披露水平的减少程度，不显著影响家族取向社会结构文化和恩威取向社会结构文化对企业环境信息披露水平的作用程度。采用遗漏变量法的内生性检验表明，差序格局社会结构文化及各子因子对企业环境信息披露水平的显著影响不存在内生性问题；采用工具变量法内生性检验表明，差序格局社会结构文化对企业环境信息披露水平的显著降低作用不存在内生性问题。改变社会结构文化和企业环境信息披露水平度量方法的稳健性检验结果保持不变。

# 7 社会价值文化和社会结构文化对企业环境信息披露的综合影响

第5章和第6章分别检验了社会价值文化和社会结构文化对企业环境信息披露的影响，本章进一步检验社会价值文化和社会结构文化对企业环境信息披露的综合影响。与社会价值文化影响企业环境信息披露相比，基于社会行为规范习俗影响社会信任水平和交易成本的社会结构文化，对企业环境信息披露的影响更为密切。为此，本章就社会结构文化对社会价值文化与企业环境信息披露之间关系的具体影响进行分析。考虑到集体主义不显著影响企业环境信息披露，我们只分析差序格局社会结构文化对权力距离、男性化气质和不确定性规避与企业环境信息披露之间关系的影响，并在进一步分析中就家族取向社会结构文化、人情取向社会结构文化和恩威取向社会结构文化对权力距离、男性化气质和不确定性规避与企业环境信息披露之间关系的影响进行检验。

## 7.1 理论分析与研究假设

从第6章可知，差序格局社会结构文化通过对社会信任水平和交易成本的影响而降低了企业环境信息披露水平。差序格局社会结构文化特征越显著，“己”内和“己”外社会行为规范习俗的差异性越大，社会信任水平越低、交易成本越高，差序格局社会结构文化降低了企业环境信息披露水平。但是，因差序格局社会结构文化而导致不同社会信任水平和交易成本，使差序格局社会结构文化在直接影响企业环境信息披露的同时，还影响社会价值文化就社会期望和组织合法性与企业环境信息披露之间的交易关系。实际上，权力距离、男性化气质和不确定性规避对环境保护和环境治理所形成的社会期望和组织合法性压力能否有效改变企业环境信息披露，受社会信任水平和交易成本影响；企业环境信息披露能否获取相应组织合法性回报，同样受社会信任水平和交易成本影响。不同差序格局社会结构文化、不同社会信任水平和交易成本，权力距离、男性化气质和不确定性规避对企业环境信息披露水平的影响程度不同。

### 7.1.1　社会结构文化影响权力距离与企业环境信息披露的关系

就权力距离对企业环境信息披露水平的降低作用而言，差序格局社会结构文化特征越显著，不同群体之间社会行为规范习俗的差异性越大，社会信任水平越低，交易成本越高。较低社会信任水平和较高交易成本制约了权力距离与企业环境信息披露之间的交易关系，降低了权力距离对企业环境信息披露水平的减少作用。差序格局社会结构文化特征越显著，社会信任水平越低和交易成本越高，降低了权力距离对企业环境信息披露水平的减少作用，权力距离对企业环境信息披露水平的减少程度越大。由此提出“假设7.1”：

**H7.1**：差序格局社会结构文化特征越显著，权力距离对企业环境信息披露水平的减少程度越大。

### 7.1.2　社会结构文化影响男性化气质/不确定性规避与企业环境信息披露的关系

就男性化气质和不确定性规避对企业环境信息披露水平的显著增加作用而言，差序格局社会结构文化特征越显著，不同群体之间社会行为规范习俗差异性越大，社会信任水平越低，行为主体之间的交易成本越高。较低社会信任水平和较高交易成本降低了男性化气质和不确定性规避对企业环境信息披露水平的增加作用。差序格局社会结构文化特征越显著，社会信任水平越低和交易成本越高，男性化气质和不确定性规避对企业环境信息披露水平的增加程度越低。由此提出“假设7.2”和“假设7.3”：

**H7.2**：差序格局社会结构文化特征越显著，男性化气质对企业环境信息披露水平的增加程度越低。

**H7.3**：差序格局社会结构文化特征越显著，不确定性规避对企业环境信息披露水平的增加程度越低。

# 7.2 研究设计

### 7.2.1 样本选择与数据来源

为保证研究连续性和研究结论可比性，本章与前述章节研究样本和数据来源相同。为缓解极端数值影响检验结果，对连续型变量按1%和99%进行缩尾处理。

### 7.2.2 社会文化和企业环境信息披露水平的度量

社会文化和企业环境信息披露水平的度量见5.2.2部分和6.2.3部分。

### 7.2.3 模型设计

为检验“假设7.1”“假设7.2”和“假设7.3”，设计如下模型：

$$EID = a_0 + a_1 size + a_2 lev + a_3 growth + a_4 second + a_5 first1 + a_6 state + a_7 CSR + a_8 long + a_9 PDI + a_{10} IDV + a_{11} MAS + a_{12} UAI + a_{13} cxgj + a_{14} PDI \cdot cxgj + a_{15} \sum ind + a_{16} \sum year + e \quad (7.1)$$

$$EID = a_0 + a_1 size + a_2 lev + a_3 growth + a_4 second + a_5 first1 + a_6 state + a_7 CSR + a_8 long + a_9 PDI + a_{10} IDV + a_{11} MAS + a_{12} UAI + a_{13} cxgj + a_{14} MAS \cdot cxgj + a_{15} \sum ind + a_{16} \sum year + e \quad (7.2)$$

$$EID = a_0 + a_1 size + a_2 lev + a_3 growth + a_4 second + a_5 first1 + a_6 state + a_7 CSR + a_8 long + a_9 PDI + a_{10} IDV + a_{11} MAS + a_{12} UAI + a_{13} cxgj + a_{14} UAI \cdot cxgj + a_{15} \sum ind + a_{16} \sum year + e \quad (7.3)$$

其中，EID为企业环境信息披露水平，PDI · cxgj为权力距离与差序格局社会结构文化交互项，MAS · cxgj为男性化气质与差序格局社会结构文化交互项，UAI · cxgj为不确定性规避与差序格局社会结构文化交互项。具体变量定义如表7.1所示。

表7.1 社会结构文化影响社会价值文化与企业环境信息披露关系的变量定义

| 变量类型 | 变量名称 | 变量符号 | 变量定义 |
|---|---|---|---|
| 被解释变量 | 企业环境信息披露 | EID | 企业环境信息披露实际得分/理论总得分 |

续表

| 变量类型 | 变量名称 | 变量符号 | 变量定义 |
|---|---|---|---|
| 解释变量 | 交互项 1 | PDI · cxgj | 权力距离与社会结构文化交互项 |
| | 交互项 2 | MAS · cxgj | 男性化气质与社会结构文化交互项 |
| | 交互项 3 | UAI · cxgj | 不确定性规避与社会结构文化交互项 |
| 控制变量 | 社会结构文化 | cxgj | 差序格局社会结构文化总因子 |
| | 权力距离 | PDI | 社会价值文化的权力距离指数 |
| | 男性化气质 | MAS | 社会价值文化的男性化气质指数 |
| | 不确定性规避 | UAI | 社会价值文化的不确定性规避指数 |
| | 公司规模 | size | 期末总资产自然对数 |
| | 资产负债水平 | lev | 期末总负债/期末总资产 |
| | 成长性 | growth | 期末营业收入增长率 |
| | 股权制衡 | second | 第一大/第二至第五大股东持股比例之和 |
| | 第一大股东持股 | first1 | 第一大股东持股比例 |
| | 社会责任报告 | CSR | 只发布年度财务报告赋值为 0，否则为 1 |
| | 产权性质 | state | 实际控制人为国有赋值为 1，否则为 0 |
| | 上市年份 | long | 上市年限的自然对数 |
| | 行业变量 | ind | 按证券会 2012 年行业分类标准 |
| | 年度变量 | year | 样本有四个年度，设置三个哑变量 |

# 7.3 实证检验

## 7.3.1 描述性统计

表 7.2 为变量描述性统计表，各主要变量的描述性统计与表 5.7 和表 6.4 相同。

**表 7.2 社会结构文化影响社会价值文化与企业环境信息披露关系的变量描述性统计表**

| vars | obs | mean | Std. | min | median | max |
|---|---|---|---|---|---|---|
| EID | 1 660 | 0. 207229 | 0. 131550 | 0. 022222 | 0. 177778 | 0. 733333 |

续表

| vars | obs | mean | Std. | min | median | max |
|---|---|---|---|---|---|---|
| PDI | 1 660 | -13.9846 | 7.329270 | -36.2037 | -14.47675 | 2.317073 |
| IDV | 1 660 | -6.64068 | 8.946517 | -21.3044 | -5.384615 | 23.90244 |
| MAS | 1 660 | -18.0245 | 6.632839 | -25.2459 | -15.03509 | 6.481481 |
| UAI | 1 660 | -30.9132 | 11.18017 | -55.2222 | -31.05769 | 7.272727 |
| cxgj | 1 660 | 0.035595 | 0.13206 | -0.16142 | 0.0554944 | 0.385367 |
| size | 1 660 | 22.14065 | 0.860803 | 20.36487 | 22.09940 | 24.51052 |
| lev | 1 660 | 0.396547 | 0.172290 | 0.069774 | 0.394939 | 0.827037 |
| growth | 1 660 | 0.175005 | 0.312986 | -0.508933 | 0.128279 | 1.590025 |
| second | 1 660 | 2.548033 | 2.923451 | 0.356051 | 1.532438 | 16.29894 |
| state | 1 660 | 0.166265 | 0.372431 | 0 | 0 | 1 |
| CSR | 1 660 | 0.204217 | 0.403250 | 0 | 0 | 1 |
| first1 | 1 660 | 0.320911 | 0.137122 | 0.099500 | 0.300650 | 0.697000 |
| long | 1 660 | 7.605621 | 0.001223 | 7.602900 | 7.605890 | 7.608340 |

### 7.3.2 相关性分析

表7.3为主要变量的相关性分析。从表7.3可以看出，交互项PDI·cxgj、MAS·cxgj和UAI·cxgj均与企业环境信息披露水平显著相关。相关性检验结果初步表明，差序格局社会结构文化显著影响了权力距离、男性化气质和不确定性规避与企业环境信息披露水平之间的关系。

**表7.3 社会结构文化影响社会价值文化与企业环境信息披露关系变量的相关性分析**

| vars | EDI | PDI | IDV | MAS | UAI |
|---|---|---|---|---|---|
| EDI | | -0.044 * | -0.100 *** | 0.138 *** | 0.086 *** |
| PDI | -0.015 | | -0.232 *** | 0.117 *** | 0.471 *** |
| IDV | -0.075 *** | -0.304 *** | | -0.450 *** | -0.610 *** |
| MAS | 0.097 *** | 0.207 *** | -0.170 *** | | 0.405 *** |
| UAI | 0.073 *** | 0.598 *** | -0.709 *** | 0.278 *** | |
| cxgj | -0.089 *** | -0.467 *** | 0.697 *** | -0.493 *** | -0.765 *** |
| PDI · cxgj | 0.049 *** | 0.541 *** | -0.727 *** | 0.199 *** | 0.765 *** |

续表

| vars | EDI | PDI | IDV | MAS | UAI |
|---|---|---|---|---|---|
| MAS · cxgj | 0.132 *** | 0.311 *** | -0.728 *** | 0.500 *** | 0.733 *** |
| UAI · cxgj | 0.064 *** | 0.549 *** | -0.783 *** | 0.385 *** | 0.864 *** |
| | cxgj | PDI · cxgj | MAS · cxgj | UAI · cxgj | |
| EDI | -0.074 *** | 0.096 *** | 0.109 *** | 0.067 *** | |
| PDI | -0.427 *** | 0.238 *** | 0.210 *** | 0.430 *** | |
| IDV | 0.723 *** | -0.874 *** | -0.796 *** | -0.745 *** | |
| MAS | -0.599 *** | 0.465 *** | 0.492 *** | 0.626 *** | |
| UAI | -0.778 *** | 0.728 *** | 0.786 *** | 0.777 *** | |
| cxgj | | -0.859 *** | -0.890 *** | -0.986 *** | |
| PDI · cxgj | -0.884 *** | | 0.877 *** | 0.860 *** | |
| MAS · cxgj | -0.932 *** | 0.783 *** | | 0.880 *** | |
| UAI · cxgj | -0.951 *** | 0.927 *** | 0.891 *** | | |

注："***""**""*"分别表示在1%、5%和10%水平下的统计显著。

### 7.3.3 实证检验结果及分析

首先，对差序格局社会结构影响权力距离、男性化气质和不确定性规避与企业环境信息披露水平之间关系进行OLS模型检验；其次，对差序格局社会结构文化影响权力距离、男性化气质和不确定性规避与企业环境信息披露水平之间关系进行固定效应模型和随机效应模型检验，固定效应模型检验F值在1%水平下显著。差序格局社会结构文化对权力距离、男性化气质和不确定性规避影响企业环境信息披露水平的OLS模型和固定效应模型的具体检验结果如表7.4所示。

**表7.4 社会结构文化对社会价值文化与企业环境信息披露关系影响的检验结果**

| vars | (1) | (2) | (3) | (4) | (5) | (6) |
|---|---|---|---|---|---|---|
| | OLS | FE | OLS | FE | OLS | FE |
| PDI | -0.000723 | -0.000723 | 0.000545 | 0.000545 | -0.000587 | -0.000587 |
| | (-1.27) | (-1.39) | (0.97) | (1.01) | (-1.08) | (-1.16) |
| IDV | -0.0000516 | -0.0000516 | 0.00107 ** | 0.00107 ** | -0.000631 | -0.000631 |
| | (-0.10) | (-0.10) | (2.00) | (2.09) | (-1.18) | (-1.15) |

续表

| vars | (1) | (2) | (3) | (4) | (5) | (6) |
|---|---|---|---|---|---|---|
| | OLS | FE | OLS | FE | OLS | FE |
| MAS | 0. 000250 | 0. 000250 | 0. 00000209 | 0. 00000209 | 0. 000611 | 0. 000611 |
| | (0. 35) | (0. 39) | (0. 00) | (0. 00) | (1. 03) | (1. 18) |
| UAI | 0. 00126 *** | 0. 00126 *** | 0. 000584 | 0. 000584 | 0. 00222 *** | 0. 00222 *** |
| | (2. 65) | (2. 65) | (1. 29) | (1. 22) | (3. 97) | (4. 02) |
| cxgj | -0. 0898 | -0. 0898 | 0. 371 *** | 0. 371 *** | -0. 241 *** | -0. 241 *** |
| | (-1. 20) | (-1. 33) | (6. 31) | (5. 60) | (-2. 74) | (-2. 87) |
| PDI · cxgj | -0. 00592 * | -0. 00592 * | | | | |
| | (-1. 74) | (-1. 86) | | | | |
| MAS · cxgj | | | 0. 0249 *** | 0. 0249 *** | | |
| | | | (7. 19) | (6. 72) | | |
| UAI · cxgj | | | | | -0. 00976 *** | -0. 00976 *** |
| | | | | | (-3. 47) | (-3. 41) |
| size | 0. 0159 *** | 0. 0159 *** | 0. 0161 *** | 0. 0161 *** | 0. 0151 *** | 0. 0151 *** |
| | (3. 47) | (3. 91) | (3. 56) | (4. 01) | (3. 29) | (3. 73) |
| lev | 0. 0455 ** | 0. 0455 ** | 0. 0437 ** | 0. 0437 ** | 0. 0466 ** | 0. 0466 ** |
| | (2. 23) | (2. 43) | (2. 16) | (2. 37) | (2. 30) | (2. 49) |
| growth | -0. 00201 | -0. 00201 | -0. 00230 | -0. 00230 | -0. 00233 | -0. 00233 |
| | (-0. 25) | (-0. 23) | (-0. 29) | (-0. 26) | (-0. 29) | (-0. 26) |
| second | 0. 000904 | 0. 000904 | 0. 00142 | 0. 00142 | 0. 000815 | 0. 000815 |
| | (0. 66) | (0. 69) | (1. 03) | (1. 10) | (0. 61) | (0. 63) |
| first1 | -0. 0167 | -0. 0167 | -0. 0289 | -0. 0289 | -0. 0149 | -0. 0149 |
| | (-0. 54) | (-0. 57) | (-0. 95) | (-1. 00) | (-0. 49) | (-0. 51) |
| state | 0. 00509 | 0. 00509 | 0. 00684 | 0. 00684 | 0. 00488 | 0. 00488 |
| | (0. 55) | (0. 57) | (0. 76) | (0. 78) | (0. 53) | (0. 55) |
| CSR | 0. 129 *** | 0. 129 *** | 0. 130 *** | 0. 130 *** | 0. 129 *** | 0. 129 *** |
| | (14. 63) | (17. 62) | (15. 09) | (18. 03) | (14. 67) | (17. 66) |
| long | -4. 792 * | -4. 792 * | -4. 669 * | -4. 669 * | -5. 058 * | -5. 058 ** |
| | (-1. 69) | (-1. 90) | (-1. 65) | (-1. 87) | (-1. 80) | (-2. 01) |
| ind & year | control | control | control | control | control | control |
| _cons | 36. 30 * | 36. 27 * | 35. 31 * | 35. 34 * | 38. 30 * | 38. 33 ** |
| | (1. 68) | (1. 89) | (1. 64) | (1. 86) | (1. 79) | (2. 00) |

续表

| vars | (1) | (2) | (3) | (4) | (5) | (6) |
|---|---|---|---|---|---|---|
| | OLS | FE | OLS | FE | OLS | FE |
| F | 14.83 *** | 13.48 *** | 31.40 *** | 14.54 *** | 30.00 *** | 13.65 *** |
| R_sq | 0.3576 | 0.3401 | 0.3739 | 0.3574 | 0.3609 | 0.3430 |
| obs | 1 660 | 1 660 | 1 660 | 1 660 | | 1 660 |
| F test | | 22.19 *** | | 22.65 *** | | 22.50 *** |

注："***""**""*"分别表示在1%、5%和10%水平下的统计显著。

从表7.4第1列和第2列可以看出，加入交互项PDI·cxgj后，权力距离影响企业环境信息披露的相关关系和差序格局社会结构文化影响企业环境信息披露的相关关系不变（见表5.9和表6.6，下同），交互项PDI·cxgj回归系数在10%水平下显著为负，说明差序格局社会结构文化显著降低了权力距离对企业环境信息披露水平的减少程度。从表7.4第3列和第4列可以看出，加入交互项MAS·cxgj后，男性化气质和差序格局社会结构文化影响企业环境信息披露的相关关系发生改变，交互项MAS·cxgj回归系数在1%水平下显著，说明差序格局社会结构文化不显著影响男性化气质与企业环境信息披露水平之间的关系。从表7.4第5列和第6列可以看出，加入交互项UAI·cxgj后，不确定性规避和差序格局社会结构文化影响企业环境信息披露的相关关系不变，交互项UAI·cxgj回归系数在1%水平下显著，说明差序格局社会结构文化显著减少了不确定性规避对企业环境信息披露水平的增加程度。检验结果表明，差序格局社会结构文化特征越显著，权力距离对企业环境信息披露水平的减少程度越小，不确定性规避对企业环境信息披露水平的增加程度越小，男性化气质对企业环境信息披露水平的增加程度不变。检验结果支持了"假设7.1"和"假设7.3"，不支持"假设7.2"。

控制变量方面，公司规模、资产负债水平和是否披露专门企业环境信息披露责任报告书显著增加了企业环境信息披露水平，企业上市年限显著降低了企业环境信息披露水平。

### 7.3.4 进一步分析

#### 7.3.4.1 社会结构文化对社会价值文化与硬披露和软披露环境信息关系的影响

借鉴Clarkson等（2013）[136]的研究，依据信息可靠性程度将企业环境信息披露分为硬披露环境信息和软披露环境信息，分析差序格局社会结构文化对权力距离、男性化气质和不确定性规避与企业硬披露环境信息和软披露环境信息之间关系的影响。差序格局社会结构文化对权力距离、男性化气质和不确定性规避与企业硬披露环境信息之间关系影响的检验结果如表 7.5 所示，差序格局社会结构文化对权力距离、男性化气质和不确定性规避与企业软披露环境信息之间关系影响的具体检验结果如表 7.6 所示。

**表 7.5　社会结构文化对社会价值文化与硬披露环境信息关系影响的检验结果**

| vars | (1) | (2) | (3) | (4) | (5) | (6) |
|---|---|---|---|---|---|---|
| | OLS | FE | OLS | FE | OLS | FE |
| PDI | -0.00108 | -0.00108* | 0.000235 | 0.000235 | -0.000957 | -0.000957 |
| | (-1.50) | (-1.66) | (0.33) | (0.35) | (-1.41) | (-1.53) |
| IDV | -0.000882 | -0.000882 | 0.000363 | 0.000363 | -0.00154** | -0.00154** |
| | (-1.32) | (-1.40) | (0.54) | (0.57) | (-2.19) | (-2.28) |
| MAS | 0.000532 | 0.000532 | 0.000370 | 0.000370 | 0.00101 | 0.00101 |
| | (0.63) | (0.68) | (0.54) | (0.57) | (1.42) | (1.58) |
| UAI | 0.00182*** | 0.00182*** | 0.00110** | 0.00110* | 0.00294*** | 0.00294*** |
| | (3.20) | (3.11) | (1.98) | (1.85) | (4.28) | (4.31) |
| cxgj | -0.0751 | -0.0751 | 0.438*** | 0.438*** | -0.244** | -0.244** |
| | (-0.85) | (-0.90) | (6.65) | (5.33) | (-2.22) | (-2.35) |
| PDI · cxgj | -0.00732* | -0.00732* | | | | |
| | (-1.73) | (-1.85) | | | | |
| MAS · cxgj | | | 0.0268*** | 0.0268*** | | |
| | | | (6.81) | (5.84) | | |
| UAI · cxgj | | | | | -0.0114*** | -0.0114*** |
| | | | | | (-3.16) | (-3.22) |
| size | 0.0174*** | 0.0174*** | 0.0176*** | 0.0176*** | 0.0165*** | 0.0165*** |
| | (3.07) | (3.47) | (3.13) | (3.53) | (2.90) | (3.30) |
| lev | 0.0679*** | 0.0679*** | 0.0659*** | 0.0659*** | 0.0693*** | 0.0693*** |
| | (2.78) | (2.94) | (2.72) | (2.88) | (2.84) | (3.01) |
| growth | -0.00220 | -0.00220 | -0.00238 | -0.00238 | -0.00270 | -0.00270 |
| | (-0.21) | (-0.20) | (-0.23) | (-0.22) | (-0.26) | (-0.25) |
| second | 0.000673 | 0.000673 | 0.00121 | 0.00121 | 0.000566 | 0.000566 |
| | (0.41) | (0.42) | (0.73) | (0.75) | (0.35) | (0.35) |

续表

| vars | (1) | (2) | (3) | (4) | (5) | (6) |
|---|---|---|---|---|---|---|
| | OLS | FE | OLS | FE | OLS | FE |
| first1 | -0.0218 | -0.0218 | -0.0347 | -0.0347 | -0.0189 | -0.0189 |
| | (-0.57) | (-0.60) | (-0.92) | (-0.97) | (-0.50) | (-0.53) |
| state | 0.0185 | 0.0185* | 0.0206* | 0.0206* | 0.0183 | 0.0183* |
| | (1.58) | (1.68) | (1.80) | (1.90) | (1.59) | (1.68) |
| CSR | 0.120*** | 0.120*** | 0.121*** | 0.121*** | 0.120*** | 0.120*** |
| | (11.27) | (13.22) | (11.56) | (13.50) | (11.26) | (13.23) |
| long | -5.803* | -5.803* | -5.667* | -5.667* | -6.137* | -6.137** |
| | (-1.74) | (-1.86) | (-1.70) | (-1.83) | (-1.86) | (-1.97) |
| ind & year | control | control | control | control | control | control |
| _cons | 44.00* | 44.02* | 42.98* | 43.01* | 46.57* | 46.60** |
| | (1.74) | (1.85) | (1.69) | (1.83) | (1.85) | (1.97) |
| F | 11.16*** | 10.04*** | 11.85*** | 10.74*** | 11.31*** | 10.20*** |
| R_sq | 0.3092 | 0.2775 | 0.3222 | 0.2911 | 0.3122 | 0.2806 |
| obs | 1 660 | 1 660 | 1 660 | 1 660 | 1 660 | 1 660 |
| F test | | 23.26*** | | 23.61*** | | 23.57*** |

注："***""**""*"分别表示在1%、5%和10%水平下的统计显著。

表7.5为差序格局社会结构文化对权力距离、男性化气质和不确定性规避与硬披露环境信息关系影响的OLS模型和固定效应模型检验结果。从表7.5第1列和第2列可以看出，加入交互项PDI·cxgj后，权力距离和差序格局社会结构文化影响企业硬披露环境信息的相关关系不变（见表5.10和表6.10，下同），交互项PDI·cxgj回归系数在10%水平下显著为负，说明差序格局社会结构文化显著降低了权力距离对企业硬披露环境信息水平的减少程度。从表7.5第3列和第4列可以看出，加入交互项MAS·cxgj后，男性化气质影响企业硬披露环境信息的相关关系不变，差序格局社会结构文化影响企业硬披露环境信息的相关关系改变，交互项MAS·cxgj回归系数在1%水平下显著，说明差序格局社会结构文化不显著影响男性化气质对企业硬披露环境信息水平的增加程度。从表7.5第5列和第6列可以看出，加入交互项UAI·cxgj后，不确定性规避和差序格局社会结构文化影响企业硬披露环境信息的相关关系不变，交互项UAI·cxgj回归系数在1%水平下显著，说明差序格局社会结构文化显著减少了不确定性规避对企业硬披露环境信息水平的增

加程度。表 7.5 检验结果表明，差序格局社会结构文化特征越显著，权力距离对企业硬披露环境信息水平的减少程度越大，不确定性规避对企业硬披露环境信息水平的增加程度越小，男性化气质对企业硬披露环境信息水平的增加程度不变。

**表 7.6　社会结构文化对社会价值文化与软披露环境信息关系影响的检验结果**

| vars | (1) OLS | (2) FE | (3) OLS | (4) FE | (5) OLS | (6) FE |
|---|---|---|---|---|---|---|
| PDI | -0.000170 | -0.000170 | 0.00114 * | 0.00114 ** | -0.0000470 | -0.0000470 |
| | (-0.30) | (-0.31) | (1.95) | (2.01) | (-0.08) | (-0.09) |
| IDV | 0.000929 * | 0.000929 * | 0.00187 *** | 0.00187 *** | 0.000542 | 0.000542 |
| | (1.74) | (1.73) | (3.40) | (3.48) | (0.95) | (0.94) |
| MAS | -0.0000366 | -0.0000366 | -0.000567 | -0.000567 | 0.0000970 | 0.0000970 |
| | (-0.05) | (-0.06) | (-0.90) | (-1.03) | (0.16) | (0.18) |
| UAI | 0.000771 | 0.000771 | 0.000162 | 0.000162 | 0.00137 ** | 0.00137 ** |
| | (1.51) | (1.55) | (0.33) | (0.32) | (2.32) | (2.37) |
| cxgj | -0.0727 | -0.0727 | 0.305 *** | 0.305 *** | -0.180 * | -0.180 ** |
| | (-0.88) | (-1.02) | (4.20) | (4.39) | (-1.95) | (-2.04) |
| PDI · cxgj | -0.00289 | -0.00289 | | | | |
| | (-0.80) | (-0.86) | | | | |
| MAS · cxgj | | | 0.0227 *** | 0.0227 *** | | |
| | | | (5.68) | (5.84) | | |
| UAI · cxgj | | | | | -0.00606 ** | -0.00606 ** |
| | | | | | (-1.98) | (-2.02) |
| size | 0.0149 *** | 0.0149 *** | 0.0151 *** | 0.0151 *** | 0.0145 *** | 0.0145 *** |
| | (3.35) | (3.51) | (3.42) | (3.58) | (3.24) | (3.40) |
| lev | 0.0189 | 0.0189 | 0.0176 | 0.0176 | 0.0198 | 0.0198 |
| | (0.90) | (0.97) | (0.84) | (0.91) | (0.94) | (1.01) |
| growth | 0.00184 | 0.00184 | 0.00170 | 0.00170 | 0.00158 | 0.00158 |
| | (0.22) | (0.20) | (0.20) | (0.18) | (0.19) | (0.17) |
| second | 0.000415 | 0.000415 | 0.000978 | 0.000978 | 0.000392 | 0.000392 |
| | (0.27) | (0.30) | (0.62) | (0.72) | (0.25) | (0.29) |
| first1 | -0.0109 | -0.0109 | -0.0251 | -0.0251 | -0.0103 | -0.0103 |
| | (-0.32) | (-0.35) | (-0.75) | (-0.83) | (-0.31) | (-0.34) |

续表

| vars | (1) | (2) | (3) | (4) | (5) | (6) |
|---|---|---|---|---|---|---|
| | OLS | FE | OLS | FE | OLS | FE |
| state | -0.0113 | -0.0113 | -0.0101 | -0.0101 | -0.0116 | -0.0116 |
| | (-1.21) | (-1.21) | (-1.13) | (-1.10) | (-1.24) | (-1.25) |
| CSR | 0.146*** | 0.146*** | 0.148*** | 0.148*** | 0.146*** | 0.146*** |
| | (16.79) | (19.01) | (17.30) | (19.38) | (16.84) | (19.03) |
| long | -3.762 | -3.762 | -3.530 | -3.530 | -3.904 | -3.904 |
| | (-1.25) | (-1.42) | (-1.17) | (-1.35) | (-1.31) | (-1.48) |
| ind & year | control | control | control | control | control | control |
| _cons | 28.48 | 28.50 | 26.73 | 26.76 | 29.58 | 29.60 |
| | (1.24) | (1.41) | (1.17) | (1.34) | (1.30) | (1.47) |
| F | 12.33*** | 11.91*** | 13.11*** | 12.71*** | 12.41*** | 11.19*** |
| R_sq | 0.3310 | 0.3130 | 0.3447 | 0.3271 | 0.3324 | 0.3145 |
| obs | 1 660 | 1 660 | 1 660 | 1 660 | 1 660 | 1 660 |
| F test | | 12.14*** | | 12.28*** | | 12.27*** |

注："***""**""*"分别表示在1%、5%和10%水平下的统计显著。

表7.6为差序格局社会结构文化对权力距离、男性化气质和不确定性规避与企业软披露环境信息水平关系影响的OLS模型和固定效应模型检验结果。从表7.6第1列和第2列可以看出，交互项PDI·cxgj回归系数没有达到10%显著性水平，说明差序格局社会结构文化对权力距离与企业软披露环境信息之间关系的影响不显著。从表7.6第3列和第4列可以看出，交互项MAS·cxgj回归系数在1%水平下显著为正，但差序格局社会结构文化和男性化气质影响企业软披露环境信息的相关关系均发生改变，说明差序格局社会结构文化不显著影响男性化气质与企业软披露环境信息之间的关系。从表7.6第5列和第6列可以看出，交互项UAI·cxgj回归系数在5%水平下显著为负，差序格局社会结构文化和不确定性规避影响企业软披露环境信息的相关关系不变，说明差序格局社会结构文化显著降低了不确定性规避对企业软披露环境信息水平的增加程度。表7.6检验结果表明，差序格局社会结构文化不显著影响权力距离和男性化气质与企业软披露环境信息水平之间的关系，显著影响不确定性规避与企业软披露环境信息水平之间的关系。差序格局社会结构文化特征越显著，不确定性规避对企业软披露环境信息水平的增加程度越小。

#### 7.3.4.2 社会结构文化各因子对社会价值文化与企业环境信息披露关系的影响

依据第6章分析，差序格局社会结构文化由家族取向社会结构文化、人情取向社会结构文化和恩威取向社会结构文化构成。因家族取向社会结构文化较高社会信任水平和较低交易成本，人情取向社会结构文化及恩威取向社会结构较低社会信任水平和较高交易成本，家族取向社会结构文化、人情取向社会结构文化和恩威取向社会结构文化对社会价值文化与企业环境信息披露水平之间关系的影响不同。由此，对家族取向社会结构文化、人情取向社会结构文化和恩威取向社会结构文化与企业环境信息披露之间关系的影响进行进一步分析。固定效应模型和 OLS 模型具体检验结果如表 7.7、表 7.8 和表 7.9 所示。

**表 7.7 家族取向社会结构文化对社会价值文化与企业环境信息披露关系影响的检验结果**

| vars | (1) | (2) | (3) | (4) | (5) | (6) |
|---|---|---|---|---|---|---|
| | OLS | FE | OLS | FE | OLS | FE |
| PDI | 0.000342 | 0.000342 | 0.000797 | 0.000797 | 0.0000163 | 0.0000163 |
| | (0.57) | (0.61) | (1.32) | (1.42) | (0.03) | (0.03) |
| IDV | 0.0000543 | 0.0000543 | 0.00197*** | 0.00197*** | −0.00131* | −0.00131* |
| | (0.09) | (0.09) | (2.90) | (3.08) | (−1.87) | (−1.96) |
| MAS | 0.000634 | 0.000634 | 0.00161*** | 0.00161*** | 0.00121* | 0.00121** |
| | (0.86) | (0.99) | (2.90) | (3.05) | (1.94) | (2.23) |
| UAI | 0.00106** | 0.00106** | 0.000998** | 0.000998** | 0.00207*** | 0.00207*** |
| | (2.07) | (2.10) | (2.11) | (2.01) | (3.56) | (3.73) |
| fjz | −0.0196 | −0.0196 | 0.370*** | 0.370*** | −0.184** | −0.184** |
| | (−0.32) | (−0.35) | (7.98) | (7.50) | (−2.51) | (−2.49) |
| frq | −0.0514* | −0.0514* | −0.0979*** | −0.0979*** | −0.0729*** | −0.0729*** |
| | (−1.93) | (−1.88) | (−3.53) | (−3.65) | (−2.67) | (−2.74) |
| few | −0.0229 | −0.0229 | −0.0245 | −0.0245 | 0.0187 | 0.0187 |
| | (−1.01) | (−1.08) | (−1.15) | (−1.21) | (0.85) | (0.90) |
| PDI · fjz | −0.00945*** | −0.00945*** | | | | |
| | (−2.71) | (−2.89) | | | | |

续表

| vars | (1) | (2) | (3) | (4) | (5) | (6) |
|---|---|---|---|---|---|---|
| | OLS | FE | OLS | FE | OLS | FE |
| MAS · fjz | | | 0.0181*** | 0.0181*** | | |
| | | | (7.29) | (6.27) | | |
| UAI · fjz | | | | | -0.0116*** | -0.0116*** |
| | | | | | (-4.67) | (-4.49) |
| size | 0.0164*** | 0.0164*** | 0.0162*** | 0.0162*** | 0.0181*** | 0.0181*** |
| | (3.57) | (4.07) | (3.58) | (4.04) | (3.92) | (4.47) |
| lev | 0.0471** | 0.0471** | 0.0410** | 0.0410** | 0.0413** | 0.0413** |
| | (2.34) | (2.54) | (2.05) | (2.24) | (2.07) | (2.24) |
| growth | 0.00115 | 0.00115 | 0.000148 | 0.000148 | -0.000514 | -0.000514 |
| | (0.14) | (0.13) | (0.02) | (0.02) | (-0.06) | (-0.06) |
| second | 0.000942 | 0.000942 | 0.00126 | 0.00126 | 0.000420 | 0.000420 |
| | (0.67) | (0.72) | (0.90) | (0.98) | (0.31) | (0.33) |
| first1 | -0.0215 | -0.0215 | -0.0274 | -0.0274 | -0.0146 | -0.0146 |
| | (-0.68) | (-0.74) | (-0.88) | (-0.96) | (-0.47) | (-0.51) |
| state | 0.00743 | 0.00743 | 0.00703 | 0.00703 | 0.00754 | 0.00754 |
| | (0.82) | (0.84) | (0.80) | (0.81) | (0.84) | (0.86) |
| CSR | 0.135*** | 0.135*** | 0.134*** | 0.134*** | 0.132*** | 0.132*** |
| | (15.56) | (18.39) | (15.85) | (18.57) | (15.39) | (18.14) |
| long | -3.267 | -3.267 | -3.792 | -3.792 | -4.774* | -4.774* |
| | (-1.17) | (-1.29) | (-1.36) | (-1.52) | (-1.72) | (-1.90) |
| ind & year | control | control | control | control | control | control |
| _cons | 24.72 | 24.75 | 28.79 | 28.82 | 36.17* | 36.20* |
| | (1.16) | (1.28) | (1.36) | (1.52) | (1.71) | (1.90) |
| F | 28.54*** | 13.60*** | 29.53*** | 14.35*** | 28.78*** | 13.88*** |
| R_sq | 0.3768 | 0.3497 | 0.3886 | 0.3620 | 0.3814 | 0.3544 |
| obs | 1 660 | 1 660 | | 1 660 | | 1 660 |
| F test | | 22.32*** | | 22.95*** | | 22.14*** |

注："***""**""*"分别表示在1%、5%和10%水平下的统计显著。

从表7.7第1列和第2列可以看出，加入交互项PDI · fjz后，权力距离与企业环境信息披露的相关关系不变，交互项 PDI · fjz 回归系数在 1% 水平下显著，但家族取向社会结构文化影响企业环境信息披露的相关关系发生改变，说明家族取向社会结构文化不显著影响权力距离对企业环境信息披露水平的减少作用。从表 7.7 第 3 列和第 4 列可以看出，加入交互项 MAS · fjz 后，家族取向社会结构文化和男性化气质对企业环境信息披露的相关关系不变，交互项 MAS · fjz 在 1% 水平下显著正相关，说明家族取向社会结构文化显著提升了男性化气质对企业环境信息披露水平的增加作用。从表 7.7 第 5 列和第 6 列可以看出，加入交互项 UAI · fjz 后，不确定性规避影响企业环境信息披露的相关关系不变，交互项 UAI · fjz 在 1% 水平下显著负相关，家族取向社会结构文化影响企业环境信息披露的相关关系发生改变，说明家族取向社会结构文化不显著影响不确定性规避对企业环境信息披露水平的增加程度。检验结果表明，家族取向社会结构文化特征越显著，权力距离对企业环境信息披露水平的减少程度不变，男性化气质对企业环境信息披露水平的增加程度越大，不确定性规避对企业环境信息披露水平的增加程度不变。

**表 7.8　人情取向社会结构文化对社会价值文化与企业环境信息披露关系影响的检验结果**

| vars | (1)<br>FE | (2)<br>OLS | (3)<br>FE | (4)<br>OLS | (5)<br>FE | (6)<br>OLS |
|---|---|---|---|---|---|---|
| PDI | 0.00112 * | 0.00112 * | 0.00141 ** | 0.00141 ** | -0.000103 | -0.000103 |
| | (1.89) | (1.75) | (2.36) | (2.28) | (-0.15) | (-0.15) |
| IDV | -0.0000313 | -0.0000313 | 0.00203 *** | 0.00203 *** | 0.000112 | 0.000112 |
| | (-0.05) | (-0.05) | (3.03) | (2.72) | (0.19) | (0.18) |
| MAS | -0.000164 | -0.000164 | 0.0000955 | 0.0000955 | 0.00171 *** | 0.00171 *** |
| | (-0.25) | (-0.21) | (0.16) | (0.14) | (3.19) | (2.85) |
| UAI | 0.000948 * | 0.000948 * | 0.000656 | 0.000656 | 0.000853 * | 0.000853 |
| | (1.90) | (1.90) | (1.31) | (1.36) | (1.63) | (1.57) |
| fjz | 0.114 *** | 0.114 *** | 0.0728 ** | 0.0728 ** | 0.114 *** | 0.114 *** |
| | (3.88) | (3.67) | (2.37) | (2.31) | (3.74) | (3.64) |
| frq | -0.300 *** | -0.300 *** | 0.187 *** | 0.187 *** | -0.0676 ** | -0.0676 ** |
| | (-5.21) | (-4.53) | (3.45) | (3.80) | (-2.53) | (-2.51) |
| few | -0.0293 | -0.0293 | -0.0415 * | -0.0415 * | 0.0388 | 0.0388 |
| | (-1.40) | (-1.31) | (-1.96) | (-1.82) | (0.77) | (0.74) |

续表

| vars | (1) | (2) | (3) | (4) | (5) | (6) |
|---|---|---|---|---|---|---|
| | FE | OLS | FE | OLS | FE | OLS |
| PDI · frq | -0.0157*** | -0.0157*** | | | | |
| | (-4.54) | (-4.11) | | | | |
| MAS · frq | | | 0.0161*** | 0.0161*** | | |
| | | | (5.39) | (5.63) | | |
| UAI · frq | | | | | 0.00133 | 0.00133 |
| | | | | | (0.93) | (0.91) |
| size | 0.0158*** | 0.0158*** | 0.0171*** | 0.0171*** | 0.0169*** | 0.0169*** |
| | (3.93) | (3.48) | (4.27) | (3.74) | (4.15) | (3.64) |
| lev | 0.0455** | 0.0455** | 0.0412** | 0.0412** | 0.0420** | 0.0420** |
| | (2.47) | (2.27) | (2.24) | (2.05) | (2.26) | (2.07) |
| growth | 0.00101 | 0.00101 | 0.0000527 | 0.0000527 | 0.000581 | 0.000581 |
| | (0.12) | (0.12) | (0.01) | (0.01) | (0.07) | (0.07) |
| second | 0.000919 | 0.000919 | 0.00101 | 0.00101 | 0.000301 | 0.000301 |
| | (0.71) | (0.66) | (0.78) | (0.72) | (0.23) | (0.22) |
| first1 | -0.0225 | -0.0225 | -0.0252 | -0.0252 | -0.00861 | -0.00861 |
| | (-0.78) | (-0.72) | (-0.88) | (-0.80) | (-0.30) | (-0.27) |
| state | 0.00852 | 0.00852 | 0.00579 | 0.00579 | 0.00818 | 0.00818 |
| | (0.97) | (0.94) | (0.66) | (0.66) | (0.93) | (0.90) |
| CSR | 0.135*** | 0.135*** | 0.134*** | 0.134*** | 0.133*** | 0.133*** |
| | (18.53) | (15.75) | (18.41) | (15.68) | (18.11) | (15.35) |
| long | -3.579 | -3.579 | -4.223* | -4.223 | -4.381* | -4.381 |
| | (-1.43) | (-1.30) | (-1.69) | (-1.51) | (-1.74) | (-1.58) |
| ind & year | control | control | control | control | control | control |
| _cons | 27.14 | 27.11 | 32.04* | 35.39** | 39.20*** | 38.27*** |
| | (1.42) | (1.29) | (1.69) | (1.86) | (2.07) | (2.02) |
| F | 13.89*** | 29.06*** | 14.10*** | 29.39*** | 13.41*** | 14.41*** |
| R_sq | 0.3546 | 0.3815 | 0.3579 | 0.3847 | 0.3466 | 0.3739 |
| obs | 1 660 | 1 660 | 1 660 | 1 660 | 1 660 | 1 660 |
| F test | 22.68*** | | 22.48*** | | 22.24*** | |

注："***""**""*"分别表示在1%、5%和10%水平下的统计显著。

从表7.8第1列和第2列可以看出，加入交互项PDI·frq后，权力距离影响企业环境信息披露的相关关系发生改变，人情取向社会结构文化对企业环境信息披露的相关关系不变，交互项PDI·frq回归系数在1%水平下显著，说明人情取向社会结构文化不显著影响权力距离与企业环境信息披露之间的关系。从表7.8第3列和第4列可以看出，加入交互项MAS·frq后，男性化气质和人情取向社会结构文化影响企业环境信息披露的相关关系发生改变，说明人情取向社会结构文化不显著影响男性化气质与企业环境信息披露之间的关系。从表7.8第5列和第6列可以看出，加入交互项UAI·frq后，不确定性规避和人情取向社会结构文化影响企业环境信息披露的相关关系不变，交互项UAI·frq没有达到10%显著性水平，说明人情取向社会结构文化不显著影响不确定性规避与企业环境信息披露之间的关系。检验结果表明，人情取向社会结构文化不显著影响权力距离和男性化气质以及不确定性规避与企业环境信息披露之间的关系。

**表7.9　恩威取向社会结构文化对社会价值文化与企业环境信息披露关系影响的检验结果**

| vars | (1) | (2) | (3) | (4) | (5) | (6) |
|---|---|---|---|---|---|---|
| | OLS | FE | OLS | FE | OLS | FE |
| PDI | -0.000167 | -0.000167 | 0.000973 | 0.000973* | -0.000103 | -0.000103 |
| | (-0.22) | (-0.24) | (1.57) | (1.68) | (-0.15) | (-0.15) |
| IDV | -0.0000929 | -0.0000929 | -0.000685 | -0.000685 | 0.000112 | 0.000112 |
| | (-0.13) | (-0.14) | (-1.06) | (-1.12) | (0.18) | (0.19) |
| MAS | 0.00199*** | 0.00199*** | 0.00124** | 0.00124** | 0.00171*** | 0.00171*** |
| | (2.85) | (3.14) | (2.09) | (2.31) | (2.85) | (3.19) |
| UAI | 0.000860 | 0.000860* | 0.000331 | 0.000331 | 0.000853 | 0.000853* |
| | (1.58) | (1.66) | (0.61) | (0.64) | (1.57) | (1.63) |
| fjz | 0.117*** | 0.117*** | 0.124*** | 0.124*** | 0.114*** | 0.114*** |
| | (3.81) | (3.93) | (4.23) | (4.22) | (3.64) | (3.74) |
| frq | -0.0709*** | -0.0709*** | -0.0698*** | -0.0698*** | -0.0676** | -0.0676** |
| | (-2.60) | (-2.63) | (-2.66) | (-2.63) | (-2.51) | (-2.53) |
| few | 0.0600 | 0.0600 | 0.255*** | 0.255*** | 0.0388 | 0.0388 |
| | (0.81) | (0.86) | (4.54) | (4.34) | (0.74) | (0.77) |

续表

| vars | (1) | (2) | (3) | (4) | (5) | (6) |
|---|---|---|---|---|---|---|
| | OLS | FE | OLS | FE | OLS | FE |
| PDI · few | 0.00269 | 0.00269 | | | | |
| | (0.92) | (0.96) | | | | |
| MAS · few | | | 0.0142*** | 0.0142*** | | |
| | | | (4.77) | (4.69) | | |
| UAI · few | | | | | 0.00133 | 0.00133 |
| | | | | | (0.91) | (0.93) |
| size | 0.0169*** | 0.0169*** | 0.0167*** | 0.0167*** | 0.0169*** | 0.0169*** |
| | (3.66) | (4.16) | (3.66) | (4.14) | (3.64) | (4.15) |
| lev | 0.0425** | 0.0425** | 0.0452** | 0.0452** | 0.0420** | 0.0420** |
| | (2.11) | (2.29) | (2.25) | (2.45) | (2.07) | (2.26) |
| growth | 0.000557 | 0.000557 | 0.000766 | 0.000766 | 0.000581 | 0.000581 |
| | (0.07) | (0.06) | (0.09) | (0.09) | (0.07) | (0.07) |
| second | 0.000234 | 0.000234 | 0.000466 | 0.000466 | 0.000301 | 0.000301 |
| | (0.17) | (0.18) | (0.34) | (0.36) | (0.22) | (0.23) |
| first1 | -0.00715 | -0.00715 | -0.0150 | -0.0150 | -0.00861 | -0.00861 |
| | (-0.23) | (-0.25) | (-0.48) | (-0.52) | (-0.27) | (-0.30) |
| state | 0.00820 | 0.00820 | 0.00951 | 0.00951 | 0.00818 | 0.00818 |
| | (0.91) | (0.93) | (1.06) | (1.08) | (0.90) | (0.93) |
| CSR | 0.132*** | 0.132*** | 0.133*** | 0.133*** | 0.133*** | 0.133*** |
| | (15.20) | (18.02) | (15.55) | (18.30) | (15.35) | (18.11) |
| long | -4.525 | -4.525* | -4.206 | -4.206* | -4.381 | -4.381* |
| | (-1.62) | (-1.78) | (-1.51) | (-1.68) | (-1.58) | (-1.74) |
| ind & year | control | control | control | control | control | control |
| _cons | 34.30 | 34.32* | 31.87 | 31.89* | 33.20 | 33.23* |
| | (1.62) | (1.78) | (1.51) | (1.67) | (1.57) | (1.73) |
| F | 14.41*** | 13.41*** | 14.92*** | 13.93*** | 14.41*** | 13.41*** |
| R_sq | 0.3739 | 0.3466 | 0.3820 | 0.3551 | 0.3739 | 0.3466 |
| obs | 1 660 | 1 660 | 1 660 | 1 660 | 1 660 | 1 660 |
| F test | | 22.26*** | | 22.51*** | | 22.24*** |

注："***""**""*"分别表示在1%、5%和10%水平下的统计显著。

从表 7.9 第 1 列和第 2 列可以看出，交互项 PDI · few 回归系数没有达到 10% 水平下显著性，说明恩威取向社会结构文化不显著影响权力距离与企业环境信息披露水平之间的关系。从表 7.9 第 3 列和第 4 列可以看出，加入交互项 MAS · few 后，男性化气质影响企业环境信息披露的相关关系发生改变，交互项 MAS · few 回归系数在 1% 水平下显著为正，说明恩威取向社会结构文化不显著影响男性化气质与企业环境信息披露之间的关系。从表 7.9 第 5 列和第 6 列可以看出，加入交互项 UAI · few 后，不确定性规避影响企业环境信息披露的相关关系不变，恩威取向社会结构文化影响企业环境信息披露的相关关系发生改变，交互项 UAI · few 在 1% 水平下显著负相关，说明恩威取向社会结构文化不显著影响不确定性规避与企业环境信息披露之间的关系。检验结果表明，恩威取向社会结构文化不显著影响权力距离、男性化气质和不确定性规避与企业环境信息披露之间的关系。

#### 7.3.4.3 教育程度对社会结构文化影响社会价值文化与环境信息披露关系的约束

教育程度影响了社会成员对社会事务的认知水平，最终影响了社会经济行为。以各省级行政区接受大专及大专以上教育程度（大学教育）比例均值为依据，将样本划分为受大学教育程度较高样本组和受大学教育程度较低样本组，检验居民受大学教育程度对差序格局社会结构文化影响社会价值文化与企业环境信息披露之间关系的影响。具体检验结果如表 7.10 所示。

表 7.10 基于居民受大学教育程度的分组检验结果

| vars | (1)<br>低教育 | (2)<br>高教育 | (3)<br>低教育 | (4)<br>高教育 | (5)<br>低教育 | (6)<br>高教育 |
|---|---|---|---|---|---|---|
| PDI | -0.00164 | 0.00234 | 0.000611 | 0.00256*** | -0.000189 | 0.00228** |
| | (-1.57) | (1.16) | (0.57) | (2.59) | (-0.18) | (2.21) |
| IDV | -0.00198* | -0.00114 | -0.000249 | 0.00395** | -0.00169 | -0.000837 |
| | (-1.67) | (-1.05) | (-0.19) | (2.36) | (-1.40) | (-0.70) |
| MAS | -0.00105 | 0.00341* | 0.000505 | -0.00485** | 0.000137 | 0.00363*** |
| | (-1.16) | (1.91) | (0.51) | (-2.14) | (0.16) | (2.60) |
| UAI | 0.00459*** | -0.000920 | 0.00325*** | 0.00173* | 0.00395*** | -0.00156 |
| | (5.38) | (-1.18) | (3.42) | (1.84) | (4.44) | (-1.07) |
| cxgj | -0.309*** | 0.0574 | 0.416* | 0.426*** | -0.433 | 0.197* |
| | (-2.77) | (0.30) | (1.88) | (4.85) | (-1.54) | (1.01) |

续表

| vars | (1) | (2) | (3) | (4) | (5) | (6) |
|---|---|---|---|---|---|---|
| | 低教育 | 高教育 | 低教育 | 高教育 | 低教育 | 高教育 |
| PDI · cxgj | -0.0321*** | -0.000680 | | | | |
| | (-4.37) | (-0.08) | | | | |
| MAS · cxgj | | | 0.0224* | 0.0301*** | | |
| | | | (1.91) | (4.67) | | |
| UAI · cxgj | | | | | -0.0178* | 0.00408 |
| | | | | | (-1.73) | (0.70) |
| size | 0.0133** | 0.0170** | 0.0136*** | 0.0189*** | 0.0133** | 0.0183** |
| | (2.55) | (2.34) | (2.60) | (2.75) | (2.51) | (2.44) |
| lev | 0.0791*** | 0.00653 | 0.0758*** | -0.00860 | 0.0762*** | 0.00391 |
| | (3.33) | (0.21) | (3.17) | (-0.30) | (3.20) | (0.13) |
| growth | -0.00885 | 0.0163 | -0.00934 | 0.0185* | -0.00935 | 0.0173* |
| | (-0.87) | (1.60) | (-0.92) | (1.87) | (-0.91) | (1.68) |
| second | 0.00171 | -0.00251 | 0.00213 | -0.00225 | 0.00185 | -0.00239 |
| | (1.02) | (-1.23) | (1.24) | (-1.11) | (1.08) | (-1.16) |
| first1 | -0.0753** | 0.168*** | -0.0752** | 0.165*** | -0.0743** | 0.167*** |
| | (-2.08) | (2.88) | (-2.07) | (2.99) | (-2.05) | (2.86) |
| state | 0.0124 | -0.0191 | 0.0134 | -0.0188 | 0.0153 | -0.0157 |
| | (1.22) | (-1.14) | (1.34) | (-1.26) | (1.50) | (-0.84) |
| CSR | 0.131*** | 0.130*** | 0.130*** | 0.138*** | 0.130*** | 0.131*** |
| | (13.09) | (7.65) | (12.96) | (8.73) | (12.91) | (7.59) |
| long | 1.593 | -26.84*** | 0.639 | -22.32*** | 1.302 | -26.23*** |
| | (0.48) | (-5.56) | (0.19) | (-4.78) | (0.39) | (-5.23) |
| ind & year | control | control | control | control | control | control |
| _cons | -12.23 | 203.9*** | -4.934 | 169.5*** | -10.00 | 199.2*** |
| | (-0.48) | (5.55) | (-0.19) | (4.77) | (-0.40) | (5.22) |
| F | 13.07*** | 12.45*** | 12.73*** | 14.24*** | 25.37*** | 12.50*** |
| R_sq | 0.3851 | 0.5927 | 0.3788 | 0.6246 | 0.3787 | 0.5937 |
| obs | 1 248 | 412 | 1 248 | 412 | 1 248 | 412 |
| t test | chi2 (1) = 7.97*** | | chi2 (1) = 0.35 | | chi2 (1) = 3.64* | |

注："***""**""*"分别表示在1%、5%和10%水平下的统计显著。

从表7.10第1列和第2列可以看出，采用SUE方法对回归系数差异性检验结果显示，交互项PDI·cxgj回归系数的差异性在1%水平下显著，说明居民受大学教育程度显著影响了差序格局社会结构文化对权力距离与企业环境信息披露水平之间关系的减少程度。从表7.10第3列和第4列可以看出，采用SUE方法对交互项MAS·cxgj回归系数的差异性检验没有达到10%显著性水平，说明居民受大学教育程度不显著影响差序格局社会结构文化对男性化气质与企业环境信息披露水平之间的关系。从表7.10第5列和第6列可以看出，采用SUE方法对交互项UAI·cxgj回归系数差异性检验在10%水平下显著，说明居民受大学教育程度显著影响了差序格局社会结构文化对不确定性规避与企业环境信息披露水平之间关系的增加程度。检验结果表明，差序格局社会结构文化对权力距离减少企业环境信息披露水平的促进作用只体现在受大学教育程度较低的省级行政区，差序格局社会结构文化对不确定性规避增加企业环境信息披露水平的降低作用只体现在受大学教育程度较低的省级行政区，居民受教育程度不显著影响差序格局社会结构文化对男性化气质与企业环境信息披露水平之间关系的影响。

#### 7.3.4.4 市场化对社会结构文化影响社会价值文化与环境信息披露关系的约束

市场化进程反映了某地区社会发展程度。市场化程度越高，说明该地区市场化要素发育程度越高，市场化进程制约了社会文化对社会经济行为的影响。以各省级行政区市场化进程指数年度均值为依据，将样本划分为高市场化进程组和低市场化进程组，分析市场化进程对社会结构文化影响社会价值文化与企业环境信息披露之间关系的作用。市场化进程指数来自王小鲁等(2017)[78]的研究。由于王小鲁等（2017）[78]的市场化进程指数只截至2016年，将2016年度市场化进程指数视为2015年度和2017年度市场化指数均值，并由此计算出2017年度市场化进程指数。2018年度市场化进程指数采用同样的方法。具体检验结果如表7.11所示。

表7.11 基于市场化进程的分组检验结果

| vars | (1) | (2) | (3) | (4) | (5) | (6) |
|---|---|---|---|---|---|---|
| | 低市场化 | 高市场化 | 低市场化 | 高市场化 | 低市场化 | 高市场化 |
| PDI | -0.000154 | -0.000244 | 0.00185 | 0.000905 | -0.000134 | 0.000215 |
| | (-0.08) | (-0.38) | (0.72) | (1.50) | (-0.07) | (0.36) |

续表

| vars | (1) | (2) | (3) | (4) | (5) | (6) |
|---|---|---|---|---|---|---|
| | 低市场化 | 高市场化 | 低市场化 | 高市场化 | 低市场化 | 高市场化 |
| IDV | -0.00382 | -0.000922 | -0.00184 | 0.000886 | -0.00453 | -0.00114* |
| | (-1.17) | (-1.49) | (-0.61) | (1.14) | (-1.37) | (-1.89) |
| MAS | 0.000515 | 0.00115 | 0.000975 | 0.00160* | 0.00199 | 0.000235 |
| | (0.29) | (1.10) | (0.59) | (1.90) | (1.24) | (0.23) |
| UAI | 0.00605*** | -0.000880 | 0.00469** | 0.000671 | 0.00402* | -0.000378 |
| | (3.07) | (-1.33) | (2.35) | (0.83) | (1.84) | (-0.48) |
| cxgj | -0.239 | 0.00863 | 0.368* | 0.745*** | -1.168** | -0.187 |
| | (-1.09) | (0.09) | (1.84) | (4.01) | (-2.31) | (-1.40) |
| PDI · cxgj | -0.0206** | 0.00328 | | | | |
| | (-2.06) | (0.85) | | | | |
| MAS · cxgj | | | 0.0159** | 0.0407*** | | |
| | | | (2.17) | (4.64) | | |
| UAI · cxgj | | | | | -0.0513** | -0.00446 |
| | | | | | (-2.54) | (-1.27) |
| size | 0.0542** | 0.0180*** | 0.0455*** | 0.0175*** | 0.0566*** | 0.0174*** |
| | (3.35) | (3.95) | (3.05) | (3.85) | (3.43) | (3.79) |
| lev | 0.0590 | 0.0347* | 0.0456 | 0.0397* | 0.0664 | 0.0367* |
| | (0.68) | (1.65) | (0.52) | (1.90) | (0.74) | (1.74) |
| growth | -0.0347 | -0.00197 | -0.0294 | -0.00174 | -0.0293 | -0.00165 |
| | (-1.17) | (-0.24) | (-1.02) | (-0.21) | (-1.01) | (-0.20) |
| second | 0.000495 | 0.000801 | 0.0000821 | 0.00130 | -0.00472 | 0.000943 |
| | (0.11) | (0.52) | (0.02) | (0.86) | (-1.18) | (0.61) |
| first1 | 0.00451 | -0.0122 | 0.0556 | -0.0214 | 0.0783 | -0.0157 |
| | (0.04) | (-0.37) | (0.52) | (-0.66) | (0.72) | (-0.48) |
| state | 0.0122 | 0.00464 | 0.0106 | 0.00330 | 0.0246 | 0.00400 |
| | (0.41) | (0.48) | (0.36) | (0.36) | (0.85) | (0.42) |
| CSR | 0.195*** | 0.118*** | 0.201*** | 0.119*** | 0.188*** | 0.119*** |
| | (7.46) | (12.60) | (7.85) | (12.92) | (7.41) | (12.60) |
| long | -7.596 | -4.665 | -10.10 | -4.562 | -6.936 | -4.465 |
| | (-0.57) | (-1.55) | (-0.77) | (-1.53) | (-0.53) | (-1.49) |

续表

| vars | (1) | (2) | (3) | (4) | (5) | (6) |
|---|---|---|---|---|---|---|
| | 低市场化 | 高市场化 | 低市场化 | 高市场化 | 低市场化 | 高市场化 |
| ind & year | control | control | control | control | control | control |
| _cons | 56.86 | 35.24 | 76.09 | 34.57 | 51.69 | 33.73 |
| | (0.56) | (1.54) | (0.76) | (1.52) | (0.52) | (1.48) |
| F | 5.89 *** | 13.14 *** | 5.83 *** | 13.80 *** | 6.14 *** | 13.17 *** |
| R_sq | 0.6308 | 0.3566 | 0.6285 | 0.3679 | 0.6405 | 0.3570 |
| t test | chi2 (1) =6.25 ** | | chi2 (1) =5.31 ** | | chi2 (1) =6.74 *** | |

注：“***”“**”“*”分别表示在1%、5%和10%水平下的统计显著。

从表7.11第1列和第2列可以看出，采用SUE方法对回归系数差异性的检验结果显示，交互项PDI·cxgj回归系数的差异性在5%水平下显著，说明市场化进程显著影响了差序格局社会结构文化对权力距离与企业环境信息披露水平之间关系的减少程度。从表7.11第3列和第4列可以看出，采用SUE方法对回归系数差异性检验结果显示，交互项MAS·cxgj回归系数的差异性在5%水平下显著性，但差序格局社会结构文化影响企业环境信息披露的相关关系发生改变，说明市场化进程不显著影响差序格局社会结构文化对男性化气质与企业环境信息披露之间关系的增加程度。从表7.11第5列和第6列可以看出，采用SUE方法对回归系数的差异性检验结果显示，交互项UAI·cxgj回归系数的差异性在1%水平下显著，说明市场化进程显著影响了差序格局社会结构文化对不确定性规避与企业环境信息披露水平之间关系的增加程度。检验结果表明，相比高市场化进程省级行政区，差序格局社会结构文化对权力距离减少企业环境信息披露水平的显著促进作用只体现在市场化进程较低的省级行政区，差序格局社会结构文化对不确定性规避增加企业环境信息披露水平的显著缓解作用只体现在市场化进程较低的省级行政区。

### 7.3.5 稳健性检验

#### 7.3.5.1 制造业样本的稳健性检验

将样本范围缩小至制造业，对差序格局社会结构文化影响权力距离、男性化气质和不确定性规避与企业环境信息披露之间的关系进行稳健性检验。稳健性检验结果与前述检验结果保持一致，OLS模型和固定效应模型的具体检验结果如表 7.12 所示。

**表 7.12 制造业样本的稳健性检验结果**

| vars | (1) | (2) | (3) | (4) | (5) | (6) |
|---|---|---|---|---|---|---|
| | OLS | FE | OLS | FE | OLS | FE |
| PDI | -0.000636 | -0.000636 | 0.000834 | 0.000834 | -0.000608 | -0.000608 |
| | (-1.05) | (-1.15) | (1.37) | (1.46) | (-1.05) | (-1.15) |
| IDV | 0.000349 | 0.000349 | 0.00164*** | 0.00164*** | -0.000253 | -0.000253 |
| | (0.66) | (0.66) | (3.03) | (3.12) | (-0.46) | (-0.45) |
| MAS | -0.000264 | -0.000264 | -0.000431 | -0.000431 | 0.000387 | 0.000387 |
| | (-0.33) | (-0.38) | (-0.76) | (-0.78) | (0.63) | (0.71) |
| UAI | 0.00119** | 0.00119** | 0.000540 | 0.000540 | 0.00229*** | 0.00229*** |
| | (2.37) | (2.39) | (1.14) | (1.08) | (3.98) | (4.01) |
| cxgj | -0.144 | -0.144* | 0.403*** | 0.403*** | -0.286*** | -0.286*** |
| | (-1.57) | (-1.86) | (6.22) | (5.86) | (-2.95) | (-3.19) |
| PDI · cxgj | -0.00814** | -0.00814** | | | | |
| | (-2.01) | (-2.30) | | | | |
| MAS · cxgj | | | 0.0277*** | 0.0277*** | | |
| | | | (7.71) | (7.24) | | |
| UAI · cxgj | | | | | -0.0110*** | -0.0110*** |
| | | | | | (-3.67) | (-3.67) |
| size | 0.0184*** | 0.0184*** | 0.0185*** | 0.0185*** | 0.0173*** | 0.0173*** |
| | (3.79) | (4.31) | (3.89) | (4.41) | (3.56) | (4.07) |
| lev | 0.0290 | 0.0290 | 0.0246 | 0.0246 | 0.0313 | 0.0313 |
| | (1.32) | (1.43) | (1.13) | (1.23) | (1.43) | (1.54) |
| growth | 0.00103 | 0.00103 | 0.000936 | 0.000936 | 0.000605 | 0.000605 |
| | (0.11) | (0.11) | (0.11) | (0.10) | (0.07) | (0.06) |
| second | 0.000682 | 0.000682 | 0.00109 | 0.00109 | 0.000479 | 0.000479 |
| | (0.46) | (0.45) | (0.73) | (0.74) | (0.33) | (0.32) |
| first1 | 0.00715 | 0.00715 | -0.00823 | -0.00823 | 0.0126 | 0.0126 |
| | (0.22) | (0.22) | (-0.26) | (-0.26) | (0.40) | (0.40) |
| state | 0.00602 | 0.00602 | 0.00722 | 0.00722 | 0.00618 | 0.00618 |
| | (0.58) | (0.61) | (0.72) | (0.75) | (0.60) | (0.63) |

续表

| vars | (1) | (2) | (3) | (4) | (5) | (6) |
|---|---|---|---|---|---|---|
| | OLS | FE | OLS | FE | OLS | FE |
| CSR | 0.135*** | 0.135*** | 0.136*** | 0.136*** | 0.134*** | 0.134*** |
| | (14.04) | (16.96) | (14.48) | (17.37) | (14.05) | (16.98) |
| long | -5.743* | -5.743** | -5.350* | -5.350** | -6.001** | -6.001** |
| | (-1.92) | (-2.13) | (-1.78) | (-2.02) | (-2.02) | (-2.24) |
| ind & year | control | control | control | control | control | control |
| _cons | 43.45* | 43.48** | 40.50* | 40.53** | 45.46** | 45.49** |
| | (1.91) | (2.12) | (1.77) | (2.01) | (2.01) | (2.23) |
| F | 17.44*** | 16.48*** | 19.11*** | 18.20*** | 17.73*** | 16.78*** |
| R_sq | 0.3629 | 0.3340 | 0.3844 | 0.3564 | 0.3667 | 0.3380 |
| obs | 1 392 | 1 392 | 1 392 | 1 392 | 1 392 | 1 392 |
| F test | | 20.72*** | | 21.30*** | | 21.14*** |

注："***""**""*"分别表示在1%、5%和10%水平下的统计显著。

#### 7.3.5.2 缩小样本年份的稳健性检验

2018年1月1日开始实施《中华人民共和国环境保护税法》，将过去由环保部门对大气污染物、水污染物、固体废物和噪声四类污染物征收的排污费改为由税务部门征收的排污税。为此，将2018年度样本删除，对差序格局社会结构文化影响社会价值文化与企业环境信息披露之间关系进行稳健性检验。稳健性检验结果与前述检验结果保持一致。OLS模型和固定效应模型的稳健性检验结果如表7.13所示。

表7.13 缩减样本年份的稳健性检验结果

| vars | (1) | (2) | (3) | (4) | (5) | (6) |
|---|---|---|---|---|---|---|
| | OLS | FE | OLS | FE | OLS | FE |
| PDI | -0.000837 | -0.000837 | 0.000298 | 0.000298 | -0.000669 | -0.000669 |
| | (-1.28) | (-1.44) | (0.47) | (0.50) | (-1.08) | (-1.19) |
| IDV | 0.0000323 | 0.0000323 | 0.00110* | 0.00110* | -0.000639 | -0.000639 |
| | (0.06) | (0.06) | (1.87) | (1.94) | (-1.10) | (-1.05) |
| MAS | -0.000145 | -0.000145 | -0.000299 | -0.000299 | 0.000209 | 0.000209 |
| | (-0.18) | (-0.21) | (-0.45) | (-0.52) | (0.31) | (0.37) |

续表

| vars | (1) | (2) | (3) | (4) | (5) | (6) |
|---|---|---|---|---|---|---|
| | OLS | FE | OLS | FE | OLS | FE |
| UAI | 0.00173*** | 0.00173*** | 0.00111** | 0.00111** | 0.00281*** | 0.00281*** |
| | (3.26) | (3.29) | (2.18) | (2.08) | (4.56) | (4.60) |
| cxgj | -0.0835 | -0.0835 | 0.357*** | 0.357*** | -0.262*** | -0.262*** |
| | (-0.98) | (-1.11) | (5.39) | (4.86) | (-2.66) | (-2.82) |
| PDI · cxgj | -0.00618 | -0.00618* | | | | |
| | (-1.62) | (-1.74) | | | | |
| MAS · cxgj | | | 0.0231*** | 0.0231*** | | |
| | | | (5.94) | (5.63) | | |
| size | 0.0139*** | 0.0139*** | 0.0139*** | 0.0139*** | 0.0130** | 0.0130*** |
| | (2.65) | (3.03) | (2.70) | (3.08) | (2.48) | (2.86) |
| lev | 0.0470** | 0.0470** | 0.0452** | 0.0452** | 0.0489** | 0.0489** |
| | (2.06) | (2.26) | (1.99) | (2.19) | (2.16) | (2.36) |
| growth | 0.00718 | 0.00718 | 0.00735 | 0.00735 | 0.00678 | 0.00678 |
| | (0.83) | (0.75) | (0.87) | (0.77) | (0.79) | (0.71) |
| second | 0.000640 | 0.000640 | 0.00105 | 0.00105 | 0.000618 | 0.000618 |
| | (0.42) | (0.46) | (0.69) | (0.76) | (0.42) | (0.45) |
| first1 | -0.0240 | -0.0240 | -0.0342 | -0.0342 | -0.0230 | -0.0230 |
| | (-0.69) | (-0.75) | (-1.00) | (-1.08) | (-0.67) | (-0.72) |
| state | 0.00474 | 0.00474 | 0.00647 | 0.00647 | 0.00446 | 0.00446 |
| | (0.46) | (0.48) | (0.64) | (0.66) | (0.43) | (0.45) |
| CSR | 0.140*** | 0.140*** | 0.142*** | 0.142*** | 0.140*** | 0.140*** |
| | (13.74) | (16.85) | (14.11) | (17.18) | (13.77) | (16.88) |
| long | -2.513 | -2.513 | -2.414 | -2.414 | -2.784 | -2.784 |
| | (-0.78) | (-0.90) | (-0.75) | (-0.87) | (-0.87) | (-1.00) |
| ind & year | control | control | control | control | control | control |
| _cons | 19.04 | 19.05 | 18.31 | 18.32 | 21.13 | 21.15 |
| | (0.77) | (0.89) | (0.74) | (0.87) | (0.87) | (1.00) |
| F | 11.01*** | 10.89*** | 11.73*** | 11.63*** | 11.23*** | 11.12*** |
| R_sq | 0.3700 | 0.3600 | 0.3849 | 0.3752 | 0.3747 | 0.3649 |

续表

| vars | (1) | (2) | (3) | (4) | (5) | (6) |
|---|---|---|---|---|---|---|
| | OLS | FE | OLS | FE | OLS | FE |
| obs | 1 660 | 1 245 | 1 660 | 1 245 | 1 660 | 1 245 |
| t test | | 8.03 *** | | 8.14 *** | | 8.28 *** |

注："***""**""*"分别表示在1%、5%和10%水平下的统计显著。

## 7.4 小　结

差序格局社会结构文化显著影响了权力距离和不确定性规避与企业环境信息披露之间的关系，不显著影响男性化气质与企业环境信息披露之间的关系。差序格局社会结构文化特征越显著，权力距离对企业环境信息披露水平的减少程度越大，不确定性规避对企业环境信息披露水平的增加程度越小。但差序格局社会结构文化对权力距离和不确定性规避与企业环境信息披露水平之间关系的显著影响只体现在居民受大学教育程度较低和市场化进程较低的省级行政区，居民受大学教育程度和市场化进程显著影响了社会结构文化对权力距离、男性化气质和不确定性规避与企业环境信息披露之间关系的作用程度。

进一步分析表明，差序格局社会结构文化显著影响了权力距离与硬披露环境信息之间的关系，不显著影响权力距离与软披露环境信息之间的关系，同时影响了不确定性规避与硬披露环境信息和软披露环境信息之间的关系。家族取向社会结构文化显著影响了男性化气质与企业环境信息披露之间的关系，人情取向社会结构文化显著影响了权力距离和不确定性规避与企业环境信息披露之间的关系，恩威取向社会结构文化对权力距离、男性化气质和不确定性规避与企业环境信息披露之间的关系影响不显著。基于制造业样本的稳健性检验和删减2018年度样本的稳健性检验与主假设检验结果保持不变。

# 8 社会文化与企业环境信息披露影响企业期权价值的实证检验

社会责任信息披露需要综合考虑收益和成本，社会责任信息披露实际上是一项投资决策（张婷婷，2019）[111]。作为社会责任的企业环境信息披露因降低了企业与投资者之间的信息不对称而有助于缓解企业融资约束，使投资机会好的企业能及时把握投资净现值为正的项目，提升企业增长机会，企业环境信息披露影响了企业权益价值和企业期权价值。此外，嵌入社会文化制度环境的公司治理和企业环境信息披露，企业环境信息披露对企业增长机会的影响受社会文化制度环境约束，社会文化影响了企业环境信息披露与企业增长机会和企业期权价值之间的关系。由此，以衡量企业增长机会的企业期权价值为视角，分析企业环境信息披露对企业期权价值的影响，并结合社会文化进一步分析社会价值文化和社会结构文化对企业环境信息披露与企业期权价值之间关系的影响。

## 8.1 理论分析与研究假设

社会文化和企业环境信息披露影响企业期权价值的理论分析包括企业环境信息披露对企业期权价值影响的分析，以及社会文化对企业环境信息披露与企业期权价值之间关系影响的分析两个方面。

### 8.1.1 企业环境信息披露对企业期权价值的影响

Burgstahler 和 Dichev（1997）[131]将实物期权概念引入企业权益价值研究，认为企业存在增长期权价值和清算期权价值两种实物期权价值形式。增长期权价值是企业按现有资产或扩大再生产所产生利润的现值。清算期权价值是企业对现有资源进行处置或改变用途所带来的价值。企业是否改变现有资产用途或扩大再生产取决于清算期权价值与增长期权价值的相对大小。根据实物期权模型，管理层选择扩张或清算投资决策时产生的价值构成了企业的增长期权价值和清算期权价值（Burgstahler 和 Dichev，1997；Zhang，2000）[131][205]。

基于企业投资决策取决于当期经营效率和未来投资机会的资本逐利经济规律，Zhang（2000）[205]认为企业权益价值等于企业稳定状态所蕴涵的价值加上投资选择权所具有的价值，建立了企业增长期权价值和清算期权价值的完整分析框架。评估不同类型企业的权益价值采用不同模型：经营效率低下的企业权益价值主要由净资产决定，增长性企业权益价值由净资产和净利润共同决定。基于资本逐利经济规律，当面临好投资机会而选择扩张投资，企业权益价值更多反映为增长期权价值；当面临较差投资机会而选择缩减投资规模，企业权益价值更多反映为清算期权价值（张俊民和刘晟勇，2019）[109]。Hao 等（2009）[158]进一步发现：给定净资产，净利润对企业权益价值的影响程度随盈利能力和增长潜力提升而增加；给定净利润，净资产对企业权益价值的影响程度随盈利能力和增长潜力下降而增加。

具体到企业环境信息披露方面，通过企业环境信息披露缓解管理层与外部投资者之间信息不对称等，企业环境信息披露影响了企业融资约束和投资效率，进而影响了企业期权价值。具体而言，企业环境信息披露对企业与投资者之间信息不对称的缓解，使企业获得金额更多和资金成本更低的借款；企业环境信息披露因迎合了某些环保型投资者，使企业能获得金额更高和资本成本更低的绿色金融融资（唐国平和李龙会，2011；任力和洪喆，2017）[68][57]。企业环境信息披露缓解了企业融资约束。就企业环境信息披露对企业投资效率的影响而言，企业环境信息披露对企业内部与外部信息不对称的缓解（吴红军，2014）[82]，增加了对管理层的监督约束，并减少了管理层的低效率投资；企业环境信息披露因增加了小股东对大股东的监督，减少了大股东掏空企业和占用资金以及低效率投资等行为（柯艳蓉和李玉敏，2019）[33]。企业环境信息披露提高了投资效率。

整体而言，企业环境信息披露因减少了企业内外部之间的信息不对称而缓解了企业融资约束，并提高了投资效率。实际上，对投资机会较好的企业，较高程度的企业环境信息披露对企业委托代理问题的缓解使企业能及时投资于净现值为正的项目，扩大投资支出而提升企业增长期权价值；较低企业环境信息披露使管理层选择递延部分投资机会，造成投资不足而降低企业增长期权价值（Akdou 和 Mackay，2009）[122]。对投资机会较差的企业，为防止或减少被清算或被兼并风险，较高企业环境信息披露使管理层及时缩减投资规模或减少低效率投资项目，增加企业清算期权价值；反之，较低企业环境信息披露可能导致管理层因建立帝国动机等（周中胜等，2017）[119]扭曲投资机会和投资行为之间的关系（陈信元等，2012）[14]，造成非效率投资并降低企业清算期权价值。总之，企业环境信息披露缓解了企业融资约束，提高了企业投资效率，最终影响了企业增长机会和企业期权价值，提升了企业增长期权价值和清算期权价值。综上所述，提出相互关联的“假设 8.1a”和“假设 8.1b”：

**H8.1a**：企业环境信息披露水平与企业增长期权价值正相关。

**H8.1b**：企业环境信息披露水平与企业清算期权价值正相关。

### 8.1.2 社会价值文化和企业环境信息披露对企业期权价值的影响

作为一个过程的经济行为总是嵌入经济制度和非经济制度之中（Granovetter，1985）[149]。企业环境信息披露与企业期权价值的关系同样嵌入具体社会文化制度环境，企业环境信息披露影响企业期权价值的经济行为受具体社会文化制度环境约束。不同社会价值文化和社会结构文化，企业环境信息披露对企业期权价值的影响程度不同。

#### 8.1.2.1 权力距离对企业环境信息披露与企业期权价值之间关系的影响

半强制企业环境信息披露体现了企业对环境责任的履行程度，企业环境信息披露水平越高，说明企业对环境责任履行程度越高。但是，企业环境信息披露的不确定性和风险性（吴梦云和张林荣，2018）[83]为管理层带来相应风险。不同社会文化模式持有不同社会价值观，不仅影响了管理层对企业环境信息披露风险的社会认知，还影响了社会成员对管理层承担企业环境信息披露责任的社会认知，最终影响了企业环境信息披露对企业期权价值的作用程度。

权力距离衡量了社会成员对不平等的接受程度（Hofstede 等，2013）[162]。高权力距离社会文化模式社会等级分明，采用自上而下的决策方式，管理层对决策管理承担较大责任；低权力距离社会文化模式社会等级差别小，采用自下而上的决策方式，管理层对决策管理承担较小责任。具体到企业环境信息披露方面，高权力距离社会文化模式社会成员认为管理层需要对企业环境信息披露风险承担较大责任，企业环境信息披露风险管理责任主体相对明确，提高了投资者对企业所披露环境信息的社会认可和社会接纳程度，提升了企业环境信息披露对企业增长期权价值和清算期权价值的影响程度。权力距离越大，企业环境信息披露水平对企业增长期权价值和清算期权价值的增加程度越高；权力距离越小，企业环境信息披露水平对企业增长期权价值和清算期权价值的增加程度越小。由此提出“假设 8.2a”和“假设 8.2b”：

**H8.2a**：权力距离越大，企业环境信息披露水平对企业增长期权价值的增加程度越高。

**H8.2b**：权力距离越大，企业环境信息披露水平对企业清算期权价值的增加程度越高。

#### 8.1.2.2 集体主义对企业环境信息披露与企业期权价值之间关系的影响

集体主义社会文化模式强调社会成员通过集体来追求和实现自身利益（Hofstede 等，2013）[162]，强调集体对管理决策的责任担当。集体主义社会文化模式具体社会成员对社会组织管理决策承担的责任较小。个体主义社会文化模式强调社会成员对自身社会行为的责任，社会成员自身对社会组织管理决策承担的责任较大。具体到企业环境信息披露方面，集体主义社会文化模式企业环境信息披露的不确定性和风险性更多由集体承担，降低了投资者对企业所披露环境信息的社会认可程度和管理层个体对投资决策失败的具体责任，降低了企业环境信息披露对企业融资约束和企业投资效率的影响程度，最终降低了企业环境信息披露水平对企业增长期权价值和清算期权价值的增加程度。个体主义社会文化模式管理层个体对企业环境信息披露的不确定性和风险性承担较大责任，提升了投资者对企业环境信息披露的社会认可程度和管理层个体对投资决策失败的具体责任，增加了企业环境信息披露对企业融资约束和投资效率的影响程度，提升了企业环境信息披露水平对企业增长期权价值和清算期权价值的增加程度。集体主义越强，企业环境信息披露水平对企业增长期权价值和清算期权价值的增加程度越小；集体主义越弱，企业环境信息披露水平对企业增长期权价值和清算期权价值的增加程度越大。由此提出“假设 8.3a”和“假设 8.3b”：

**H8.3a**：集体主义特征越显著，企业环境信息披露水平对企业增长期权价值的增加程度越小。

**H8.3b**：集体主义特征越显著，企业环境信息披露水平对企业清算期权价值的增加程度越小。

#### 8.1.2.3 男性化气质对企业环境信息披露与企业期权价值之间关系的影响

依据前文分析，男性化气质社会文化模式特征越显著，对职业成就的社会期望越高；男性化气质社会文化模式特征越不显著，对职业成就的社会期望越低（Hofstede 等，2013）[162]。男性化气质社会文化模式对职业成就的积极追求，使管理层更重视企业经营业绩，强调企业短期业绩和利润的实现。具体到企业环境信息披露对企业期权价值影响方面，企业环境信息披露对企业期权价值的影响是一个长期过程，而对职业成就的积极追求，降低了社会责任信息披露质量（张婷婷，2019）[111]和企业环境信息披露质量。企业环境信息披露的较低质量降低了社会成员对企业所披露环境信息的社会认可程度，减少了企业环境信息披露对企业融资约束和投资效率的积极影响。男性化气质社会文化模式特征越显著，企业环境信息披露水平对融资约束的缓解程度和投资效率的积极作用越小，企业环境信息披露水平对企业增长期权价值和清算期权价值的增加程度越小。由此提出“假设8.4a”和“假设8.4b”：

**H8.4a**：男性化气质特征越显著，企业环境信息披露水平对企业增长期权价值的增加程度越小。

**H8.4b**：男性化气质特征越显著，企业环境信息披露水平对企业清算期权价值的增加程度越小。

#### 8.1.2.4 不确定性规避对企业环境信息披露与企业期权价值关系的影响

不确定性规避是社会成员在面对不确定性或者未知情况时而感到威胁的程度（Hofstede 等，2013）[162]。对未来的担忧和焦虑使高不确定性规避社会文化模式形成了相对稳定的社会结构，不同社会事务之间的逻辑关系较强，社会事务之间因果关系较为清晰；低不确定性规避社会文化模式对未来风险的较高接受程度，使低不确定性规避社会文化模式形成了相对松散的社会结构，不同社会事务之间的逻辑关系较弱，社会事务之间的因果关系较为模糊。具体到企业环境信息披露影响企业期权价值方面，高不确定性规避社会文化模式企业环境信息披露影响企业期权价值的因果关系较为清晰，使企业环境信息披露影响企业增长期权价值和清算期权价值不确定风险较小，建立了较为稳定的“企业环境信息披露—缓解企业融资约束—提高企业期权价值”和“企业环境信息披露—提高企业投资效率—提高企业期权价值”影响路径。低不确定性规避社会文化模式企业环境信息披露与企业期权价值的因果关系相对模糊，使企业环境信息披露影响企业增长期权价值和清算期权价值不确定风险较大，“企业环境信息披露—缓解企业融资约束—提高企业期权价值”和“企业环境信息披露—提高企业投资效率—提高企业期权价值”影响路径的稳定性较低。因此，高不确定性规避社会文化模式提高了企业环境信息披露通过缓解企业融资约束和提高企业投资效率而提升企业期权价值的稳定性，提升了企业环境信息披露水平对企业增长期权价值和清算期权价值的增加程度；低不确定性规避社会文化模式降低了企业环境信息披露通过缓解企业融资约束和提高企业投资效率而提升企业期权价值的稳定性，降低了企业环境信息披露水平对企业增长期权价值和清算期权价值的增加程度。综上所述，提出“假设 8.5a”和“假设 8.5b”：

**H8.5a**：不确定性规避越强，企业环境信息披露水平对企业增长期权价值增加程度越大。

**H8.5b**：不确定性规避越强，企业环境信息披露水平对企业清算期权价值增加程度越大。

### 8.1.3 社会结构文化和企业环境信息披露对企业期权价值的影响

针对中国传统社会结构而提出的差序格局社会结构理论（费孝通，2011）[18]映射到社会文化方面，形成了差序格局社会结构文化。以“己”为中心的差序格局社会结构文化，描述了中国传统社会中人们的日常行为规范习俗。差序格局社会结构文化特征越显著，传统社会特征越明显，传统社会结构和社会秩序对企业生存发展的影响越大。但无论是政府和社会对企业经营活动干预的援助之手还是“掠夺之手”，均违背了企业生存发展的基本经济规律。“掠夺之手”使企业不能按自然经济规律自主发展，影响了企业增长期权价值；援助之手使企业不能按自然规律自主生存，影响了企业清算期权价值（靳庆鲁等，2010）[31]。

就企业环境信息披露影响企业期权价值而言，差序格局社会结构文化特征越显著，传统社会秩序和社会结构对金融业竞争和信贷资金分配以及企业投资决策的干预越强，影响了企业环境信息披露水平对企业融资约束的缓解程度和对企业投资效率的提升程度，进而影响了企业期权价值。具体而言，差序格局社会结构文化特征显著的地区，传统社会制度和社会结构赋予经营成功的企业更多社会角色，使企业不能按自然经济规律体现自身增长价值；差序格局社会结构文化特征显著的地区，基于就业和融资等考虑，传统社会制度和社会结构对经营糟糕和处于危机中的企业给予各种援助较多，延缓了企业清算，使企业不能按自然经济规律体现自身清算价值。因此，差序格局社会结构文化降低了企业环境信息披露水平对企业融资约束的缓解作用和对企业投资效率的提升程度，使需要贷款的企业难以基于经济规律获得贷款，影响了企业增长期权价值；使应清算企业因非经济因素干预得以存续，降低了清算的可能性和企业清算期权价值（孙铮等，2005）[67]。实际上，企业环境信息披露经济后果的积极发挥依赖于完善发达的证券资本市场，完善发达的证券资本市场又依赖于传统社会的现代性转向。差序格局社会结构文化特征越显著，传统社会的现代性转向越慢，基于经济逐利基本规律的企业环境信息披露水平对企业增长期权价值和清算期权价值的提升程度越低。综上所述，提出“假设 8.6a”和“假设 8.6b”：

**H8.6a**：差序格局社会结构文化特征越显著，企业环境信息披露水平对企业增长期权价值的增加程度越小。

**H8.6b**：差序格局社会结构文化特征越显著，企业环境信息披露水平对企业清算期权价值的增加程度越小。

## 8.2 研究设计

### 8.2.1 样本选择与数据来源

为保证研究连续性和研究结论可比性，本章与前述章节研究样本和数据来源相同。因部分数据缺失，企业增长期权价值最终样本为 1 599 家；因清算期权价值需要删除亏损样本公司，企业清算期权价值最终样本 1 443 家。为缓解极端数值影响检验结果，对连续型变量按 1% 和 99% 进行缩尾处理。

### 8.2.2 社会文化和企业环境信息披露水平的度量

社会文化和企业环境信息披露水平的度量见5.2.2部分和6.2.3部分。

### 8.2.3 企业期权价值的度量

借鉴Burgstahler和Dichev（1997）[131]、靳庆鲁等（2012）[30]以及柯艳蓉和李玉敏（2019）[33]的研究，采用以下模型来检验企业增长期权价值和清算期权价值。

$$MV_t/BV_{t-1} = a_0 + a_1 Gm + a_2 Gh + a_3 E_t/BV_{t-1} + a_4 Gm \times E_t/BV_{t-1} + a_5 Gh \times E_t/BV_{t-1} + e \quad (8.1)$$

$$MV_t/E_t = b_0 + b_1 Dm + b_2 Dh + b_3 BV_{t-1}/E_t + b_4 Dm \times BV_{t-1}/E_t + b_5 Dh \times BV_{t-1}/E_t + e \quad (8.2)$$

其中，$MV/BV$和$MV/E$为企业权益价值，分别用于检验企业增长期权价值和清算期权价值；$MV_t$为$t$年末总市值，$BV_{t-1}$为$t-1$年末净资产，$E_t$为$t$年末净利润。$Gm$和$Gh$为虚拟变量，按当年$E_t/BV_{t-1}$高低将样本等分为三组并设置两个虚拟变量，$E_t/BV_{t-1}$处于最高组（$Gh$），赋值为1，否则赋值为0；$E_t/BV_{t-1}$处于中间组（$Gm$），赋值为1，否则赋值为0。当$Gh$取1时，代表公司盈利能力较强，意味着投资机会较好，系数$a_5$表示企业增长期权价值。

根据Burgstahler和Dichev（1997）[131]的研究，先剔除年度亏损样本，再按当年$BV_{t-1}/E_t$高低将样本等分为三组，设置两个虚拟变量：$BV_{t-1}/E_t$处于最高组（$Dh$），赋值为1，否则赋值为0；$BV_{t-1}/E_t$处于中间组（$Dm$），赋值为1，否则赋值为0。当$Dh$取值为1时，代表企业盈利能力较低，意味着投资机会较差，回归系数$b_5$表示企业清算期权价值。

### 8.2.4 模型设计

为检验“假设8.1a”和“假设8.1b”，借鉴Burgstahler和Dichev（1997）[131]以及柯艳蓉和李玉敏（2019）[33]的研究，将企业环境信息披露水平按中位数对“模型8.1”和“模型8.2”进行分组回归，并对“模型8.1”的$a_5$和“模型8.2”的$b_5$进行组间系数差异检验，考查企业环境信息披露对企业增长期权价值和清算期权价值的影响。同时，借鉴靳庆鲁等（2015）[29]

的研究，将企业环境信息披露按中位数设置虚拟变量加入 Burgstahler 和 Dichev（1997）[131]的模型，高于企业环境信息披露水平中位数组赋值为 1，低于企业环境信息披露水平中位数组赋值为 0，直接考察企业环境信息披露对企业增长期权价值和清算期权价值的影响，具体模型如下：

$$MV_t/BV_{t-1} = a_0 + a_1 Gm + a_2 Gh + a_3 E_t/BV_{t-1} + a_4 Gm \times E_t/BV_{t-1} + a_5 Gh \times E_t/BV_{t-1} + a_6 EID + a_7 EID \times Gm + a_8 EID \times Gh + a_9 EID \times E_t/BV_{t-1} + a_{10} EID \times Gm \times E_t/BV_{t-1} + a_{11} EID \times Gh \times E_t/BV_{t-1} + e \quad (8.3)$$

$$MV_t/E_t = b_0 + b_1 Dm + b_2 Dh + b_3 BV_{t-1}/E_t + b_4 Dm \times BV_{t-1}/E_t + b_5 Dh \times BV_{t-1}/E_t + b_6 EID + b_7 EID \times Dm + b_8 EID \times Dh + b_9 EID \times BV_{t-1}/E_t + b_{10} EID \times Dm \times BV_{t-1}/E_t + b_{11} EID \times Dh \times BV_{t-1}/E_t + e \quad (8.4)$$

其中，*EID* 为企业环境信息披露虚拟变量，回归系数 $a_{11}$ 和 $b_{11}$ 分别表示企业环境信息披露水平对企业增长期权价值和清算期权价值的影响。各变量定义如表 8.1 所示。

**表 8.1　社会文化、企业环境信息披露与企业期权价值的变量定义表**

| 变量类型 | 变量名称 | 变量符号 | 变量定义 |
| --- | --- | --- | --- |
| 被解释变量 | 市值净资产比 | MV/BV | 年末总市值/上年末净资产 |
|  | 市值净利润比 | MV/E | 年末总市值/年末净利润 |
| 解释变量 | 增长价值 | $a_5$ 或 $a_{11}$ | “模型 8.1” 或 “模型 8.3” 的回归系数 |
|  | 清算价值 | $b_5$ 或 $b_{11}$ | “模型 8.2” 或 “模型 8.4” 的回归系数 |
|  | 虚拟变量 1 | Gh | 将 $E_t/BV_{t-1}$ 等分三组，最高组赋值为 1，否则为 0 |
|  | 虚拟变量 2 | Gm | 将 $E_t/BV_{t-1}$ 等分三组，中间组赋值为 1，否则为 0 |
|  | 虚拟变量 3 | Dh | 将 $BV_{t-1}/E_t$ 等分三组，最高组赋值为 1，否则为 0 |
|  | 虚拟变量 4 | Dm | 将 $BV_{t-1}/E_t$ 等分三组，中间组赋值为 1，否则为 0 |
| 解释变量 | 环境信息披露 | EID | 虚拟变量，高于中位数赋值为 1，否则为 0 |
|  | 总市值 | MV | 期末股票收盘价 × 股票总数 |
|  | 净利润 | E | 期末净利润 |
|  | 净资产 | BV | 期末总资产 - 总负债 |

# 8.3 实证检验

## 8.3.1 描述性统计

表 8.2 为企业环境信息披露影响企业增长期权价值和清算期权价值主要变量的描述性统计表。从表 8.2 可以看出，总市值/净资产（MV/BV）的均值为 4.831441，最大值为 19.79315，最小值为 1.321881，中位数为 4.034030；净利润/净资产（E/BV）的均值为 0.079042，最大值为 0.497557，最小值为 -0.41872。总市值/净利润（MV/E）的均值为 109.7286，最大值为 1 433.281，最小值为 10.86746，中位数为 47.92985；净资产/净利润（BV/E）的均值为 24.98452，最大值为 312.4218，最小值为 1.913425。

表 8.2　企业环境信息披露与企业期权价值主要变量的描述性统计表

| vars | obs | mean | Std. | min | median | max |
| --- | --- | --- | --- | --- | --- | --- |
| MV/BV | 1 599 | 4.831441 | 3.058975 | 1.321881 | 4.034030 | 19.79315 |
| E/BV | 1 599 | 0.079042 | 0.117465 | -0.41872 | 0.075824 | 0.497557 |
| MV/E | 1 443 | 109.7286 | 197.6956 | 10.86746 | 47.92985 | 1 433.281 |
| BV/E | 1 443 | 24.98452 | 43.12873 | 1.913425 | 11.61612 | 312.4218 |

## 8.3.2 实证检验结果及分析

### 8.3.2.1 企业环境信息披露对企业增长期权价值和清算期权价值的影响

以企业环境信息披露水平中位数设置虚拟变量，检验企业环境信息披露对企业增长期权价值影响。具体检验结果如表 8.3 所示。

表 8.3　企业环境信息披露对企业增长期权价值影响的回归检验结果

| vars | (1) | (2) | (3) |
| --- | --- | --- | --- |
| | 低 EID 组 | 高 EID 组 | 全样本 |
| Gm | -1.965*** | -0.775* | -1.967*** |
| | (-2.76) | (-1.74) | (-2.76) |

续表

| vars | (1) | (2) | (3) |
|---|---|---|---|
| | 低 EID 组 | 高 EID 组 | 全样本 |
| Gh | 0.373 | -1.359*** | 0.355 |
| | (0.73) | (-3.10) | (0.72) |
| E/BV | 2.561 | 2.954** | 2.653 |
| | (1.02) | (2.19) | (1.10) |
| Gm·E/BV | 22.03** | 3.911 | 21.94** |
| | (2.39) | (0.75) | (2.38) |
| Gh·E/BV | 2.971*** | 8.598*** | 2.963*** |
| | (4.23) | (3.42) | (4.25) |
| EID | | | -0.788*** |
| | | | (-2.90) |
| EID·Gm | | | 1.197 |
| | | | (1.43) |
| EID·Gh | | | -1.704*** |
| | | | (-2.66) |
| EID·E/BV | | | 0.0930 |
| | | | (0.05) |
| EID·Gm·E/BV | | | -17.82* |
| | | | (-1.71) |
| EID·Gh·E/BV | | | 5.816** |
| | | | (2.44) |
| _cons | 4.911*** | 4.130*** | 4.913*** |
| | (23.81) | (23.01) | (23.83) |
| F | 14.03*** | 15.59*** | 18.20*** |
| R_sq | 0.1502 | 0.0891 | 0.1588 |
| obs | 799 | 800 | 1 599 |
| t test | chi2 (1) =4.67** | | |

注："***""**""*"分别表示在1%、5%和10%水平下的统计显著。

采用SUE方法对回归系数进行差异性检验结果显示，表8.3第2列交互项Gh·E/BV回归系数在5%水平下显著大于第1列交互项Gh·E/BV的回归系数，说明较高企业环境信息披露水平对企业增长期权价值的增加程度显著高于较低企业环境信息披露水平对企业增长期权价值的增加程度，企业环境信息披露水平显著增加了企业增长期权价值；第 3 列交互项 EID · Gh · E/BV 回归系数在 1% 水平下显著为正，说明企业环境信息披露水平显著增加了企业增长期权价值。检验结果表明，企业环境信息披露使企业遵循资本逐利经济规律，有助于企业把握投资机会。在给定净资产情况下，企业环境信息披露水平增加了高盈利能力企业权益价值与净利润之间的凸增关系，企业环境信息披露水平显著增加了高赢利能力企业对权益价值的增加程度，显著提升了企业增长期权价值。“模型 8.1” 和 “模型 8.3” 回归检验结果支持了 “假设 8.1a”。

同样以企业环境信息披露水平中位数设置虚拟变量，检验企业环境信息披露对企业清算期权价值的影响。具体检验结果见表 8.4。

**表 8.4　企业环境信息披露对企业清算期权价值影响的回归检验结果**

| vars | (1) | (2) | (3) |
|---|---|---|---|
| | 低 EID 组 | 高 EID 组 | 全样本 |
| Dm | -22.07 | -2.593 | -27.24* |
| | (-1.41) | (-0.24) | (-1.73) |
| Dh | -17.66 | -2.303 | -25.71** |
| | (-1.27) | (-0.26) | (-2.04) |
| BV/E | 4.031*** | 3.814*** | 3.872*** |
| | (14.60) | (16.07) | (20.56) |
| Dm · BV/E | 26.60 | 18.42 | 4.547 |
| | (0.22) | (0.19) | (0.04) |
| Dh · BV/E | -1.155 | 22.03** | -1.342 |
| | (-1.10) | (2.44) | (-1.33) |
| EID | | | -42.08*** |
| | | | (-3.00) |
| EID · Dm | | | 28.29 |
| | | | (1.43) |
| EID · Dh | | | 28.05** |
| | | | (1.96) |

续表

| vars | (1) | (2) | (3) |
| --- | --- | --- | --- |
| | 低 EID 组 | 高 EID 组 | 全样本 |
| EID · BV/E | | | 0.0110 *** |
| | | | (3.38) |
| EID · Dm · BV/E | | | 23.25 |
| | | | (0.16) |
| EID · Dh · BV/E | | | 24.63 *** |
| | | | (2.85) |
| _cons | 31.27 ** | 3.470 | 40.28 *** |
| | (2.11) | (0.34) | (3.12) |
| F | 107.56 *** | 160.45 *** | 200.19 *** |
| R_sq | 0.6938 | 0.8576 | 0.7617 |
| obs | 722 | 721 | 1 443 |
| t test | chi2 (1) =6.54 ** | | |

注："***""**""*"分别表示在1%、5%和10%水平下的统计显著。

采用 SUE 方法对回归系数进行差异检验结果显示，表 8.4 第 2 列交互项 Dh · BV/E 回归系数在5%水平下显著大于第 1 列交互项 Dh · BV/E 的回归系数，说明较高企业环境信息披露水平对企业清算期权价值的增加程度显著高于较低企业环境信息披露水平对企业清算期权价值的增加程度；第 3 列交互项 EID · Dh · BV/E 回归系数在 1%水平下显著为正，说明企业环境信息披露水平显著增加了企业清算期权价值。检验结果表明，企业环境信息披露使企业遵循资本逐利经济规律，有助于企业把握投资机会。在给定净利润情况下，企业环境信息披露水平显著增加了低盈利能力企业权益价值与净资产之间的凸增关系，企业环境信息披露水平显著增加了低赢利能力企业对权益价值的增加程度，显著提升了企业清算期权价值。"模型 8.2" 和 "模型 8.4" 回归检验结果支持了 "假设 8.1b"。

综合表 8.3 和表 8.4 可以看出，企业环境信息披露水平对企业增长期权价值的增加程度低于企业环境信息披露水平对企业清算期权价值的增加程度。企业环境信息披露水平对企业清算期权价值的增加程度大于对企业环境信息披露水平对企业增长期权价值的增加程度，说明企业环境信息披露水平对企业期权价值的影响更多体现为对企业清算期权价值的保护。披露环境信息首先是保障投资者基本利益，其次才是提升投资者更大利益。

8.3.2.2 社会价值文化对企业环境信息披露与企业期权价值关系的影响

按75%分位数将权力距离、个体主义、男性化气质和不确定性规避设置虚拟变量，检验权力距离、个体主义、男性化气质和不确定性规避对企业环境信息披露与企业增长期权价值和清算期权价值关系的影响。具体检验结果分别如表8.5和表8.6所示。

**表8.5 社会价值文化对企业环境信息披露与增长期权价值关系影响的检验结果**

| vars | (1)<br>低PDI | (2)<br>高PDI | (3)<br>低IDV | (4)<br>高IDV | (5)<br>低MAS | (6)<br>高MAS | (7)<br>低UAI | (8)<br>高UAI |
|---|---|---|---|---|---|---|---|---|
| Gm | -1.403 | -2.482** | -1.822** | -1.989 | -2.369*** | -0.208 | -1.850** | -2.354 |
| | (-1.55) | (-2.20) | (-2.20) | (-1.43) | (-2.79) | (-0.13) | (-2.53) | (-1.11) |
| Gh | -0.704 | 1.057 | 0.824 | -1.436* | -0.508 | 2.063*** | -0.357 | 3.091** |
| | (-1.28) | (1.48) | (1.46) | (-1.85) | (-1.28) | (3.05) | (-0.78) | (2.45) |
| E/BV | 9.588*** | -1.868 | 1.152 | 3.983 | 6.848*** | -19.61*** | 7.038*** | -13.51** |
| | (4.04) | (-0.57) | (0.43) | (1.40) | (4.99) | (-7.60) | (4.38) | (-2.11) |
| Gm · E/BV | 12.16 | 29.70** | 22.08** | 20.74 | 21.02** | 24.29 | 15.83* | 43.59 |
| | (1.05) | (2.06) | (2.06) | (1.23) | (2.00) | (1.16) | (1.73) | (1.53) |
| Gh · E/BV | 2.937*** | 2.660*** | 2.733*** | 9.011*** | 2.345*** | 16.22*** | 2.691*** | 3.905*** |
| | (2.88) | (4.19) | (5.11) | (4.66) | (7.27) | (10.39) | (2.85) | (4.24) |
| EID | -0.409 | -1.110*** | -0.694** | -0.994* | -0.834*** | -0.495 | -0.665** | -1.119** |
| | (-1.13) | (-2.72) | (-2.23) | (-1.77) | (-2.80) | (-1.18) | (-2.07) | (-2.25) |
| Gm · EID | 1.041 | 1.020 | 0.998 | 1.404 | 1.229 | 0.295 | 0.757 | 2.360 |
| | (0.98) | (0.75) | (1.01) | (0.88) | (1.03) | (0.15) | (0.86) | (1.02) |
| Gh · EID | -0.492 | -2.855*** | -2.454*** | 1.767 | -1.274* | -1.964* | -0.937 | -5.214*** |
| | (-0.65) | (-3.49) | (-3.43) | (1.31) | (-1.90) | (-1.86) | (-1.38) | (-3.66) |
| EID · E/BV | -4.748* | 2.503 | 0.759 | 3.985 | -2.687 | 22.24*** | -2.668* | 14.43** |
| | (-1.77) | (0.99) | (0.35) | (1.14) | (-1.47) | (5.17) | (-1.85) | (2.06) |
| EID · Gm · E/BV | -17.09 | -12.07 | -14.64 | -30.08 | -15.74 | -27.84 | -11.82 | -40.60 |
| | (-1.30) | (-0.72) | (-1.20) | (-1.58) | (-1.08) | (-1.05) | (-1.11) | (-1.34) |
| EID · Gh · E/BV | 2.226 | 12.01*** | 7.830*** | -13.10** | 6.842** | -15.22*** | 3.936 | 11.08** |
| | (0.75) | (4.30) | (3.07) | (-2.21) | (2.30) | (-2.78) | (1.43) | (2.51) |

续表

| vars | (1) | (2) | (3) | (4) | (5) | (6) | (7) | (8) |
|---|---|---|---|---|---|---|---|---|
| | 低 PDI | 高 PDI | 低 IDV | 高 IDV | 低 MAS | 高 MAS | 低 UAI | 高 UAI |
| _cons | 4.592 *** | 5.154 *** | 4.806 *** | 5.128 *** | 5.132 *** | 4.319 *** | 4.968 *** | 4.748 *** |
| | (16.58) | (16.97) | (20.89) | (11.26) | (26.37) | (14.33) | (20.65) | (12.12) |
| F | 13.30 *** | 10.70 *** | 14.09 *** | 11.94 *** | 19.63 *** | 5.01 *** | 15.35 *** | 6.05 *** |
| R_sq | 0.2136 | 0.1384 | 0.1604 | 0.2263 | 0.1811 | 0.2918 | 0.1670 | 0.2509 |
| obs | 898 | 701 | 1 221 | 378 | 1 206 | 393 | 1 217 | 382 |
| t test | chi2 (1) = 5.88 ** | | chi2 (1) = 10.80 *** | | chi2 (1) = 9.27 *** | | chi2 (1) = 1.94 | |

注："***""**""*"分别表示在1%、5%和10%水平下的统计显著。

采用SUE方法回归系数进行差异性检验结果显示，表8.5第2列交互项EID·Gh·E/BV回归系数在5%水平下显著高于第1列交互项EID·Gh·E/BV的回归系数，第4列和第6列交互项EID·Gh·E/BV回归系数显著低于第3列和第5列交互项EID·Gh·E/BV的回归系数，第8列交互项EID·Gh·E/BV回归系数不显著高于第7列交互项EID·Gh·E/BV的回归系数。检验结果说明，高权力距离社会文化模式企业环境信息披露水平对企业增长期权价值的增加程度显著高于低权力距离社会文化模式企业环境信息披露水平对企业增长期权价值的增加程度，高集体主义和男性化气质社会文化模式企业环境信息披露水平对企业增长期权价值的增加程度显著高于低集体主义和男性化气质社会文化模式企业环境信息披露水平对企业增长期权价值的增加程度。也就是说，权力距离越大，企业环境信息披露水平对企业增长期权价值的增加幅度越大，权力距离显著增加了企业环境信息披露水平对企业增长期权价值的增加程度；集体主义和男性化气质越显著，企业环境信息披露水平对企业增长期权价值的增加幅度越小，集体主义和男性化气质显著减少了企业环境信息披露水平对企业增长期权价值的增加程度。此外，高不确定性规避社会文化模式企业环境信息披露水平对企业增长期权价值的增加程度不显著高于低不确定性规避社会文化模式企业环境信息披露水平对企业增长期权价值的增加程度，说明不确定性规避不显著影响企业环境信息披露水平对企业增长期权价值的增加程度。

检验结果表明，给定净资产，权力距离越大，企业环境信息披露水平显著增加了高盈利能力企业权益价值与净利润之间的凸增关系，企业环境信息披露水平对高盈利能力企业权益价值与净利润之间凸增关系的增加程度越大；

给定净资产，集体主义和男性化气质越显著，企业环境信息披露水平显著减少了高盈利能力企业权益价值与净利润之间的凸增关系，企业环境信息披露水平对高盈利能力企业权益价值与净利润之间凸增关系的增加程度越小；给定净资产，不确定性规避越强，企业环境信息披露水平不增加高盈利能力企业权益价值与净利润之间的凸增关系。检验结果支持了“假设 8.2a”“假设 8.3a”和“假设 8.4a”，不支持“假设 8.5a”。

**表 8.6　社会价值文化对企业环境信息披露与清算期权价值关系影响的检验结果**

| vars | (1) | (2) | (3) | (4) | (5) | (6) | (7) | (8) |
|---|---|---|---|---|---|---|---|---|
| | 低 PDI | 高 PDI | 低 IDV | 高 IDV | 低 MAS | 高 MAS | 低 UAI | 高 UAI |
| Dm | -2.441 | -62.74*** | -24.94 | -40.15 | -41.97** | 10.42 | -27.50 | -37.77 |
| | (-0.12) | (-2.65) | (-1.39) | (-1.17) | (-2.18) | (0.36) | (-1.46) | (-1.26) |
| Dh | -14.52 | -45.03** | -27.30* | -41.32 | -40.88** | 0.437 | -35.60** | -11.20 |
| | (-0.97) | (-2.11) | (-1.89) | (-1.43) | (-2.51) | (0.02) | (-2.31) | (-0.51) |
| BV/E | 4.100*** | 3.508*** | 3.581*** | 4.384*** | 3.943*** | 3.240*** | 3.917*** | 3.377*** |
| | (17.78) | (10.90) | (15.20) | (13.43) | (17.63) | (9.43) | (17.64) | (9.80) |
| Dm · BV/E | -143.5 | 191.0 | -40.96 | 49.61 | 25.40 | -247.7 | -78.78 | 227.6 |
| | (-0.89) | (1.07) | (-0.28) | (0.24) | (0.19) | (-0.88) | (-0.59) | (0.77) |
| Dh · BV/E | 0.277 | -2.724** | -2.758*** | 19.47*** | -0.796 | -12.99 | -0.506 | -3.193 |
| | (0.12) | (-2.42) | (-3.12) | (4.82) | (-0.79) | (-1.47) | (-0.32) | (-1.60) |
| EID | -36.55** | -60.15*** | -35.23** | -66.75** | -60.53*** | -4.621 | -51.83*** | -22.98 |
| | (-1.97) | (-2.89) | (-2.33) | (-2.03) | (-3.36) | (-0.25) | (-2.98) | (-1.12) |
| EID · Dm | 11.94 | 55.59* | 26.89 | 30.05 | 51.30** | -33.06 | 25.04 | 45.40 |
| | (0.44) | (1.95) | (1.21) | (0.70) | (2.12) | (-0.97) | (1.08) | (1.20) |
| EID · Dh | 24.58 | 42.28* | 20.33 | 58.77* | 47.91*** | -18.42 | 40.29** | 0.399 |
| | (1.31) | (1.95) | (1.31) | (1.74) | (2.63) | (-0.85) | (2.28) | (0.02) |
| EID · BV/E | 0.00723** | 0.118*** | 0.0139*** | 0.0160 | 0.00935*** | 0.158*** | 0.00945*** | 0.152*** |
| | (2.40) | (2.99) | (4.22) | (0.41) | (3.09) | (5.05) | (3.15) | (4.38) |
| EID · Dm · BV/E | 142.5 | -93.31 | -20.04 | 217.2 | -38.64 | 335.0 | 145.3 | -327.6 |
| | (0.72) | (-0.44) | (-0.12) | (0.77) | (-0.23) | (1.06) | (0.91) | (-0.91) |
| EID · Dh · BV/E | 22.03* | 32.53** | 21.99** | 19.56 | 25.83** | 28.82* | 19.29* | 39.76*** |
| | (1.92) | (2.21) | (2.48) | (0.59) | (2.58) | (1.79) | (1.91) | (2.99) |
| _cons | 25.73* | 64.15*** | 44.68*** | 45.47 | 53.89*** | 25.24 | 49.17*** | 30.91 |
| | (1.67) | (2.91) | (2.99) | (1.53) | (3.21) | (1.32) | (3.09) | (1.42) |

续表

| vars | (1) | (2) | (3) | (4) | (5) | (6) | (7) | (8) |
|---|---|---|---|---|---|---|---|---|
| | 低 PDI | 高 PDI | 低 IDV | 高 IDV | 低 MAS | 高 MAS | 低 UAI | 高 UAI |
| F | 487.25*** | 114.82*** | 177.39*** | 99.13*** | 297.20*** | 197.53*** | 303.57*** | 125.72*** |
| R_sq | 0.8086 | 0.7094 | 0.7391 | 0.8713 | 0.7632 | 0.7949 | 0.7564 | 0.8119 |
| obs | 818 | 625 | 1 102 | 341 | 1 089 | 354 | 1 097 | 346 |
| t test | chi2 (1) =0.32 | | chi2 (1) =0.01 | | chi2 (1) =0.03 | | chi2 (1) =1.54 | |

注："***""**""*"分别表示在1%、5%和10%水平下的统计显著。

采用SUE方法回归系数进行差异性检验结果显示，表8.6交互项EID·Dh·BV/E回归系数在权力距离、集体主义、男性化气质和不确定性规避的组间差异性均没达到10%的显著性水平，说明权力距离、个体主义、男性化气质和不确定性规避不显著影响企业环境信息披露水平与企业清算期权价值的关系。检验结果表明，给定净利润，权力距离、集体主义、男性化气质和不确定性规避不显著影响企业环境信息披露水平对低盈利能力企业权益价值与净资产之间凸增关系的显著增加程度，即社会价值文化不显著影响企业环境信息披露水平对企业清算期权价值的增加程度。检验结果不支持"假设8.2b""假设8.3b""假设8.4b"和"假设8.5b"。

#### 8.3.2.3 社会结构文化对企业环境信息披露与企业期权价值关系的影响

按75%分位数将差序格局社会结构文化设置虚拟变量，实证检验差序格局社会结构文化对企业环境信息披露与企业增长期权价值和清算期权价值之间关系的影响。具体检验结果如表8.7所示。

**表8.7 社会结构文化对企业环境信息披露与企业期权价值关系影响的检验结果**

| vars | (1) | (2) | vars | (3) | (4) |
|---|---|---|---|---|---|
| | 低 cxgj | 高 cxgj | | 低 cxgj | 高 cxgj |
| Gm | -2.317*** | -0.654 | Dm | -34.94* | -4.896 |
| | (-2.80) | (-0.48) | | (-1.91) | (-0.17) |
| Gh | 0.286 | -0.437 | Dh | -38.72*** | 7.358 |
| | (0.51) | (-0.70) | | (-2.60) | (0.35) |
| E/BV | 2.124 | 1.462 | BV/E | 3.601*** | 4.451*** |
| | (0.81) | (0.84) | | (15.50) | (13.47) |

续表

| vars | (1) | (2) | vars | (3) | (4) |
|---|---|---|---|---|---|
| | 低 cxgj | 高 cxgj | | 低 cxgj | 高 cxgj |
| Gm · E/BV | 25.85 ** | 15.08 | Dm · BV/E | −33.09 | 101.4 |
| | (2.40) | (0.89) | | (−0.23) | (0.47) |
| Gh · E/BV | 2.891 *** | 14.32 *** | Dh · BV/E | −1.800 * | 11.81 |
| | (4.48) | (15.08) | | (−1.72) | (1.51) |
| EID | −0.810 ** | −0.460 | EID | −41.07 *** | −52.02 * |
| | (−2.57) | (−1.08) | | (−2.64) | (−1.83) |
| EID · Gm | 1.066 | 1.774 | EID · Dm | 29.93 | 30.40 |
| | (1.10) | (1.05) | | (1.34) | (0.74) |
| EID · Gh | −2.104 *** | 1.958 | EID · Dh | 26.99 * | 41.17 |
| | (−2.98) | (1.46) | | (1.69) | (1.38) |
| EID · E/BV | 0.684 | 0.405 | EID · BV/E | 0.0134 *** | 0.0179 |
| | (0.32) | (0.11) | | (4.12) | (0.46) |
| EID · Gm · E/BV | −16.55 | −29.84 | EID · Dm · BV/E | −10.11 | 123.1 |
| | (−1.37) | (−1.47) | | (−0.06) | (0.40) |
| EID · Gh · E/BV | 6.949 *** | −14.68 ** | EID · Dh · BV/E | 21.20 ** | 25.17 |
| | (2.74) | (−2.30) | | (2.40) | (0.69) |
| _cons | 5.072 *** | 3.989 *** | _cons | 55.17 *** | −0.0558 |
| | (21.45) | (11.95) | | (3.59) | (−0.00) |
| F | 15.27 *** | 52.68 *** | F | 181.05 *** | 101.53 *** |
| R_sq | 0.1580 | 0.2796 | R_sq | 0.7071 | 0.9105 |
| obs | 1 301 | 298 | obs | 1 175 | 268 |
| t test | chi2 (1) = 10.26 *** | | t test | chi2 (1) = 0.01 | |

注："***""**""*"分别表示在1%、5%和10%水平下的统计显著。

采用SUE方法对回归系数进行差异性检验结果显示，表8.7第2列交互项EID · Gh · E/BV回归系数在1%水平显著低于第1列交互项EID · Gh · E/BV的回归系数，第4列交互项EID · Dh · BV/E回归系数不显著高于第3列交互项EID · Dh · BV/E的回归系数。检验结果说明，高差序格局社会结构文化企业环境信息披露水平对企业增长期权价值的增加程度显著低于低差序格局社会结构文化企业环境信息披露水平对企业增长期权价值的增加程度，高差序格局社会结构文化企业环境信息披露水平对企业清算期权价值的增加程度与低差序格局社会结构文化企业环境信息披露水平对企业清算期权价值之间的增加程度不存在显著性差异。具体而言，差序格局社会结构文化特征越显著，企业环境信息披露水平对企业增长期权价值的增加程度越小，差序格局社会结构文化不显著影响企业环境信息披露水平对企业清算期权价值的增加程度。检验结果表明，给定净资产，差序格局社会结构文化特征越显著，企业环境信息披露水平显著增加了高盈利能力企业权益价值与净利润之间的凸增关系，企业环境信息披露水平对高盈利能力企业权益价值与净利润之间凸增关系的增加越大；给定净利润，差序格局社会结构文化不显著影响低盈利能力企业权益价值与净资产之间的凸增关系，企业环境信息披露水平对低盈利能力企业权益价值与净资产之间的凸增关系不变。检验结果支持了“假设 8.6a”，不支持“假设 8.6b”。

### 8.3.3 进一步分析

借鉴 Clarkson 等（2013）[136]的研究，依据会计信息可靠性程度将企业环境信息披露划分为硬披露环境信息和软披露环境信息，分别以均值对企业硬披露环境信息和软披露环境信息设置虚拟变量，分析硬披露环境信息和软披露环境信息对企业期权价值的影响，以及社会文化对硬披露环境和软披露环境信息与企业期权价值之间关系的影响。

#### 8.3.3.1 硬披露环境信息和软披露环境信息对企业期权价值的影响

企业硬披露环境信息和软披露环境信息对企业增长期权价值影响的回归检验结果如表 8.8 所示。企业硬披露环境信息和软披露环境信息对企业清算期权价值影响的回归检验结果如表 8.9 所示。

表 8.8 硬披露/软披露环境信息对企业增长期权价值影响的检验结果

| vars | (1) | (2) | (3) | vars | (4) | (5) | (6) |
|---|---|---|---|---|---|---|---|
| | 低 EIDy | 高 EIDy | 全样本 | | 低 EIDr | 高 EIDr | 全样本 |
| Gm | -1.835*** | -0.882* | -1.835*** | Gm | -1.874*** | -0.788 | -1.874*** |
| | (-2.75) | (-1.82) | (-2.75) | | (-2.88) | (-1.57) | (-2.88) |
| Gh | 0.617 | -1.637*** | 0.617 | Gh | 0.273 | -1.151*** | 0.273 |
| | (1.23) | (-4.83) | (1.23) | | (0.54) | (-2.59) | (0.54) |
| E/BV | 2.410 | 3.191** | 2.410 | E/BV | 2.674 | 3.123** | 2.674 |
| | (1.02) | (2.42) | (1.02) | | (1.07) | (2.36) | (1.07) |

续表

| vars | (1) | (2) | (3) | vars | (4) | (5) | (6) |
|---|---|---|---|---|---|---|---|
| | 低 EIDy | 高 EIDy | 全样本 | | 低 EIDr | 高 EIDr | 全样本 |
| Gm · E/BV | 20.52** | 3.506 | 20.52** | Gm · E/BV | 20.53** | 4.131 | 20.53** |
| | (2.39) | (0.61) | (2.39) | | (2.45) | (0.68) | (2.45) |
| Gh · E/BV | 2.803*** | 8.315*** | 2.803*** | Gh · E/BV | 2.989*** | 8.142*** | 2.989*** |
| | (4.64) | (10.25) | (4.64) | | (4.23) | (3.23) | (4.23) |
| EIDy | | | -0.481* | EIDr | | | -0.782*** |
| | | | (-1.75) | | | | (-2.88) |
| EIDy · Gm | | | 0.953 | EIDr · Gm | | | 1.086 |
| | | | (1.15) | | | | (1.32) |
| EIDy · Gh | | | -2.254*** | EIDr · Gh | | | -1.424** |
| | | | (-3.72) | | | | (-2.11) |
| EIDy · E/BV | | | 0.781 | EIDr · E/BV | | | 0.449 |
| | | | (0.29) | | | | (0.16) |
| EIDy · Gm · E/BV | | | -17.01* | EIDr · Gm · E/BV | | | -16.39 |
| | | | (-1.65) | | | | (-1.59) |
| EIDy · Gh · E/BV | | | 5.512*** | EIDr · Gh · E/BV | | | 5.153** |
| | | | (5.45) | | | | (1.97) |
| _cons | 4.781*** | 4.300*** | 4.781*** | _cons | 4.891*** | 4.109*** | 4.891*** |
| | (23.22) | (23.55) | (23.22) | | (24.64) | (22.14) | (24.64) |
| F | 16.84*** | 34.29*** | 26.77*** | F | 13.26*** | 15.83*** | 17.15*** |
| R_sq | 0.1489 | 0.1267 | 0.1623 | R_sq | 0.1498 | 0.0966 | 0.1524 |
| obs | 821 | 778 | 1 599 | obs | 812 | 787 | 1 599 |
| t test | chi2 (1) =29.90*** | | | t test | chi2 (1) =3.90** | | |

注："***""**""*"分别表示在1%、5%和10%水平下的统计显著。

从表8.8可以看出，采用SUE方法对回归系数进行差异性检验的结果显示，表8.8第2列交互项Gh · E/BV回归系数在1%水平下显著大于第1列交互项Gh · E/BV的回归系数，第4列交互项Dh · E/BV回归系数在5%水平下显著大于第3列交互项Dh · E/BV的回归系数；交互项EIDy · Gh · E/BV回归系数在1%水平下显著为正，交互项EIDr · Dh · E/BV回归系数在5%水平下显著为正。检验结果表明，给定净资产，对于投资机会较好的企业，企业硬披露环境信息水平和软披露环境信息水平显著增加了高盈利能力企业权益价值与净利润之间的凸增关系，企业硬披露环境信息水平和软披露环境信息水平显著增加了高盈利能力企业净利润对企业权益价值的增加程度。相比企业硬披露环境信息水平对企业增长期权价值的增加程度，企业软披露环境信息水平对企业增长期权价值的增加程度更低，说明企业硬披露环境信息对企业增长期权价值的提升程度更大。

表 8.9　硬披露/软披露环境信息对企业清算期权价值影响的检验结果

| vars | (1) | (2) | (3) | vars | (4) | (5) | (6) |
|---|---|---|---|---|---|---|---|
| | 低 EIDy | 高 EIDy | 全样本 | | 低 EIDr | 高 EIDr | 全样本 |
| Dm | -18.08 | -9.979 | -18.36 | Dm | -24.95 | 2.553 | -17.25 |
| | (-1.18) | (-0.84) | (-1.34) | | (-1.64) | (0.22) | (-1.29) |
| Dh | -7.999 | -15.45 | -8.703 | Dh | -19.80 | 1.378 | -12.25 |
| | (-0.60) | (-1.52) | (-0.90) | | (-1.49) | (0.15) | (-1.22) |
| BV/E | 4.095*** | 3.731*** | 4.090*** | BV/E | 3.961*** | 3.855*** | 4.027*** |
| | (15.74) | (15.03) | (17.37) | | (16.03) | (14.51) | (18.01) |
| Dm · BV/E | 73.36 | -25.69 | 70.02 | Dm · BV/E | 45.50 | -24.42 | 45.25 |
| | (0.60) | (-0.27) | (0.58) | | (0.39) | (-0.24) | (0.39) |
| Dh · BV/E | -1.973*** | 24.86*** | -2.118*** | Dh · BV/E | -0.995 | 16.74* | -0.537 |
| | (-2.83) | (7.92) | (-3.10) | | (-0.93) | (1.78) | (-0.43) |
| EIDy | | | -0.441 | EIDr | | | -1.024** |
| | | | (-1.46) | | | | (-2.15) |
| EIDy · Dm | | | 10.47 | EIDr · Dm | | | 7.505 |
| | | | (0.66) | | | | (0.48) |
| EIDy · Dh | | | -4.063 | EIDr · Dh | | | 5.945 |
| | | | (-0.65) | | | | (0.81) |
| EIDy · BV/E | | | -0.354 | EIDr · BV/E | | | -0.248 |
| | | | (-1.24) | | | | (-0.85) |
| EIDy · Dm · BV/E | | | -102.5 | EIDr · Dm · BV/E | | | -27.46 |
| | | | (-0.67) | | | | (-0.17) |
| EIDy · Dh · BV/E | | | 24.31*** | EIDr · Dh · BV/E | | | 16.23 |
| | | | (7.29) | | | | (1.51) |

续表

| vars | (1) | (2) | (3) | vars | (4) | (5) | (6) |
|---|---|---|---|---|---|---|---|
| | 低 EIDy | 高 EIDy | 全样本 | | 低 EIDr | 高 EIDr | 全样本 |
| _cons | 21.65 | 15.84 | 24.97** | _cons | 33.14** | 1.635 | 31.63** |
| | (1.53) | (1.38) | (2.24) | | (2.36) | (0.15) | (2.55) |
| F | 173.59*** | 130.20*** | 146.81*** | F | 118.36*** | 139.83*** | 114.19*** |
| R_sq | 0.7225 | 0.8137 | 0.7600 | R_sq | 0.7072 | 0.8444 | 0.7597 |
| obs | 738 | 705 | 1 443 | obs | 722 | 721 | 1 443 |
| t test | chi2 (1) =70.18*** | | | t test | chi2 (1) =3.52** | | |

注："***""**""*"分别表示在1%、5%和10%水平下的统计显著。

从表8.9可以看出，采用SUE方法对回归系数进行差异性检验的结果显示，表8.9第2列交互项Dh·BV/E回归系数在1%水平下显著大于第1列交互项Dh·BV/E的回归系数，第5列交互项Dh·BV/E回归系数在5%水平下显著大于第4列交互项Dh·BV/E的回归系数；第3列交互项EIDy·Gh·BV/E回归系数在1%水平下显著为正，第6列交互项EIDr·Dh·BV/E回归系数为正数，但没有达到10%显著性水平。检验结果表明，给定净利润，对于投资机会较差的企业，企业硬披露环境信息水平显著了增加低盈利能力企业权益价值与净资产之间的凸增关系，企业硬披露环境信息水平显著增加了低盈利能力企业净资产对企业权益价值的增加程度；给定净利润，对于投资机会较差的企业，企业软披露环境信息水平增加了低盈利能力企业权益价值与净资产之间的凸增关系，企业软披露环境信息水平增加了高盈利能力企业净资产对企业权益价值的增加程度。从表8.9可以看出，相比企业硬披露环境信息水平对企业清算期权价值的增加程度，企业软披露环境信息水平对企业清算期权价值的增加程度更低，说明企业硬披露环境信息水平对企业清算期权价值的提升程度更大。

综合表8.8和表8.9，就企业硬披露环境信息对企业增长期权价值和清算期权价值的影响而言，企业硬披露环境信息水平对企业增长期权价值的增加程度（5.512）低于企业硬披露环境信息水平对企业清算期权价值的增加程度（26.833）；就企业软披露环境信息水平对企业增长期权价值和清算期权价值而言，企业软披露环境信息水平对企业增长期权价值的增加程度(5.153）低于企业软披露环境信息水平对企业清算期权价值的增加程度(16.23)。检验结果表明，企业硬披露环境信息水平和软披露环境信息水平对企业清算期权价值的增加程度大于对企业增长期权价值的增加程度。检验结果同样说明，企业环境信息披露对企业期权价值的影响更多体现为对企业期权清算价值的保护，披露环境信息首先是为了保障投资者基本利益，其次才是提升投资者更大利益。

#### 8.3.3.2 社会价值文化对硬披露/软披露环境信息与增长期权价值关系的影响

社会价值文化对企业硬披露环境信息与企业增长期权价值之间关系影响的具体检验结果如表 8.10 所示。社会价值文化对企业软披露环境信息与企业增长期权价值之间关系影响的具体检验结果如表 8.11 所示。

**表 8.10 社会价值文化对硬披露环境信息与增长期权价值关系影响的检验结果**

| vars | (1) | (2) | (3) | (4) | (5) | (6) | (7) | (8) |
|---|---|---|---|---|---|---|---|---|
| | 低 PDI | 高 PDI | 低 IDV | 高 IDV | 低 MAS | 高 MAS | 低 UAI | 高 UAI |
| Gm | -1.247 | -2.440** | -1.629** | -2.340* | -2.055*** | -0.712 | -1.646** | -2.532 |
| | (-1.46) | (-2.32) | (-2.04) | (-1.92) | (-2.93) | (-0.39) | (-2.38) | (-1.27) |
| Gh | -0.432 | 1.410* | 1.199** | -2.292*** | -0.159 | 1.948** | -0.0525 | 3.192** |
| | (-0.75) | (1.92) | (2.09) | (-3.01) | (-0.33) | (2.03) | (-0.11) | (2.53) |
| E/BV | 8.717*** | -2.099 | 0.756 | 3.824 | 6.367*** | -18.88*** | 6.788*** | -14.03** |
| | (4.06) | (-0.63) | (0.29) | (1.36) | (4.34) | (-3.30) | (4.44) | (-2.16) |
| Gm · E/BV | 8.196 | 31.91** | 22.23** | 19.17 | 17.92** | 29.28 | 13.59 | 44.14* |
| | (0.76) | (2.37) | (2.15) | (1.31) | (2.06) | (1.21) | (1.59) | (1.65) |
| Gh · E/BV | 2.701*** | 2.693*** | 2.732*** | 14.10*** | 2.181*** | 16.27*** | 2.431*** | 3.986*** |
| | (3.28) | (4.11) | (5.16) | (9.13) | (6.87) | (5.09) | (3.24) | (4.19) |
| EIDy | -0.554 | -0.331 | -0.194 | -1.280** | -0.514 | -0.233 | -0.450 | -0.684 |
| | (-1.52) | (-0.77) | (-0.61) | (-2.26) | (-1.49) | (-0.53) | (-1.38) | (-1.32) |
| Gm · EIDy | 0.739 | 0.990 | 0.631 | 1.849 | 0.521 | 1.331 | 0.285 | 2.653 |
| | (0.72) | (0.73) | (0.64) | (1.20) | (0.59) | (0.64) | (0.33) | (1.19) |
| EIDy · E/BV | -4.953* | 4.586 | 1.864 | -1.840 | -2.267 | 21.40*** | -3.653* | 16.33** |
| | (-1.74) | (1.18) | (0.59) | (-0.43) | (-1.07) | (3.35) | (-1.68) | (2.28) |
| EIDy · Gm · E/BV | -9.062 | -21.01 | -16.61 | -19.82 | -10.04 | -38.97 | -6.390 | -46.28 |
| | (-0.71) | (-1.24) | (-1.36) | (-1.05) | (-0.93) | (-1.47) | (-0.60) | (-1.59) |
| EIDy · Gh · E/BV | 5.098*** | 10.34*** | 8.241*** | -6.560*** | 6.379*** | -13.28*** | 5.690*** | 7.840* |
| | (4.86) | (3.54) | (2.72) | (-3.89) | (6.23) | (-2.68) | (5.35) | (1.65) |

续表

| vars | (1) | (2) | (3) | (4) | (5) | (6) | (7) | (8) |
|---|---|---|---|---|---|---|---|---|
| | 低 PDI | 高 PDI | 低 IDV | 高 IDV | 低 MAS | 高 MAS | 低 UAI | 高 UAI |
| _cons | 4.676 *** | 4.833 *** | 4.575 *** | 5.266 *** | 5.011 *** | 4.161 *** | 4.876 *** | 4.618 *** |
| | (16.05) | (16.63) | (20.54) | (10.89) | (19.65) | (12.85) | (20.34) | (11.61) |
| F | 29.80 *** | 9.15 *** | 13.73 *** | 74.42 *** | 28.84 *** | 4.65 *** | 26.77 *** | 4.64 *** |
| R_sq | 0.2243 | 0.1251 | 0.1631 | 0.2335 | 0.1908 | 0.2774 | 0.1770 | 0.2342 |
| obs | 898 | 701 | 1 221 | 378 | 1 206 | 393 | 1 217 | 382 |
| t test | chi2 (1) | =2.90 * | chi2 (1) | =18.50 *** | chi2 (1) | =15.60 *** | chi2 (1) | =0.20 |

注："***""**""*"分别表示在1%、5%和10%水平下的统计显著。

采用SUE方法对回归系数进行差异性检验的结果显示，表8.10第2列交互项EIDy·Gh·E/BV回归系数在10%水平下显著大于第1列交互项EIDy·Gh·E/BV的回归系数，第4列和第6列交互项EIDy·Gh·E/BV回归系数在1%水平下显著小于第3列和第5列交互项EIDy·Gh·E/BV的回归系数，第8列交互项EIDy·Gh·E/BV回归系数与第7列交互项EIDy·Gh·E/BV回归系数不存在显著性差异。

检验结果说明，给定净资产，对投资机会较好的企业，权力距离越大，企业硬披露环境信息水平越会显著增加高盈利能力企业权益价值与净利润之间的凸增关系；集体主义和男性化气质越显著，企业硬披露环境信息水平越会显著减少高盈利能力企业权益价值与净利润之间的凸增关系。检验结果表明，权力距离越大，企业硬披露环境信息水平对企业增长期权价值的提升幅度越大；集体主义和男性化气质越显著，企业硬披露环境信息水平对企业增长期权价值的提升幅度越小；不确定性规避不显著影响企业硬披露环境信息水平与企业增长期权价值之间的关系。

**表8.11　社会价值文化对软披露环境信息与增长期权价值关系影响的检验结果**

| vars | (1) | (2) | (3) | (4) | (5) | (6) | (7) | (8) |
|---|---|---|---|---|---|---|---|---|
| | 低 PDI | 高 PDI | 低 IDV | 高 IDV | 低 MAS | 高 MAS | 低 UAI | 高 UAI |
| Gm | -1.267 | -2.457 ** | -1.622 ** | -2.056 | -2.338 *** | -0.152 | -2.303 *** | -0.0502 |
| | (-1.59) | (-2.30) | (-2.23) | (-1.50) | (-3.40) | (-0.09) | (-3.47) | (-0.03) |
| Gh | -0.800 | 0.902 | 0.749 | -1.574 ** | -0.607 | 1.839 ** | -0.585 | 3.530 *** |
| | (-1.47) | (1.21) | (1.28) | (-2.05) | (-1.27) | (1.99) | (-1.25) | (2.76) |

续表

| vars | (1) | (2) | (3) | (4) | (5) | (6) | (7) | (8) |
|---|---|---|---|---|---|---|---|---|
| | 低 PDI | 高 PDI | 低 IDV | 高 IDV | 低 MAS | 高 MAS | 低 UAI | 高 UAI |
| E/BV | 9.947*** | -1.767 | 1.089 | 4.665* | 7.250*** | -19.99*** | 7.393*** | -14.10** |
| | (4.15) | (-0.52) | (0.39) | (1.72) | (4.55) | (-3.69) | (4.38) | (-2.18) |
| Gm · E/BV | 10.18 | 28.61** | 18.76** | 23.38 | 20.13** | 23.04 | 19.78** | 17.29 |
| | (0.97) | (2.17) | (2.03) | (1.38) | (2.36) | (1.06) | (2.39) | (0.70) |
| Gh · E/BV | 2.927*** | 2.694*** | 2.770*** | 8.803*** | 2.334*** | 16.48*** | 2.699*** | 3.933*** |
| | (2.88) | (4.12) | (5.06) | (4.82) | (5.45) | (5.29) | (2.83) | (4.29) |
| EIDr | -0.349 | -1.146*** | -0.687** | -0.947* | -0.813** | -0.634 | -0.860*** | -0.492 |
| | (-0.96) | (-2.82) | (-2.20) | (-1.72) | (-2.40) | (-1.46) | (-2.70) | (-0.96) |
| Gm · EIDr | 0.716 | 1.188 | 0.743 | 1.436 | 1.161 | 0.385 | 1.766** | -1.246 |
| | (0.70) | (0.88) | (0.78) | (0.90) | (1.30) | (0.20) | (2.01) | (-0.58) |
| Gh · EIDr | -0.206 | -2.483*** | -2.152*** | 1.465 | -0.936 | -2.083* | -0.310 | -5.701*** |
| | (-0.26) | (-2.69) | (-2.83) | (1.04) | (-1.39) | (-1.74) | (-0.44) | (-3.92) |
| EIDr · E/BV | -5.978* | 4.308 | 1.861 | -0.358 | -4.113* | 23.46*** | -3.970* | 16.07** |
| | (-1.86) | (1.15) | (0.60) | (-0.08) | (-1.88) | (3.79) | (-1.80) | (2.23) |
| EIDr · Gm · E/BV | -11.91 | -15.01 | -11.32 | -28.34 | -13.46 | -27.88 | -20.17* | -2.291 |
| | (-0.92) | (-0.88) | (-0.95) | (-1.45) | (-1.23) | (-1.12) | (-1.89) | (-0.08) |
| EIDr · Gh · E/BV | 2.905 | 9.461*** | 6.225** | -5.739 | 7.163*** | -12.58** | 4.113 | 9.437** |
| | (0.83) | (3.35) | (2.25) | (-0.80) | (2.87) | (-2.36) | (1.35) | (2.10) |
| _cons | 4.546*** | 5.162*** | 4.785*** | 5.089*** | 5.116*** | 4.338*** | 5.037*** | 4.398*** |
| | (17.95) | (16.72) | (21.79) | (11.46) | (20.63) | (14.16) | (21.21) | (13.12) |
| F | 11.68*** | 9.98*** | 13.64*** | 9.18*** | 18.29*** | 5.42*** | 14.43*** | 5.94*** |
| R_sq | 0.2057 | 0.1333 | 0.1527 | 0.2222 | 0.1759 | 0.2939 | 0.1636 | 0.2397 |
| obs | 898 | 701 | 1 221 | 378 | 1 206 | 393 | 1 217 | 382 |
| t test | chi2 (1) =2.15 | | chi2 (1) =2.48 | | chi2 (1) =11.57*** | | chi2 (1) =0.98 | |

注："***""**""*"分别表示在1%、5%和10%水平下的统计显著。

采用SUE方法对回归系数进行差异性检验的结果显示，表8.11只有第6列交互项EIDr · Gh · E/BV回归系数在1%水平显著大于第5列交互项EIDr · Gh · E/BV的回归系数，其他组间交互项EIDr · Gh · E/BV的回归系数不存在显著性差异。检验结果说明，给定净资产，对投资机会较好的企业，男性化气质越显著，企业软披露环境信息水平越是显著降低高盈利能力企业权益价值与净利润之间的凸增关系。检验结果表明，男性化气质显著影响了企业软披露环境信息水平与企业增长期权价值之间的关系，权力距离、男性化气质和不确定性规避不显著影响企业软披露环境信息水平与企业增长期权价值的关系。

#### 8.3.3.3 社会价值文化对硬披露/软披露环境信息与清算期权价值关系的影响

社会价值文化对企业硬披露环境信息水平与企业清算期权价值之间关系影响的具体检验结果见表 8.12。社会价值文化对企业软披露环境信息水平与企业清算期权价值之间关系影响的具体检验结果如表 8.13 所示。

表 8.12 社会价值文化对硬披露环境信息水平与清算期权价值关系影响的检验结果

| vars | (1) 低 PDI | (2) 高 PDI | (3) 低 IDV | (4) 高 IDV | (5) 低 MAS | (6) 高 MAS | (7) 低 UAI | (8) 高 UAI |
|---|---|---|---|---|---|---|---|---|
| Dm | 1.045 | -44.99** | -16.43 | -31.86 | -26.43 | 5.937 | -16.81 | -29.72 |
| | (0.06) | (-2.18) | (-1.03) | (-1.17) | (-1.62) | (0.22) | (-1.05) | (-1.13) |
| Dh | 4.017 | -23.32 | -13.98 | -11.15 | -16.46 | 0.177 | -14.16 | -2.130 |
| | (0.39) | (-1.40) | (-1.20) | (-0.57) | (-1.35) | (0.01) | (-1.22) | (-0.15) |
| BV/E | 4.468*** | 3.727*** | 3.691*** | 4.746*** | 4.273*** | 3.082*** | 4.257*** | 3.139*** |
| | (15.83) | (10.59) | (12.12) | (15.91) | (15.81) | (11.31) | (15.99) | (11.19) |
| Dm · BV/E | -17.17 | 214.4 | 2.986 | 228.6 | 88.26 | -170.2 | 1.744 | 259.6 |
| | (-0.11) | (1.21) | (0.02) | (1.07) | (0.65) | (-0.62) | (0.01) | (0.91) |
| Dh · BV/E | -1.246 | -3.080*** | -3.039*** | 16.10** | -1.677*** | -11.84 | -1.892*** | -2.873 |
| | (-1.59) | (-2.59) | (-3.38) | (2.32) | (-3.40) | (-1.30) | (-2.63) | (-1.53) |
| EIDy | -0.111 | -0.804 | -0.714** | 0.173 | -0.402 | -0.800* | -0.324 | -0.862** |
| | (-0.32) | (-1.52) | (-2.07) | (0.23) | (-1.14) | (-1.77) | (-0.85) | (-2.54) |
| Dm · EIDy | 3.097 | 20.38 | 11.15 | 4.242 | 16.94 | -20.70 | 1.032 | 33.63 |
| | (0.14) | (0.86) | (0.60) | (0.14) | (0.91) | (-0.66) | (0.06) | (1.01) |
| Dh · EIDy | -8.762 | 2.488 | -1.238 | -4.854 | -2.948 | -6.407 | -4.088 | -5.025 |
| | (-1.19) | (0.21) | (-0.17) | (-0.31) | (-0.40) | (-0.53) | (-0.52) | (-0.54) |
| EIDy · BV/E | -0.593* | -0.189 | -0.0506 | -0.849* | -0.633* | 0.812** | -0.661** | 0.917** |
| | (-1.71) | (-0.41) | (-0.14) | (-1.77) | (-1.88) | (2.03) | (-1.98) | (2.39) |

续表

| vars | (1) | (2) | (3) | (4) | (5) | (6) | (7) | (8) |
|---|---|---|---|---|---|---|---|---|
| | 低 PDI | 高 PDI | 低 IDV | 高 IDV | 低 MAS | 高 MAS | 低 UAI | 高 UAI |
| EIDy · Dm · BV/E | -62.52 | -149.7 | -87.51 | -114.8 | -164.5 | 246.9 | -5.821 | -362.8 |
| | (-0.31) | (-0.65) | (-0.48) | (-0.39) | (-0.95) | (0.76) | (-0.04) | (-0.99) |
| EIDy · Dh · BV/E | 26.37 *** | 16.52 | 20.48 ** | 8.443 | 24.87 *** | 26.90 | 23.63 *** | 30.87 * |
| | (7.40) | (0.91) | (2.13) | (1.15) | (6.59) | (1.41) | (6.68) | (1.80) |
| _cons | 6.757 | 45.25 ** | 35.35 *** | 12.96 | 30.88 ** | 28.50 ** | 28.60 ** | 26.93 * |
| | (0.58) | (2.35) | (2.59) | (0.59) | (2.21) | (2.24) | (2.13) | (1.88) |
| F | 96.45 *** | 55.65 *** | 98.35 *** | 42.23 *** | 133.37 *** | 45.73 *** | 112.45 *** | 49.18 *** |
| R_sq | 0.8108 | 0.7026 | 0.7347 | 0.8198 | 0.7630 | 0.7920 | 0.7578 | 0.8132 |
| obs | 818 | 625 | 1 102 | 341 | 1 089 | 354 | 1 097 | 346 |
| t test | chi2 (1) =0.29 | | chi2 (1) =1.01 | | chi2 (1) =0.01 | | chi2 (1) =0.18 | |

注："***""**""*"分别表示在1%、5%和10%水平下的统计显著。

从表8.12可以看出，采用SUE方法对社会价值文化权力距离、集体主义、男性化气质和不确定性规避各组交互项EIDy · Dh · BV/E回归系数差异性检验结果均没有达到10%显著性水平。从表8.13可以看出，采用SUE方法对社会价值文化权力距离、集体主义、男性化气质和不确定性规避各组交互项EIDr · Dh · BV/E之间回归系数进行差异性检验的结果均没有达到10%显著性水平。检验结果表明，权力距离、集体主义、男性化气质和不确定性规避不显著影响企业硬披露环境信息水平和软披露环境信息水平与企业清算期权价值之间的关系。

**表8.13　社会价值文化对软披露环境信息水平与清算期权价值关系影响的检验结果**

| vars | (1) | (2) | (3) | (4) | (5) | (6) | (7) | (8) |
|---|---|---|---|---|---|---|---|---|
| | 低 PDI | 高 PDI | 低 IDV | 高 IDV | 低 MAS | 高 MAS | 低 UAI | 高 UAI |
| Dm | 8.849 | -53.39 ** | -20.29 | -27.14 | -30.01 * | -2.687 | -24.74 | -10.60 |
| | (0.58) | (-2.38) | (-1.31) | (-0.92) | (-1.72) | (-0.13) | (-1.51) | (-0.46) |
| Dh | 5.214 | -40.98 * | -23.80 | -18.97 | -30.94 * | 6.002 | -26.03 | -0.811 |
| | (0.41) | (-1.82) | (-1.54) | (-0.73) | (-1.80) | (0.31) | (-1.62) | (-0.04) |
| BV/E | 4.429 *** | 3.656 *** | 3.686 *** | 4.597 *** | 4.003 *** | 3.750 *** | 4.033 *** | 3.734 *** |
| | (14.99) | (10.87) | (12.20) | (16.02) | (13.20) | (10.88) | (13.28) | (10.55) |

续表

| vars | (1) | (2) | (3) | (4) | (5) | (6) | (7) | (8) |
|---|---|---|---|---|---|---|---|---|
| | 低 PDI | 高 PDI | 低 IDV | 高 IDV | 低 MAS | 高 MAS | 低 UAI | 高 UAI |
| Dm · BV/E | -61.49 | 124.1 | -56.26 | 155.2 | 6.621 | -47.12 | -13.42 | 38.77 |
| | (-0.60) | (1.05) | (-0.61) | (1.04) | (0.07) | (-0.29) | (-0.15) | (0.22) |
| Dh · BV/E | 1.037 | -2.329 ** | -2.329 *** | 19.98 *** | -0.568 | -9.302 | -0.0611 | -2.695 |
| | (0.41) | (-2.23) | (-2.78) | (4.92) | (-0.53) | (-1.02) | (-0.03) | (-1.30) |
| EIDr | -2.851 | -43.52 | -31.52 | -23.64 | -41.89 * | -0.798 | -34.76 * | -14.99 |
| | (-0.15) | (-1.28) | (-1.45) | (-0.74) | (-1.89) | (-0.03) | (-1.64) | (-0.46) |
| Dm · EIDr | -3.407 | 35.46 | 22.84 | 10.72 | 28.92 | 1.805 | 24.60 | 8.308 |
| | (-0.21) | (1.29) | (1.27) | (0.36) | (1.51) | (0.07) | (1.35) | (0.32) |
| Dh · EIDr | -3.013 | 31.90 | 20.84 | 17.21 | 31.82 | -12.44 | 26.97 | -2.230 |
| | (-0.18) | (1.08) | (1.07) | (0.56) | (1.57) | (-0.43) | (1.40) | (-0.08) |
| EIDr · BV/E | -0.450 | -0.243 | -0.0764 | -0.360 | -0.0258 | -0.435 | -0.138 | -0.130 |
| | (-1.10) | (-0.33) | (-0.17) | (-0.68) | (-0.06) | (-0.58) | (-0.33) | (-0.17) |
| EIDr · Dm · BV/E | 14.23 | 19.35 | 13.12 | 30.37 | 20.20 * | 16.08 | 12.77 | 30.71 |
| | (1.17) | (1.16) | (1.29) | (0.83) | (1.79) | (0.88) | (1.16) | (1.62) |
| EIDr · Dh · BV/E | 3.213 | 58.30 ** | 39.64 ** | 21.26 | 43.16 ** | 13.77 | 38.20 ** | 17.71 |
| | (0.24) | (2.50) | (2.42) | (0.81) | (2.37) | (0.78) | (2.23) | (0.87) |
| _cons | 8.849 | -53.39 ** | -20.29 | -27.14 | -30.01 * | -2.687 | -24.74 | -10.60 |
| | (0.58) | (-2.38) | (-1.31) | (-0.92) | (-1.72) | (-0.13) | (-1.51) | (-0.46) |
| F | 86.47 *** | 66.18 *** | 117.75 *** | 48.54 *** | 106.55 *** | 51.97 *** | 101.63 *** | 48.77 *** |
| R_sq | 0.8083 | 0.7076 | 0.7365 | 0.8152 | 0.7594 | 0.7847 | 0.7540 | 0.8010 |
| obs | 818 | 625 | 1 102 | 341 | 1 089 | 354 | 1 097 | 346 |
| t test | chi2 (1) | =0.06 | chi2 (1) | =0.21 | chi2 (1) | =0.04 | chi2 (1) | =0.69 |

注："***""**""*"分别表示在1%、5%和10%水平下的统计显著。

#### 8.3.3.4 社会结构文化对硬披露/软披露环境信息与企业期权价值关系的影响

差序格局社会结构文化对企业硬披露环境信息与企业增长期权价值之间关系影响的具体检验结果见表8.14第1列和第2列，差序格局社会结构文化对企业软披露环境信息水平与企业增长期权价值之间关系影响的具体检验结果见表8.14第3列和第4列。

**表 8.14 社会结构文化对硬披露/软披露环境信息水平与增长期权价值关系影响的检验结果**

| vars | (1) | (2) | vars | (3) | (4) |
|---|---|---|---|---|---|
| | 低 cxgj | 高 cxgj | | 低 cxgj | 高 cxgj |
| Gm | -2.202*** | -0.815 | Gm | -2.231*** | -0.0649 |
| | (-2.77) | (-0.66) | | (-3.10) | (-0.04) |
| Gh | 0.650 | -0.630 | Gh | 0.146 | -0.150 |
| | (1.15) | (-0.92) | | (0.25) | (-0.24) |
| E/BV | 1.650 | 2.738 | E/BV | 2.291 | 0.842 |
| | (0.63) | (1.44) | | (0.84) | (0.48) |
| Gm · E/BV | 26.60** | 8.819 | Gm · E/BV | 23.45** | 11.52 |
| | (2.57) | (0.60) | | (2.53) | (0.61) |
| Gh · E/BV | 2.748*** | 13.37*** | Gh · E/BV | 2.919*** | 13.98*** |
| | (4.96) | (13.96) | | (4.44) | (17.00) |
| EIDy | -0.343 | -0.915** | EIDr | -0.817*** | -0.400 |
| | (-1.07) | (-2.16) | | (-2.59) | (-0.95) |
| Gm · EIDy | 0.802 | 2.154 | Gm · EIDr | 1.033 | 0.591 |
| | (0.84) | (1.28) | | (1.11) | (0.34) |
| Gh · EIDy | -2.789*** | 1.820 | Gh · EIDr | -1.623** | 0.696 |
| | (-4.10) | (1.46) | | (-2.17) | (0.48) |
| EIDy · E/BV | 2.426 | -2.481 | EIDr · E/BV | 1.164 | 0.917 |
| | (0.81) | (-0.65) | | (0.38) | (0.26) |
| EIDy · Gm · E/BV | -20.02* | -19.02 | EIDr · Gm · E/BV | -14.92 | -19.21 |
| | (-1.66) | (-0.92) | | (-1.27) | (-0.89) |
| EIDy · Gh · E/BV | 5.545*** | -9.754 | EIDr · Gh · E/BV | 5.391* | -8.474 |
| | (5.50) | (-1.61) | | (1.94) | (-1.16) |
| _cons | 4.871*** | 4.222*** | _cons | 5.057*** | 3.937*** |
| | (20.62) | (11.71) | | (22.23) | (12.11) |
| F | 24.92*** | 66.83*** | F | 14.04*** | 117.74*** |
| R_sq | 0.1630 | 0.2746 | R_sq | 0.1487 | 0.2741 |
| obs | 1 301 | 298 | obs | 1 301 | 298 |
| t test | chi2 (1) =6.46** | | t test | chi2 (1) =3.26* | |

注："***""**""*"分别表示在1%、5%和10%水平下的统计显著。

采用SUE方法对回归系数进行差异性检验的结果显示，表8.14第2列交互项EIDy·Gh·E/BV回归系数在5%水平下显著低于第1列交互项EIDy·Gh·E/BV回归系数，第4列交互项EIDr·Dh·E/BV回归系数在10%水平下显著低于第3列交互项EIDr·Dh·E/BV的回归系数。检验结果说明，给定净资产，对投资机会较差企业，差序格局社会结构文化的企业硬披露环境信息水平和软披露环境信息水平均显著降低了高盈利能力企业权益价值与净利润之间的凸增关系。检验结果表明，差序格局社会结构文化特征越显著，企业硬披露环境信息水平和软披露环境信息水平对企业增长期权价值的增加程度越低。

采用SUE方法对回归系数进行差异性检验的结果显示，表8.15第2列与第1列中交互项EIDy·Dh·BV/E回归系数的差异性没有达到10%显著性水平，第4列与第3列中交互项EIDr·Dh·E/BV回归系数的差异性没有达到10%显著性水平。检验结果说明，给定净利润，对投资机会较差的企业，差序格局社会结构文化不显著影响企业硬披露环境信息水平和软披露环境信息水平对低盈利能力企业权益价值与净资产之间凸增关系的增加程度。检验结果表明，差序格局社会结构文化特征不显著影响企业硬披露环境信息水平和软披露环境信息水平对企业清算期权价值的增加程度。

**表8.15 社会结构文化对硬披露/软披露环境信息水平与清算期权价值关系影响的检验结果**

| vars | (1) | (2) | vars | (3) | (4) |
|---|---|---|---|---|---|
| | 低 cxgj | 高 cxgj | | 低 cxgj | 高 cxgj |
| Dm | -23.04 | -3.954 | Dm | -30.82* | 26.16 |
| | (-1.45) | (-0.16) | | (-1.95) | (1.20) |
| Dh | -22.41* | 33.42*** | Dh | -35.19** | 45.00*** |
| | (-1.91) | (2.81) | | (-2.24) | (2.84) |
| BV/E | 3.778*** | 4.911*** | BV/E | 3.707*** | 4.738*** |
| | (13.49) | (13.44) | | (12.45) | (18.01) |
| Dm·BV/E | 2.383 | 317.2 | Dm·BV/E | -41.83 | 154.4 |
| | (0.02) | (1.39) | | (-0.46) | (0.99) |
| Dh·BV/E | -2.674*** | 13.83 | Dh·BV/E | -1.325 | 9.743 |
| | (-3.23) | (1.62) | | (-1.20) | (1.62) |

续表

| vars | (1) | (2) | vars | (3) | (4) |
|---|---|---|---|---|---|
| | 低 cxgj | 高 cxgj | | 低 cxgj | 高 cxgj |
| EIDy | -0.603* | 0.381 | EIDr | -37.37* | 19.47 |
| | (-1.74) | (0.64) | | (-1.71) | (0.91) |
| Dm · EIDy | 7.000 | 25.17 | Dm · EIDr | 27.13 | -24.90 |
| | (0.38) | (0.79) | | (1.49) | (-1.27) |
| Dh · EIDy | -1.852 | -7.417 | Dh · EIDr | 27.91 | -31.14 |
| | (-0.25) | (-0.79) | | (1.42) | (-1.50) |
| EIDy · BV/E | -0.209 | -0.827* | EIDr · BV/E | -0.0910 | -0.484 |
| | (-0.61) | (-1.71) | | (-0.20) | (-0.94) |
| EIDy · Dm · BV/E | -68.13 | -292.7 | EIDr · Dm · BV/E | 11.53 | 44.55 |
| | (-0.39) | (-0.92) | | (1.14) | (1.15) |
| EIDy · Dh · BV/E | 21.81*** | -9.097 | EIDr · Dh · BV/E | 50.01*** | -38.50** |
| | (5.28) | (-0.15) | | (3.01) | (-2.49) |
| _cons | 41.74*** | -31.42** | _cons | -30.82* | 26.16 |
| | (3.09) | (-2.42) | | (-1.95) | (1.20) |
| F | 102.24*** | 37.26*** | F | 108.69*** | 55.85*** |
| R_sq | 0.7030 | 0.9166 | R_sq | 0.7052 | 0.9097 |
| obs | 1 175 | 268 | obs | 1 175 | 268 |
| t test | chi2 (1) =0.26 | | t test | chi2 (1) =0.59 | |

注："***""**""*"分别表示在1%、5%和10%水平下的统计显著。

### 8.3.4 稳健性检验

用A股年末市值加上B股年末市值加上合计负债年末价值替换年末总市值，重新计算"总市值/净资产"和"总市值/净利润"。首先对企业环境信息披露影响企业增长期权价值和清算期权价值进行稳健性检验，其次对社会价值文化和社会结构文化影响企业环境信息披露与企业增长期权价值和清算期权价值之间的关系进行稳健性检验。

#### 8.3.4.1 企业环境信息披露影响企业期权价值的稳健性检验

与前述相同，采用分组模型和交互项模型分别对企业环境信息披露影响企业增长期权价值和清算期权价值进行稳健性检验。企业环境信息披露水平影响企业增长期权价值的稳健性检验结果如表 8.16 所示。企业环境信息披露影响企业清算期权价值的稳健性检验结果如表 8.17 所示。

**表 8.16　企业环境信息披露对企业增长期权价值影响的稳健性检验结果**

| vars | (1)<br>低 EID 组 | (2)<br>高 EID 组 | (3)<br>全样本 |
| --- | --- | --- | --- |
| Gm | -2.575*** | -1.115** | -2.574*** |
|  | (-2.96) | (-2.05) | (-2.96) |
| Gh | 0.973 | -1.564** | 0.978 |
|  | (1.19) | (-3.02) | (1.24) |
| E/BV | 6.867 | 3.838*** | 6.842* |
|  | (1.63) | (2.64) | (1.71) |
| Gm · E/BV | 25.08** | 8.798 | 25.11** |
|  | (2.18) | (1.36) | (2.20) |
| Gh · E/BV | 5.165*** | 12.50*** | 5.167*** |
|  | (3.93) | (4.48) | (3.95) |
| EID |  |  | -1.348*** |
|  |  |  | (-3.85) |
| EID · Gm |  |  | 1.459 |
|  |  |  | (1.42) |
| EID · Gh |  |  | -2.588*** |
|  |  |  | (-2.91) |
| EID · E/BV |  |  | -2.505 |
|  |  |  | (-0.80) |
| EID · Gm · E/BV |  |  | -16.81 |
|  |  |  | (-1.31) |
| EID · Gh · E/BV |  |  | 7.104** |
|  |  |  | (2.44) |
| _cons | 5.960*** | 4.611*** | 5.960*** |
|  | (20.77) | (22.74) | (20.78) |
| F | 20.08*** | 18.71*** | 24.43*** |
| R_sq | 0.2274 | 0.1190 | 0.2377 |
| obs | 799 | 800 | 1 599 |
| Diff to Gh · E/BV | chi2 (1) =5.70** |  |  |

注："***""**""*"分别表示在 1%、5% 和 10% 水平下的统计显著。

采用 SUE 方法对回归系数进行差异性检验结果发现，表 8.16 第 2 列交互项 Gh · E/BV 回归系数在 5% 水平下显著小于第 1 列交互项 Gh · E/BV 的回归系数，第 3 列交互项 EID · Gh · E/BV 回归系数在 5% 水平显著为正。表 8.17 第 2 列交互项 Dh · BV/E 回归系数在 5% 水平下显著小于第 1 列交互项 Dh · BV/E 的回归系数，第 3 列交互项 EID · Dh · BV/E 回归系数在 1% 水平显著为正。检验结果表明，改变企业总市值和企业权益价值度量方法后，企业环境信息披露水平对企业增长期权价值和清算期权价值的显著增加作用不变。

**表 8.17 企业环境信息披露对企业清算期权价值影响的稳健性检验结果**

| vars | (1) | (2) | (3) |
|---|---|---|---|
| | 低 EID 组 | 高 EID 组 | 全样本 |
| Dm | -18.20 | 0.820 | -25.16 |
| | (-0.99) | (0.06) | (-1.35) |
| Dh | -5.429 | 8.355 | -16.25 |
| | (-0.31) | (0.70) | (-1.04) |
| BV/E | 4.839*** | 4.574*** | 4.625*** |
| | (12.61) | (13.02) | (17.23) |
| Dm · BV/E | 49.25 | 99.68 | 19.60 |
| | (0.34) | (0.80) | (0.14) |
| Dh · BV/E | 2.488 | 36.47*** | 2.236 |
| | (0.91) | (2.69) | (0.83) |
| EID | | | -55.15*** |
| | | | (-3.21) |
| EID · Dm | | | 30.53 |
| | | | (1.27) |
| EID · Dh | | | 30.18* |
| | | | (1.71) |
| EID · BV/E | | | 0.0176*** |
| | | | (3.64) |
| EID · Dm · BV/E | | | 89.56 |
| | | | (0.51) |

续表

| vars | (1) | (2) | (3) |
|---|---|---|---|
| | 低 EID 组 | 高 EID 组 | 全样本 |
| EID · Dh · BV/E | | | 35.50 *** |
| | | | (2.71) |
| _cons | 28.56 | -8.269 | 40.67 ** |
| | (1.51) | (-0.57) | (2.51) |
| F | 107.56 *** | 160.45 *** | 200.19 *** |
| R_sq | 0.6938 | 0.8576 | 0.7617 |
| obs | 722 | 721 | 1 443 |
| Diff to Dh · E/BV | chi2 (1) =6.09 ** | | |

注："***""**""*"分别表示在1%、5%和10%水平下的统计显著。

#### 8.3.4.2 社会价值文化影响企业环境信息披露与企业期权价值关系的稳健性检验

表8.18是改变总市值度量方法后权力距离、男性化气质和不确定性规避对企业环境信息披露与企业增长期权价值之间关系影响的稳健性检验结果。从表8.18可以看出，改变总市值度量方法以及企业价值度量方法后，权力距离、集体主义、男性化气质和不确定性规避对企业环境信息披露与企业增长期权价值之间关系的检验结果基本保持不变。

表8.18 社会价值文化影响企业环境信息披露与增长期权价值关系的稳健性检验结果

| vars | (1) | (2) | (3) | (4) | (5) | (6) | (7) | (8) |
|---|---|---|---|---|---|---|---|---|
| | 低 PDI | 高 PDI | 低 IDV | 高 IDV | 低 MAS | 高 MAS | 低 UAI | 高 UAI |
| Gm | -1.672 | -3.414 ** | -2.314 ** | -2.999 * | -2.913 ** | -0.639 | -2.380 *** | -3.107 |
| | (-1.46) | (-2.56) | (-2.22) | (-1.95) | (-3.08) | (-0.29) | (-2.61) | (-1.24) |
| Gh | -1.396 | 2.829 ** | 1.931 ** | -2.518 ** | -0.174 | 2.885 * | -0.190 | 5.516 *** |
| | (-1.52) | (2.50) | (2.11) | (-2.24) | (-0.24) | (1.82) | (-0.26) | (2.61) |
| E/BV | 18.87 *** | -1.049 | 4.379 | 7.714 | 12.47 *** | -27.02 *** | 13.02 *** | -16.23 |
| | (4.16) | (-0.20) | (1.00) | (1.48) | (4.79) | (-2.89) | (4.44) | (-1.51) |
| Gm · E/BV | 6.480 | 40.55 ** | 25.25 * | 28.79 | 22.20 * | 35.70 | 16.97 | 52.78 |
| | (0.44) | (2.36) | (1.85) | (1.50) | (1.88) | (1.21) | (1.48) | (1.55) |

续表

| vars | (1) | (2) | (3) | (4) | (5) | (6) | (7) | (8) |
|---|---|---|---|---|---|---|---|---|
| | 低 PDI | 高 PDI | 低 IDV | 高 IDV | 低 MAS | 高 MAS | 低 UAI | 高 UAI |
| Gh · E/BV | 5. 210*** | 4. 577*** | 4. 708*** | 16. 40*** | 4. 120*** | 29. 11*** | 4. 953*** | 6. 164*** |
| | (2. 65) | (3. 73) | (4. 66) | (4. 29) | (5. 10) | (4. 24) | (2. 58) | (3. 95) |
| EID | -0. 935** | -1. 668*** | -1. 222*** | -1. 572** | -1. 499*** | -0. 738 | -1. 185*** | -1. 800** |
| | (-1. 98) | (-3. 23) | (-2. 98) | (-2. 35) | (-3. 49) | (-1. 38) | (-2. 96) | (-2. 53) |
| Gm · EID | 1. 101 | 1. 396 | 1. 089 | 2. 248 | 1. 253 | 1. 001 | 0. 774 | 3. 172 |
| | (0. 83) | (0. 86) | (0. 89) | (1. 23) | (1. 11) | (0. 41) | (0. 71) | (1. 16) |
| Gh · EID | -0. 320 | -4. 426*** | -3. 832*** | 3. 190* | -1. 670* | -3. 300* | -1. 647* | -6. 943*** |
| | (-0. 30) | (-3. 52) | (-3. 78) | (1. 74) | (-1. 83) | (-1. 68) | (-1. 83) | (-3. 02) |
| EID · E/BV | -12. 17*** | 2. 346 | -1. 063 | 1. 457 | -6. 150*** | 29. 96*** | -6. 367*** | 17. 57 |
| | (-2. 70) | (0. 61) | (-0. 32) | (0. 25) | (-2. 83) | (3. 04) | (-2. 67) | (1. 57) |
| EID · Gm · E/BV | -9. 609 | -14. 35 | -12. 58 | -36. 37* | -9. 921 | -45. 20 | -6. 897 | -50. 78 |
| | (-0. 58) | (-0. 71) | (-0. 82) | (-1. 64) | (-0. 72) | (-1. 42) | (-0. 51) | (-1. 40) |
| EID · Gh · E/BV | 4. 510 | 12. 08*** | 9. 789*** | -20. 78** | 7. 413** | -23. 49** | 5. 626 | 9. 713* |
| | (1. 13) | (3. 19) | (3. 23) | (-2. 49) | (2. 40) | (-2. 17) | (1. 62) | (1. 67) |
| _cons | 5. 609*** | 6. 177*** | 5. 842*** | 6. 113*** | 6. 238*** | 5. 147*** | 5. 981*** | 5. 901*** |
| | (14. 36) | (14. 85) | (17. 38) | (11. 29) | (17. 60) | (12. 78) | (18. 59) | (9. 58) |
| F | 16. 60*** | 12. 01*** | 19. 19*** | 12. 47*** | 22. 89*** | 5. 11*** | 19. 74*** | 6. 23*** |
| R_sq | 0. 3196 | 0. 1999 | 0. 2341 | 0. 3675 | 0. 2607 | 0. 3949 | 0. 2589 | 0. 2693 |
| obs | 898 | 701 | 1 221 | 378 | 1 206 | 393 | 1 217 | 382 |
| t test | chi2 (1) = 1. 92 | | chi2 (1) = 12. 23*** | | chi2 (1) = 7. 76*** | | chi2 (1) = 0. 37 | |

注："***""**""*"分别表示在1%、5%和10%水平下的统计显著。

表8. 19是改变总市值度量方法后的稳健性检验结果。从表8. 19可以看出，改变总市值度量方法及企业权益价值度量方法后，权力距离、集体主义、男性化气质和不确定性规避对企业环境信息披露与企业清算期权价值之间关系影响的检验结果保持不变。

**表 8.19 社会价值文化影响企业环境信息披露与清算期权价值关系的稳健性检验结果**

| vars | (1) 低 PDI | (2) 高 PDI | (3) 低 IDV | (4) 高 IDV | (5) 低 MAS | (6) 高 MAS | (7) 低 UAI | (8) 高 UAI |
|---|---|---|---|---|---|---|---|---|
| Dm | -10.17 | -53.51** | -21.45 | -49.21 | -39.01* | 8.337 | -23.68 | -42.84 |
| | (-0.39) | (-1.99) | (-1.00) | (-1.25) | (-1.71) | (0.26) | (-1.11) | (-1.04) |
| Dh | -15.09 | -28.14 | -19.06 | -40.52 | -33.36* | 3.820 | -24.83 | -17.67 |
| | (-0.72) | (-1.16) | (-1.06) | (-1.15) | (-1.68) | (0.15) | (-1.37) | (-0.52) |
| BV/E | 4.884*** | 4.184*** | 4.196*** | 5.371*** | 4.746*** | 3.624*** | 4.733*** | 3.682*** |
| | (13.99) | (9.57) | (12.85) | (10.93) | (15.11) | (7.51) | (15.22) | (7.11) |
| Dm · BV/E | -128.8 | 206.9 | -57.02 | 158.2 | 14.51 | -245.8 | -59.52 | 130.1 |
| | (-0.68) | (0.99) | (-0.33) | (0.67) | (0.09) | (-0.80) | (-0.39) | (0.36) |
| Dh · BV/E | 3.373 | 1.265 | -0.692 | 47.00*** | 2.444 | -2.745 | 6.306* | -4.880** |
| | (0.57) | (0.79) | (-0.29) | (8.05) | (0.89) | (-0.22) | (1.89) | (-2.38) |
| EID | -60.30** | -67.32*** | -45.27** | -91.28** | -81.10*** | -5.756 | -66.15*** | -40.19 |
| | (-2.48) | (-2.90) | (-2.47) | (-2.25) | (-3.69) | (-0.25) | (-3.18) | (-1.35) |
| EID · Dm | 32.37 | 38.63 | 25.68 | 46.55 | 56.01* | -34.21 | 28.92 | 45.49 |
| | (0.96) | (1.16) | (0.95) | (0.90) | (1.90) | (-0.85) | (1.04) | (0.92) |
| EID · Dh | 38.97 | 36.12 | 18.87 | 79.20* | 57.18** | -25.93 | 43.59** | 8.415 |
| | (1.57) | (1.48) | (1.00) | (1.89) | (2.55) | (-0.99) | (2.05) | (0.26) |
| EID · BV/E | 0.0129*** | 0.178*** | 0.0217*** | 0.0351 | 0.0149*** | 0.253*** | 0.0147*** | 0.258*** |
| | (2.85) | (3.30) | (4.65) | (0.63) | (3.50) | (5.93) | (3.50) | (5.08) |
| EID · Dm · BV/E | 134.1 | 106.7 | 51.45 | 248.3 | 78.19 | 320.6 | 207.1 | -185.6 |
| | (0.57) | (0.41) | (0.24) | (0.75) | (0.38) | (0.88) | (1.08) | (-0.42) |
| EID · Dh · BV/E | 33.64* | 41.99* | 31.45** | 12.04 | 38.71** | 27.31 | 29.07* | 44.07** |
| | (1.90) | (1.96) | (2.36) | (0.28) | (2.53) | (1.17) | (1.89) | (2.14) |
| _cons | 34.62 | 59.38** | 48.48** | 44.41 | 56.29*** | 31.00 | 47.10** | 51.21 |
| | (1.58) | (2.34) | (2.57) | (1.21) | (2.72) | (1.20) | (2.48) | (1.46) |
| F | 236.34*** | 104.46*** | 118.01*** | 73.59*** | 191.26*** | 123.35*** | 207.74*** | 72.52*** |
| R_sq | 0.7765 | 0.7185 | 0.7233 | 0.8129 | 0.7541 | 0.7773 | 0.7564 | 0.7457 |
| obs | 818 | 625 | 1102 | 341 | 1089 | 354 | 1097 | 346 |
| t test | chi2 (1) =0.09 | | chi2 (1) =0.20 | | chi2 (1) =0.17 | | chi2 (1) =0.35 | |

注:“***”“**”“*”分别表示在1%、5%和10%水平下的统计显著。

#### 8.3.4.3 社会结构文化影响企业环境信息披露与企业期权价值关系的稳健性检验

表 8.20 是改变总市值度量方法后，差序格局社会结构文化影响企业环境信息披露与企业期权价值的稳健性检验结果。从表 8.20 可以看出，改变总市值度量方法及企业权益价值度量方法后，差序格局社会结构文化对企业环境信息披露与企业增长期权价值和清算期权价值之间关系影响的检验结果保持不变。

**表 8.20 社会结构文化影响企业环境信息披露与企业期权价值关系的稳健性检验结果**

| vars | (1) | (2) | vars | (3) | (4) |
|---|---|---|---|---|---|
| | 低 cxgj | 高 cxgj | | 低 cxgj | 高 cxgj |
| Gm | -2.746*** | -1.698 | Dm | -32.05 | -18.56 |
| | (-2.66) | (-1.12) | | (-1.51) | (-0.47) |
| Gh | 1.231 | -1.751** | Dh | -30.10* | -3.488 |
| | (1.38) | (-2.26) | | (-1.66) | (-0.11) |
| E/BV | 6.014 | 2.072 | BV/E | 4.211*** | 5.468*** |
| | (1.38) | (0.89) | | (13.12) | (10.94) |
| Gm · E/BV | 26.85** | 29.74 | Dm · BV/E | -43.38 | 172.6 |
| | (1.98) | (1.56) | | (-0.26) | (0.66) |
| Gh · E/BV | 4.979*** | 25.19*** | Dh · BV/E | 1.031 | 43.03*** |
| | (4.13) | (23.45) | | (0.39) | (5.21) |
| EID | -1.354*** | -0.944* | EID | -50.46*** | -89.83** |
| | (-3.34) | (-1.77) | | (-2.75) | (-2.07) |
| Gm · EID | 0.940 | 3.302* | EID · Dm | 29.51 | 53.84 |
| | (0.79) | (1.69) | | (1.11) | (0.97) |
| Gh · EID | -3.346*** | 3.759** | EID · Dh | 25.14 | 75.14* |
| | (-3.38) | (2.18) | | (1.33) | (1.67) |
| EID · E/BV | -1.600 | 0.788 | EID · BV/E | 0.0213*** | 0.0339 |
| | (-0.48) | (0.19) | | (4.61) | (0.60) |
| EID · Gm · E/BV | -10.90 | -49.22** | EID · Dm · BV/E | 50.74 | 203.8 |
| | (-0.72) | (-2.11) | | (0.25) | (0.56) |
| EID · Gh · E/BV | 8.748*** | -26.48*** | EID · Dh · BV/E | 29.28** | 20.00 |
| | (2.87) | (-3.31) | | (2.20) | (0.45) |

续表

| vars | (1) | (2) | vars | (3) | (4) |
|---|---|---|---|---|---|
| | 低 cxgj | 高 cxgj | | 低 cxgj | 高 cxgj |
| _cons | 6.138 *** | 4.800 *** | _cons | 58.65 *** | 8.087 |
| | (18.52) | (11.78) | | (3.08) | (0.24) |
| F | 21.33 *** | 162.04 *** | F | 123.13 *** | 66.82 *** |
| R_sq | 0.2378 | 0.3727 | R_sq | 0.6997 | 0.8744 |
| obs | 1 301 | 298 | obs | 1 175 | 268 |
| t test | chi2 (1) = 17.60 *** | | t test | chi2 (1) = 0.04 | |

注："***""**""*"分别表示在1%、5%和10%水平下的统计显著。

## 8.4 小 结

企业环境信息披露显著影响了企业增长期权价值和清算期权价值，企业环境信息披露水平越高，企业增长期权价值和清算期权价值越高。但是，企业环境信息披露水平对企业增长期权价值和清算期权价值的影响受具体社会文化制度环境约束，权力距离显著提升了企业环境信息披露水平对企业增长期权价值的增加程度，集体主义和男性化气质显著减少了企业环境信息披露水平对企业增长期权价值的增加程度，不确定性规避不显著影响企业环境信息披露水平对企业增长期权价值的增加程度；权力距离、集体主义、男性化气质和不确定性规避均不显著影响企业环境信息披露水平对企业清算期权价值的增加程度。差序格局社会结构文化显著减少了企业环境信息披露水平对企业增长期权价值和清算期权的增加程度。进一步分析表明，企业硬披露环境信息水平和软披露环境信息水平均显著增加了企业的增长期权价值和清算期权价值；权力距离显著增加了企业硬披露环境信息水平对企业增长期权价值的增加程度，集体主义和男性化气质显著降低了企业硬披露环境信息水平对企业增长期权价值的增加程度，集体主义显著降低了企业软披露环境信息水平对企业增长期权价值的增加程度，差序格局社会结构文化显著降低了企业硬披露环境信息水平和软披露环境信息水平对企业增长期权价值的增加程度；权力距离、集体主义、男性化气质和不确定性规避以及差序格局社会结构文化不显著影响企业硬披露环境信息水平和软披露环境信息水平对企业清算期权价值的增加程度。改变总市值和企业价值度量方法的稳健性检验结果与主假设检验结果保持不变。

# 9 社会文化影响企业环境信息披露的研究结论与政策建议

社会文化影响企业环境信息披露，以及社会文化和企业环境信息披露影响企业期权价值具有一定现实意义，本章就我国社会文化对企业环境信息披露的影响研究进行总结，得出研究结论，结合研究结论从完善企业环境信息披露政策等角度阐述政策建议，然后指出研究局限并就进一步研究进行展望。

## 9.1 研究结论

以企业环境信息披露为研究对象，结合我国特定证券市场环境和社会制度背景建立理论分析框架，在回顾研究文献并借鉴 Kroeber 和 Kluckhohn (1963)[170]社会文化理论基础上，以社会文化为视角对企业环境信息披露进行影响因素分析，探讨社会价值文化和社会结构文化对企业环境信息披露的影响；以企业期权价值为经济后果，探讨社会文化和企业环境信息披露对企业期权增长期权价值和清算期权价值的作用。首先，从理论上阐述社会价值文化和社会结构文化对企业环境信息披露影响的内在逻辑，阐述社会文化和企业环境信息披露对企业期权价值作用的内在逻辑，奠定理论分析框架及本书研究的理论基础和理论意义。其次，将理论分析框架嵌入中国特定公司治理环境，获取实证检验模型。最后，根据上述理论模型和实证检验模式，选取 2015—2018 年度我国中小板上市公司财务报告、社会责任报告、环境责任报告和可持续发展报告中披露的环境信息建立企业环境信息披露水平指数，分别就社会价值文化和社会结构文化对企业环境信息披露的影响，社会文化和企业环境信息披露对企业期权价值的作用进行理论分析和实证检验，形成具体研究结论。整体而言，理论分析和实证分析结论包括四个方面：

第一，关于社会价值文化对企业环境信息披露的影响。以各省级行政区社会价值文化为视角，分析各省级行政区社会价值文化对企业环境信息披露的影响。检验结果显示，权力距离显著降低了企业环境信息披露水平，男性化气质和不确定性规避显著提升了企业环境信息披露水平，集体主义不显著影响企业环境信息披露水平。相比非低碳试点省份，低碳试点省份的权力距离和集体主义对企业环境信息披露水平的减少程度更高，男性化气质对企业环境信息披露水平的增加程度更高；相比非普通话方言区，普通话方言区中权力距离和集体主义对企业环境信息披露水平的减少程度更高，男性化气质对企业环境信息披露水平的增加程度更低。内生性检验结果显示，权力距离、男性化气质和不确定性规避对企业环境信息披露水平的显著影响不存在内生性问题。

进一步分析表明，权力距离、男性化气质和不确定性规避显著影响了企业硬披露环境信息水平，集体主义和男性化气质显著增加了企业软披露环境信息水平，男性化气质和不确定性规避不显著影响企业软披露环境信息水平。是否为低碳试点省份和是否在普通话方言区显著影响权力距离、集体主义和男性化气质与企业环境信息披露水平之间的关系，不显著影响不确定性规避与企业环境信息披露水平之间的关系。以审计意见类型和董事会成员是否领取薪酬为变量的治理效应分析表明，审计意见类型和董事会成员是否领取薪酬不显著影响男性化气质与企业环境信息披露之间的关系，保留意见等审计意见类型和董事会成员领取薪酬显著降低了不确定性规避对企业环境信息披露水平的增加程度。改变企业环境信息披露水平度量方法的稳健性检验结果与主假设检验结果保持一致；将各省级行政区社会价值文化按排名进行稳健性检验结果表明，权力距离、男性化气质和不确定性规避对企业环境信息披露水平的显著影响不变。

第二，关于社会结构文化对企业环境信息披露的影响。以各省级行政区差序格局社会结构文化为视角，分析社会结构文化对企业环境信息披露水平的影响。检验结果显示，差序格局社会结构文化显著降低了企业环境信息披露水平，家族取向社会结构文化显著提升了企业环境信息披露水平，人情取向社会结构文化和恩威取向社会结构文化显著降低了企业环境信息披露水平。相比非低碳试点省份，低碳试点省份差序格局社会结构文化对企业环境信息披露水平的减少程度更低；相比接受大学教育程度较高省级行政区，接受大学教育程度较低省级行政区社会结构文化对企业环境信息披露水平的减少程度更低。

进一步分析表明，差序格局社会结构文化及人情取向社会结构文化和恩威取向社会结构文化显著降低了企业硬披露环境信息水平，家族取向社会结构文化显著增加了企业硬披露环境信息水平，人情取向社会结构文化显著降低了企业软披露环境信息水平。基于审计意见类型和董事会成员是否领取薪酬治理效应的检验结果表明，保留意见等审计意见类型和董事会成员领取薪酬显著降低了差序格局社会结构文化、人情取向社会结构文化和恩威取向社会结构文化对企业环境信息披露水平的减少程度，显著增加了家族取向社会结构文化对企业环境信息披露水平的增加程度。基于遗漏变量法的内生性检验结果显示，社会结构文化对企业环境信息披露的显著影响不存在内生性问题；以 2012 年 WVS 中国调查数据构建社会信任水平为工具变量的内生性检验结果显示，差序格局社会结构文化对企业环境信息披露水平的减少作用不存在内生性问题。稳健性检验中，改变企业环境信息披露水平度量方式后，差序格局社会结构文化及其人情取向社会结构文化和恩威取向社会结构文化显著降低了企业环境信息披露水平，家族取向社会结构文化显著增加了企业环境信息披露水平；以网络调查问卷样本重新度量差序格局社会结构文化指数后，差序格局社会结构文化及其家族取向社会结构文化、人情取向社会结构文化和恩威取向社会结构文化对企业环境信息披露水平的显著影响不变。

第三，关于社会结构文化和社会价值文化对企业环境信息披露水平的综合影响。检验结果显示，差序格局社会结构文化显著影响了权力距离和不确定性规避与企业环境信息披露水平之间的关系，不显著影响男性化气质与企业环境信息披露水平之间的关系。差序格局社会结构文化特征越显著，权力距离对企业环境信息披露水平的减少程度越大，不确定性规避对企业环境信息披露水平的增加程度越小。但是，差序格局社会结构文化对权力距离和不确定性规避与企业环境信息披露水平之间关系的显著影响只体现在居民受大学教育程度较低和市场化进程较低的省级行政区，居民受大学教育程度越低、市场化进程越低，差序格局社会结构文化对权力距离减少企业环境信息披露水平的提升作用程度越高，差序格局社会结构文化对不确定性规避增加企业环境信息披露水平的降低作用程度越高。

进一步分析表明，差序格局社会结构文化对权力距离与企业环境信息披露水平之间关系的显著影响只体现在企业硬披露环境信息水平方面，不显著影响权力距离与企业软披露环境信息水平之间的关系；差序格局社会结构文化显著影响了不确定性规避对企业硬披露环境信息水平和软披露环境信息水平的增加程度。家族取向社会结构文化显著提升了男性化气质对企业环境信息披露水平的增加程度，人情取向社会结构文化显著提升了权力距离对企业环境信息披露水平的增加程度，恩威取向社会结构文化不显著影响权力距离、男性化气质和不确定性规避与企业环境信息披露水平之间的关系。基于制造业样本的稳健性检验和删减 2018 年度样本的稳健性检验与主假设检验结果保持不变。

第四，关于社会文化和企业环境信息披露水平对企业期权价值的影响。检验结果显示，给定净资产，企业环境信息披露水平显著增加了高盈利能力企业权益价值与净利润之间的凸增关系；给定净利润，企业环境信息披露水平显著增加了低盈利能力企业权益价值与净资产之间的凸增关系。企业环境信息披露水平显著增加了企业增长期权价值和清算期权价值，相比企业环境信息披露水平对企业增长期权价值的增加程度，企业环境信息披露水平对企业清算期权价值的增加程度更高。权力距离显著提升了企业环境信息披露水平对企业增长期权价值的增加程度，集体主义和男性化气质显著降低了企业环境信息披露水平对企业增长期权价值的增加程度，不确定性规避不显著影响企业环境信息披露水平对企业增长期权价值的增加程度，权力距离、集体主义、男性化气质和不确定性规避均不显著影响企业环境信息披露水平对企业清算期权价值的增加程度。差序格局社会结构文化显著降低了企业环境信息披露水平对企业增长期权价值的增加程度，不显著影响企业环境信息披露水平对企业清算期权价值的增加程度。

进一步分析表明，企业硬披露环境信息水平和软披露环境信息水平均显著增加了企业增长期权价值和清算期权价值，相比企业硬披露环境信息水平和企业软披露环境信息水平对企业增长期权价值的增加程度，企业硬披露环境信息水平和企业软披露环境信息水平对企业清算期权价值的增加程度更高。权力距离显著增加了企业硬披露环境信息水平对企业增长期权价值的增加程度，集体主义和男性化气质显著降低了企业硬披露环境信息水平对企业增长期权价值的增加程度；集体主义显著降低了企业软披露环境信息水平对企业增长期权价值的增加程度。社会价值文化不显著影响企业硬披露环境信息水平和软披露环境信息水平对企业清算期权价值的增加程度。差序格局社会结构文化显著降低了企业硬披露环境信息水平和企业软披露环境信息水平对企业增长期权价值的增加程度，不显著影响企业硬披露环境信息水平和企业软披露环境信息水平对企业清算期权价值的增加程度。

稳健性检验中，改变总市值度量方法和企业权益价值度量方法后，企业环境信息披露水平对企业增长期权价值和清算期权价值的显著增加影响不变；社会价值文化和社会结构文化对企业环境信息披露水平与企业增长期权价值和清算期权价值的增加程度检验结果保持不变。稳健性检验结果与主假设检验结果保持一致。

综上所述，本书结合“社会文化—企业环境信息披露”理论分析框架和我国特定资本市场环境及制度背景，以企业环境信息披露为研究对象，就社会价值文化和社会结构文化对企业环境信息披露的影响进行分析，就社会文化和企业环境信息披露对企业期权价值的影响进行分析。在分析各省级行政区社会价值文化和社会结构文化影响企业环境信息披露，以及社会文化和企业环境信息披露影响企业期权价值作用的机理基础上，选择2015—2018年度我国A股中小板上市公司为研究样本，并建立实证模型，研究各省级行政区社会价值文化和社会结构文化对企业环境信息披露水平的影响，以及社会文化和企业环境信息披露水平对企业期权价值的作用，以期更准确地解读企业环境信息披露行为，丰富企业环境信息披露研究文献。

## 9.2 政策建议与实践启示

前述实证检验结果表明，权力距离、男性化气质和不确定性规避显著影响了企业环境信息披露，差序格局社会结构文化及其家族取向社会结构文化、人情取向社会结构文化和恩威取向社会结构文化显著影响了企业环境信息披露；企业环境信息披露显著影响了企业增长期权价值和清算期权价值，并受社会文化制约。这一结论对企业环境信息披露具有一定实践启示。

### 9.2.1 完善企业环境信息披露政策

我国企业环境信息披露政策始于1997年。中国证监会于1997年发布《公开发行股票公司信息披露的内容与格式》，明确要求上市公司在招股说明书中应适当提及能源制约、环保政策限制以及严重依赖于有限自然资源等与环境信息相关的风险因素。此后，中国证监会于2002年1月发布《上市公司治理准则》，要求企业主动及时披露环境保护等社会责任信息，上市公司环境信息披露被纳入正式监管制度。随后，2003 年全国人民代表大会通过的《中华人民共和国清洁生产促进法》强制性要求环境保护部门在当地主要媒体上定期公布所在地污染严重企业名单，要求列入公布名单企业依据环保部门规定，公布主要污染物排放情况，否则将承担违法责任。全国人民代表大会 2003 年通过的《中华人民共和国清洁生产促进法》和 2004 年环保部发布的《关于企业环境信息公开的公告》奠定了我国企业环境信息披露强制性和半强制性相结合的披露原则：针对重点污染行业企业，强制性要求其披露排污等环境信息；针对非重点污染行业企业，要求其遵循不披露就解释原则，鼓励企业自愿披露有利于生态保护和污染防治的环境信息。后续其他企业环境信息披露政策法规进一步细化明确了重点污染行业确定、企业环境信息披露具体内容，以及上市公司环境管理责任等，逐步完善了企业环境信息披露监管政策。

虽然我国企业环境信息披露监管政策法规在近 20 年来取得巨大进步，但在对企业环境信息披露形式及披露内容规范方面，仍有待继续完善。首先，遵照我国企业环境信息披露先重点污染行业企业后非重点污染行业企业的披露原则，可要求重点污染行业企业披露独立环境信息报告，提升重点污染行业企业环境信息披露质量。相对于企业独立环境信息披露报告，财务报告中所披露的环境信息的前后一贯逻辑性相对较低，披露独立环境信息报告可全面了解重点污染行业企业的环境信息。其次，坚持财务信息和非财务信息、定性信息与定量信息相结合的披露原则，提高企业环境信息披露的可靠性和可理解性。再次，建立内容更为全面的企业环境信息披露框架，减少企业环境信息披露过程会计政策选择空间，降低企业通过操纵环境信息披露数量和质量等获取企业环境信息披露印象管理的可行性。最后，坚持企业环境信息披露政策制定的概念框架导向，逐步完善企业环境信息披露准则概念框架，提高我国企业环境信息披露质量，完善我国企业环境信息披露内容的规范性和企业环境信息披露的内在逻辑体系。企业环境信息披露准则概念框架应就披露目标、披露要素、披露方式及披露原则等进行规定，阐明企业环境信息披露概念框架与财务会计概念框架之间的关联性。

### 9.2.2 完善企业环境信息披露的资本市场监管政策

企业环境信息披露是一方面，资本市场对环境信息理解接受是另一方面，企业环境信息披露行为和资本市场对企业所披露环境信息做出的反映，构成了企业环境信息披露公司治理内容。实际上，企业披露其环境信息能否达到预期治理效果，依赖于企业所披露环境信息的相关性和可靠性等企业环境信息披露质量，而企业所披露环境信息的相关性和可靠性与企业环境信息披露是否进行审计签证紧密相关。当前我国企业环境信息披露审计签证的比例较低，影响了企业环境信息披露质量，影响了企业环境信息披露对公司治理的作用。特别是在党的十八大后，获得快速发展的绿色金融信贷和碳排放交易更需要企业披露经过审计签证的高质量环境信息。此外，企业环境信息披露对公司治理效应的提升还依赖于资本市场其他监管政策配套，完善资本市场监管政策有助于提升企业环境信息披露的公司治理效应。为此，首先，需要制定更为完善合理可行的企业环境信息披露审计签证制度，提升企业环境信息披露质量，提升企业环境信息披露在资本市场的公司治理效应。其次，继续完善资本市场其他监管政策，提升企业环境信息披露对公司的治理效应。最后，继续完善绿色金融政策，提高企业披露环境信息的积极性和所披露环境信息的质量。

### 9.2.3 引导企业环境信息披露的社会价值文化方向

尽管社会文化具有短期稳定性特点并影响着社会经济活动，但从长期看，其受制于商务环境活动和社会经济活动。如果在社会经济活动中鼓励某些行为或约束另一些行为，则有助于改善某些约束社会经济活动的社会文化因子，促进社会经济发展。

本书第5章检验结果显示，社会价值文化影响了企业环境信息披露水平。社会价值文化因素中，如果朝男性化气质维度和不确定性规避维度增强的方向变动，有助于提高企业环境信息披露水平。具体而言，社会价值文化影响了人们对某些社会普遍问题看法的态度，这种对社会普遍问题看法的态度在约束自身社会经济活动的同时，也影响着其他社会成员的社会经济活动。如果有意识地采取某些措施或引导某些行为，有助于减少社会文化对社会经济活动的影响。实际上，针对男性化气质与企业环境信息披露水平显著正相关关系，可创造积极向上谋事业和追求个人自身价值的良好环境，使企业环境信息披露有助于提升企业价值，进而提高企业环境信息披露质量。针对不确定性规避维度与企业环境信息披露水平显著正相关关系，可继续完善现有企业环境信息披露监管政策，加强企业环境信息披露执法，提高企业环境信息披露质量。同时，制定更多明确社会行为的社会规范，提高社会经济行为未来可预测性，提高各类信息的可靠性和制定更多更为明确的社会规范有助于减少社会公众对未来风险的担忧，减少社会不确定性和社会风险水平，进而提升企业环境信息披露质量。

### 9.2.4 引导企业环境信息披露的社会结构文化方向

与社会价值文化对社会经济行为的影响不同，社会结构文化直接约束着人们的社会经济行为。基于差序格局社会结构文化和差序格局社会结构上下级之间的恩威关系，以及不同社会成员之间的人情关系，实际上是基于私人关系而对社会经济组织进行管理治理。无论是差序格局社会结构文化直接对人们社会经济行为的约束，还是基于私人关系的人情取向社会结构文化和恩威取向社会结构文化对社会经济行为的影响，其本质上均是以“己”为中心的私人小圈子和私人关系对社会组织进行管理，以私人关系替代社会经济组织管理的科层制组织制度，私人圈子影响了组织最大化利益。因此，针对差序格局社会结构文化及其人情取向社会结构文化和恩威取向社会结构文化与企业环境信息披露水平之间的显著负相关关系，可通过构建现代高效的科层制组织管理体系，构建基于客观事实和基于业绩绩效的考核体系，减少各社会组织中差序格局小圈子和裙带关系对社会组织治理的消极影响，弱化私人关系和私人圈子对社会组织治理的消极影响。应通过完善社会组织信息的公开制度和信息披露制度，提高社会公众对各社会组织的监督水平，减弱社会组织中基于私人关系的各种利益输送，从而降低差序格局社会结构文化和社会组织中上下级之间恩威关系及人情关系对社会经济活动的消极影响。

此外，中国传统社会结构中的家族本位特征，意味着家族关系和家族利益深刻影响着人们的社会经济行为，来自家族的利益力量直接约束人们的社会经济活动。基于血缘亲缘关系而建立的家族文化及家族取向社会结构文化将家国同构思想扩展到更广阔的社会空间和更广泛的社会群体之间，提高了社会信任水平，降低了交易成本。因此，针对家族取向社会结构文化与企业环境信息披露水平之间的显著正相关关系，可将家族取向社会结构文化扩展到更广泛的社会范围，提升社会信任水平，降低交易成本，促进社会经济活动良性发展和企业环境信息披露质量提升。

## 9.3 研究局限与未来展望

### 9.3.1 研究局限

本书研究的局限性主要包括以下方面：

首先，社会文化的内涵和区域差异方面：

借鉴 Hofstede 等（2013）[162]国家文化社会价值理论和费孝通（2011）[18]差序格局理论，分析社会价值文化和社会结构文化对企业环境信息披露水平的影响。但是，某一地区社会文化并不局限于社会价值文化和社会结构文化，特别是存在广大乡村和社区中的民间习俗文化和民间信仰文化，同样是社会文化重要的组成部分。考虑到全国范围内对各省级行政区民间习俗文化和民间信仰文化进行调查和度量的难度，本书没有将各省级行政区的民间习俗文化和民间信仰文化纳入社会文化影响企业环境信息披露研究的框架。后续研究可选择小范围地区内的民间习俗文化和民间信仰文化，分析其对企业环境信息披露的影响，以及对公司治理的作用。

此外，以省级行政区为度量单位的社会价值文化和社会结构文化，忽视了省级行政区内部不同区域之间社会价值文化和社会结构文化的差异性。实际上，不同省级行政区内部区域存在较大的社会文化差异，其对省域内社会成员社会经济为的影响不同。如新疆的南疆和北疆的社会文化，以及四川的四川盆地与川西的社会文化，存在显著差异性，但现实研究困难使同一省级行政区内部不同区域之间的社会文化差异被忽略。后续研究可在社会文化度量上考虑同一省级行政区内部社会文化差异，分析不同区域社会文化对企业环境信息披露或公司治理的影响。

其次，企业环境信息披露水平指数设计方面：

企业环境信息披露水平指数设计度量是进行企业环境信息披露研究的基础和前提。本书设计的企业环境信息披露水平指数包括 15 个方面。但是，在各年报中所实际披露的环境信息超出了本书企业环境信息披露水平指数内容，部分披露的企业环境信息尚未纳入本书企业环境信息披露水平指数。此外，考虑到除年度财务报告外，部分上市公司还披露了尚未经过审计签证的环境责任报告、社会责任报告和可持续发展报告等，如何在经过审计签证的年度财务报告和未经过审计签证的社会责任报告之间设计权数以更好地对企业环境信息披露质量进行度量，目前尚未有较好经验借鉴。最后，本书企业环境信息披露水平指数设计未将企业环境信息披露文本行数精确纳入，而是依据显著性、量化性和时间性对所披露企业环境信息进行度量，忽略了文本行数等对企业环境信息披露水平指数的影响。总之，企业环境信息披露水平指数的设计和度量有较大改进空间。

最后，社会结构文化问卷设计方面：

差序格局理论提出已有半个世纪，但针对差序格局社会结构进行社会调查却缺乏学界认可程度较高的调查问卷。对中国社会结构进行调查主要来自杨国枢（1992）[96]的社会文化取向调查量表等。本书研究的社会结构文化问卷调查量表采用胡军（2002）[24]面向企业管理层进行差序格局社会结构文化调查的华人社会文化调查量表，通过对差序格局社会结构文化进行问卷调查，获取各省级行政区差序格局社会结构文化数据。后续研究可参考 Hofstede 等（2013）[162]社会价值文化调查问卷，以差序格局理论为理论基础，依据中国传统社会结构中某些显著特征（如家族、人情、大传统与小传统、中庸等），设计更为科学合理地反映差序格局理论的差序格局社会结构文化调查问卷，以更好对差序格局社会结构文化进行度量，推动差序格局社会结构文化与公司治理之间关系的研究。

### 9.3.2 未来展望

本书将企业环境信息披露影响因素研究视角从公司内部治理拓展到宏观的社会文化层面，探讨企业所在省级行政区社会文化对企业环境信息披露水平的影响；将企业环境信息披露经济后果拓展到企业期权价值层面，分析社会文化和企业环境信息披露对企业增长期权价值和清算期权价值的作用。限于个人研究能力，本书所建立的理论分析框架中某些研究范畴有待未来进一步分析。

第一，非正式制度和隐形契约与企业环境信息披露方面。处于特定社会制度环境中的企业，其生存发展依赖于基于正式制度和非正式制度配置的各种社会资源。考虑到企业环境信息披露与组织合法性之间的密切关联，企业环境信息披露可视为企业管理层面向由隐性契约主导进行社会交易的一项战略投资，通过企业环境信息披露获取组织合法性，并以此获得企业生存发展所需的其他社会资源。但是，当前研究文献将企业环境信息披露视为基于非正式制度而获取社会资源的研究文献较少，基于非正式制度视角对企业环境信息披露进行解释的研究有待拓展。

与正式制度基于显性契约为交换基础不同，基于隐性契约的非正式制度实际上是以社会互惠模式为基础进行的社会资源交换。但是，企业基于非正式制度与外界进行各种资源的社会互惠行为，社会互惠模式具体演进路径是什么？实际上，基于非正式制度和隐性契约视角，企业环境信息披露及其他自愿性会计信息披露均可对公司治理行为产生影响。后续研究可从非正式制度视角和社会互惠视角对此进行进一步探讨，将文化人类学社会互惠模式引入公司治理研究，尝试构建会计学领域的人类学视角。

第二，社会文化内含与公司治理方面。以社会价值文化和社会结构文化为视角，考察企业所在省级行政区社会文化对企业环境信息披露的影响。然而，社会文化内涵和外延非常丰富，其具体表现形式呈现多元化和多层面属性，而不仅仅局限于社会价值文化和社会结构文化。实际上，在中国广袤国土上所存在的不同民族文化具有其独特文化特质；存在于广大乡村和城市社区中的民间习俗文化和民间信仰文化，同样是社会文化重要组成部分。民间习俗文化和民间信仰文化以分布于广大城乡之间的宗祠和庙宇等为载体，形成了各地不同祭祀文化和丧葬文化等，同样影响着人们日常社会生活，并深入人们内心。同一地区大致相同的民间习俗文化和民间信仰文化，形成了存在于某一地区的社会信仰文化，给予所在地企业环境信息披露不同的社会压力，影响了企业环境信息披露水平。后续研究可从民间习俗文化或民间信仰文化视角，探讨民间习俗文化或民间信仰文化对企业环境信息披露或公司治理的影响。

第三，组织内部的差序格局社会结构文化与公司治理方面。差序格局理论不仅可用以解释社会层面的社会结构文化，也可用以解释组织内部的社会结构文化。实际上，中国整体社会结构由一个个微观社会组织结构构成，大到国家社会，小到组织家族内部，均存在着程度不同的差序格局社会结构和差序格局社会结构文化。与国家社会层面差序格局社会结构和差序格局社会结构文化影响了公司治理行为一样，组织层面的差序格局社会结构和差序格局社会结构文化直接影响着公司治理行为，不同利益相关者之间差序格局的社会结构直接约束了人们的社会经济行为。因此，作为分析理解中国社会结构特征的本土化理论，差序格局理论和差序格局社会结构文化还可用以解释企业各利益相关者之间社会结构特征对公司治理的影响。具体而言，不同高管之间差序格局社会结构，以及企业内外部利益相关者之间差序格局社会结构，均对公司治理存在程度不同的影响。后续研究可从微观层面探讨差序格局社会结构文化对公司治理的影响。

# 参考文献


[1] 埃米尔·迪尔凯姆．社会学方法的准则［M］．狄玉明译．北京：商务印书馆，1995.

[2] 毕茜，顾立盟，张济建．传统文化、环境制度与企业环境信息披露［J］．会计研究，2015，(3)：12－19.

[3] 毕茜，彭钰，左永彦．企业环境信息披露制度、公司治理与企业环境信息披露［J］．会计研究，2012，(7)：39－47.

[4] 卜长莉．差序格局的理论诠释及现代内涵［J］．社会学研究，2003，(1)：21－29.

[5] 曹书文．中国传统家族文化新论［J］．中州学刊，2005，(2)：158－162.

[6] 蔡佳楠，李志青，蒋平．上市公司环境信息披露对银行信贷影响的实证研究［J］．中国人口·资源与环境，2018，28 (7)：121－124.

[7] 常丽娟，靳小兰．内部控制有效性、市场化进程与环境信息披露［J］．西安财经学院学报，2016，29 (2)：101－107.

[8] 陈斌开，陈思宇．流动的社会资本：传统宗族文化是否影响移民就业［J］．经济研究，2018，(3)：35－49.

[9] 陈怀超，陈安，范建红．组织合法性研究脉络梳理与未来展望［J］．中央财经大学学报，2014，(4)：88－96.

[10] 陈金龙，李宝玲．增长机会与企业资本结构实证研究［J］．当代经济管理，2008，30 (5)：89－93.

[11] 陈俊杰，陈震．差序格局再思考［J］．社会科学战线，1998，(1)：197－204.

[12] 陈婉婷，罗牧原．信仰·差序·责任：传统宗教信仰与企业家社会责任的关系研究［J］．民俗研究，2015，(1)：140－148.

[13] 陈晓萍，徐淑英，樊景立．组织与管理研究的实证方法（第二版）

[M]. 北京：北京大学出版社，2012.

[14] 陈信元，靳庆鲁，肖土盛，张国昌. 行业竞争、管理层投资决策与公司增长/清算期权价值 [J]. 经济学（季刊），2013，13（1）：305－332.

[15] 陈璇，Lindkvist K. B. 环境绩效与环境信息披露：基于高新技术企业与传统企业的比较 [J]. 管理评论，2013，25（9）：117－130.

[16] 程娜，姚圣，刘雪梅. 政企关系、地方政府环境规制差异与环境信息选择性披露：基于重污染上市公司经验证据 [J]. 经济与管理，2015，(1)：74－81.

[17] 戴亦一，肖金利，潘越. 乡音能否降低公司代理成本：基于方言视角的研究 [J]. 经济研究，2016，(12)：147－159.

[18] 费孝通. 乡土中国·生育制度·乡土重建 [M]. 北京：商务印书馆，2011.

[19] 福柯. 权力的眼睛 [M]. 严锋译. 上海：上海人民出版社，1997.

[20] 郭爱丽，翁立平，顾力行. 国外跨文化价值理论述评 [J]. 国外社会科学，2016，(6)：34－43.

[21] 郭于华. 农村现代化过程中的传统亲缘关系 [J]. 社会学研究，1994，(6)：49－57.

[22] 哈贝马斯. 合法性危机 [M]. 刘北成等译. 上海：人民出版社，2000.

[23] 韩丽荣，高瑜彬，姜悦. 企业环境信息披露对审计费用影响的实证分析 [J]. 当代经济研究，2014，(5)：92－96.

[24] 胡军，王霄，钟永平. 华人企业管理模式及其文化基础：以港台及大陆为例实证研究的初步结果 [J]. 管理世界，2002，(12)：104－113.

[25] 胡宁. 家族企业创一代离任过程中利他主义行为研究：基于差序格局理论视角 [J]. 南开管理评论，2016，(6)：168－176.

[26] 黄光国. 面子——中国人的权力游戏 [M]. 北京：中国人民大学出版社，2004.

[27] 黄珺，周春娜. 股权结构、管理层行为对环境信息披露影响的实证研究：来自沪市重污染行业的经验证据 [J]. 中国软科学，2012，(1)：133－143.

[28] 颉茂华，焦守滨. 不同所有权公司环境信息披露质量对比研究 [J]. 经济管理，2013，(11)：178－188.

［29］靳庆鲁，侯青川，李刚，谢亚茜．放松卖空管制、公司投资决策与期权价值［J］．经济研究，2015，（10）：76－88.

［30］靳庆鲁，孔祥，侯青川．货币政策、民营企业投资效率与公司期权价值［J］．经济研究，2012，（5）：96－106.

［31］靳庆鲁，薛爽，郭春生．市场化进程影响公司的增长/清算价值吗［J］．经济学（季刊），2010，9（4）：1485－1502.

［32］凯特奥拉，格雷厄姆．国际营销［M］．北京：中国人民大学出版社，2005.

［33］柯艳蓉，李玉敏．控股股东股权质押、投资效率与公司期权价值［J］．经济管理，2019，（12）：123－138.

［34］雷宇，杜兴强．差序格局与会计信息：理论分析与中国近代的历史证据［J］．当代财经，2011，（7）：122－129.

［35］李宝玲，陈金龙．企业财务价值与间接所有权理论［J］．财会月刊，2005，（11）：7－8.

［36］李朝芳．地区经济差异、企业组织变迁与环境会计信息披露：来自中国沪市污染行业2009年度的经验数据［J］．审计与经济研究，2012，（1）：68－78.

［37］李宏伟．环境信息披露影响因素与经济后果研究综述［J］．河南社会科学，2014，（5）：60－65.

［38］李虹，霍达．管理层能力与环境信息披露：基于权力距离与市场化进程调节作用视角［J］．上海财经大学学报，2018，（6）：79－91.

［39］李毓鑫，王金波．宗族观念抑制企业分红吗［J］．经济管理，2015，37（3）：67－78.

［40］李鹏涛．中国环境库兹涅茨曲线的实证分析［J］．中国人口·资源与环境，2017，（5）：22－24.

［41］李强，冯波．环境规制、政治关联与环境信息披露质量：基于重污染上市公司经验证据［J］．经济与管理，2015，（7）：58－66.

［42］李强，朱杨慧．外部压力、公司治理与环境信息披露质量：基于煤炭行业上市公司的实证检验［J］．经济与管理，2014，（3）：68－73.

［43］李文娟．霍夫斯泰德文化维度与跨文化研究［J］．社会科学，2009，（12）：126－129.

［44］李锡江，刘永兵．语言类型学视野下语言、思维与文化关系新探

[J]. 东北师范大学学报（哲社版），2014，(4)：148-152.

[45] 李志青，蔡佳楠．企业环境信息披露：实践与理论：基于政策和文献综述的分析［J］．中国环境管理，2015，(6)：67-82.

[46] 李志斌，章铁生．内部控制、产权性质与社会责任信息披露：来自中国上市公司的经验证据［J］．会计研究，2017，(10)：86-92.

[47] 林润辉，谢宗晓，李娅，王川川．政治关联、政府补助与环境信息披露［J］．公共管理学报，2015，(2)：30-40.

[48] 吕备，李亚男．从系统管理视角看环境信息披露与企业价值的关系［J］．系统科学学报，2020，28（2）：123-127.

[49] 吕明晗，徐光华，沈弋，钱明．异质性债务治理、契约不完全性与环境信息披露［J］．会计研究，2018，(5)：67-74.

[50] 马君，王雎，杨灿．差序格局下绩效评价公平与员工绩效关系研究［J］．管理科学，2012，25（4）：56-68.

[51] 马克斯·韦伯．宗教与世界：韦伯作品集（Ⅱ/Ⅴ/Ⅳ/Ⅷ）［M］．康乐和简惠美译．桂林：广西师范大学出版社，2004.

[52] 孟凡行，色音．立体结构和行动实践：费孝通差序格局理论新解［J］．中央民族大学学报（哲学社会科学版），2016，(1)：29-36.

[53] 倪娟，孔令文．环境信息披露、银行信贷决策与债务融资成本：来自我国沪深两市 A 股重污染行业上市公司的经验证据［J］．经济评论，2016，(1)：147-160.

[54] 帕森斯．现代社会的结构与过程［M］．梁向阳译．北京：光明日报出版社，1988.

[55] 戚啸艳．上市公司碳信息披露影响因素研究：基于 CDP 项目的面板数据分析［J］．学海，2012，(3)：49-53.

[56] 乔引花，游璇．内部控制有效性与环境信息披露质量关系的实证［J］．统计与决策，2015，(23)：166-169.

[57] 任力，洪喆．环境信息披露对权益资本成本研究［J］．经济管理，2017，39（3）：34-46.

[58] 沈洪涛，冯杰．舆论监督、政府监管与环境信息披露［J］．会计研究，2012，(2)：72-78.

[59] 沈洪涛，黄珍，郭肪汝．告白还是辩白——企业环境表现与环境信息披露关系研究［J］．南开管理评论，2014，(2)：56-63.

［60］沈洪涛，游家兴，刘江宏．再融资环保核查、环境信息披露与权益资本成本［J］．金融研究，2010，（12）：159－172.

［61］沈洪涛，李余晓璐．我国中污染行业上市公司环境信息披露现状分析［J］．证券市场导报，2010，（6）：51－57.

［62］舒利敏，张俊瑞．环境信息披露对银行信贷期限决策的影响：来自沪市重污染行业上市公司的经验证据［J］．求索，2014，（6）：45－51.

［63］宋丽娜．人情往来的社会机制：以公共性和私人性为分析框架［J］．华中科技大学学报（社会科学版），2012，（3）：119－124.

［64］宋丽娜，田先红．论圈层结构：当代中国农村社会结构变迁的再认识［J］．中国农业大学学报（社会科学版），2011，（1）：109－121.

［65］孙国东．特权文化与差序格局的再生产：对差序格局的阐发兼与阎云翔商榷［J］．社会科学战线，2008，（11）：254－257.

［66］孙立平．关系、社会关系与社会结构［J］．社会学研究，1996，（5）：20－30.

［67］孙铮，刘凤委，李增泉．市场化程度、政府干预与企业债务期限结构：来自中国上市公司的经验证据［J］．经济研究，2005，（5）：53－63.

［68］唐国平，李龙会．环境信息披露、投资者信心与公司价值：来自湖北省上市公司的经验证据［J］．中南财经政法大学学报，2011，（6）：70－76.

［69］汤亚莉，陈自力，刘星．我国上市公司环境信息披露状况及影响因素的实证研究［J］．管理世界，2006，（1）：158－159.

［70］陶厚永，杨天飞．差序格局理论的嬗变及其对企业与应对［J］．学习与实践，2016，（7）：16－25.

［71］童泽林，黄静，张欣瑞，朱丽娅，周南．企业家公德和私德行为的消费者反应：差序格局的文化影响［J］．管理世界，2015，（4）：103－125.

［72］涂碧．试论中国的人情文化及其社会效应［J］．山东社会科学，1987，（4）：69－74.

［73］王沪宁．当代中国村落家族文化：对中国社会现代化的一项探索［M］．上海：上海人民出版社，1991.

［74］王金波．传统文化、非正式制度与社会契约：基于宗族观念、民族伦理与企业债务期限结构的微观证据［J］．经济管理，2013，35（12）：150－161.

［75］王明琳，徐萌娜．上市家族企业中差序格局的影响因素与治理绩

效研究 [J]. 浙江学刊, 2017, (4): 94-101.

[76] 王南林, 朱坦. 可持续发展环境伦理观: 一种新型的环境伦理理论 [J]. 南开学报, 2001, (4): 69-76.

[77] 王霞, 徐晓东, 王宸. 公共压力、社会声誉、内部治理与企业环境信息披露: 来自中国制造业上市公司的证据 [J]. 南开管理评论, 2013, (2): 82-91.

[78] 王小鲁, 樊纲, 余静文. 中国分省份市场化指数报告 (2016) [M]. 北京: 社会科学文献出版社, 2017.

[79] 王雪. 上市公司自愿性披露行为研究 [D]. 西南财经大学, 2007.

[80] 王勇, 俞海, 张永亮, 杨超, 张燕. 中国环境质量拐点: 基于 EKC 的实证判断 [J]. 中国人口·资源与环境, 2016, (10): 1-7.

[81] 吴超鹏, 薛南枝, 张琦, 吴世农. 家族主义文化、去家族化治理改革与公司绩效 [J]. 经济研究, 2019, (2): 182-198.

[82] 吴红军. 环境信息披露、环境绩效与权益资本成本 [J]. 厦门大学学报 (哲学社会科学版), 2014, (3): 129-138.

[83] 吴梦云, 张林荣. 高管团队特质、环境责任及企业价值研究 [J]. 华东经济管理, 2018, 32 (2): 122-129.

[84] 吴绍洪, 戴尔阜, 郑度. 区域可持续发展中的环境伦理案例分析: 不同社会群体责任 [J]. 地理研究, 2007, 26 (6): 1109-1116.

[85] 吴祖鲲, 王慧姝. 文化视域下宗族社会功能的反思 [J]. 中国人民大学学报, 2014, (3): 132-139.

[86] 武剑锋, 叶陈刚, 刘猛. 环境绩效、政治关联与环境信息披露 [J]. 山西财经大学学报, 2015, (7): 99-110.

[87] 肖华, 张国清. 公共压力与公司环境信息披露: 基于"松花江事件"的经验研究 [J]. 会计研究, 2008, (5): 15-22.

[88] 肖华, 张国清, 李建发. 制度压力、高管特征与公司环境信息披露 [J]. 经济管理, 2016, (3): 168-180.

[89] 谢德仁. 企业绿色经营系统与环境会计 [J]. 会计研究, 2002, (1): 48-53.

[90] 辛杰. 基于正式制度与非正式制度协同的企业社会责任型构 [J]. 山东大学学报 (哲社版), 2014, (2): 45-52.

[91] 徐菲菲, 何云梦. 环境伦理观与可持续旅游行为研究进展 [J].

地理科学进展，2016，（6）：724－735.

［92］徐嵩龄．论现代环境伦理观的恰当性：从生态中心主义到可持续发展到制度转型期［J］．清华大学学报（哲学社会科学版），2001，（2）：54－61.

［93］薛胜昔，李培功．家族文化、CEO 变更和公司财务行为［J］．山西财经大学学报，2017，39（6）：101－112.

［94］阎云翔．差序格局与中国文化的等级观［J］．社会学研究，2006，（4）：201－211.

［95］杨朝飞，杜跃进．治霾在行动研究报告［M］．北京：中国环境出版社，2015.

［96］杨国枢．中国人的心理与行为：理论及方法篇［M］．中国台北：桂冠图书公司，1992.

［97］杨国枢，叶明华．家族主义与泛家族主义［C］//杨国枢，黄光国，杨中芳．华人本土心理学［M］．重庆：重庆大学出版社，2008：243－276.

［98］杨连星，张秀敏，陈婧．分税制改革影响了环境信息披露吗［J］．产业经济研究，2015，（3）：102－110.

［99］杨玉波，李备友，李守伟．嵌入性理论研究综述：基于普遍联系的视角［J］．山东社会科学，2014，（3）：172－176.

［100］姚圣，杨洁，梁昊天．地理位置、环境规制空间异质性与环境信息选择性披露［J］．管理评论，2016，（6）：192－204.

［101］姚圣，周敏．政策变动背景下环境信息披露的权衡：政府补助与违规风险规避［J］．财贸研究，2017，（7）：99－110.

［102］袁洋．环境信息披露质量与股权融资成本：来自沪市 A 股重污染行业的经验证据［J］．中南财经政法大学学报，2014，（1）：126－136.

［103］叶陈刚，王孜，武剑锋，李惠．外部治理、环境信息披露与股权融资成本［J］．南开管理评论，2015，（5）：88－96.

［104］翟学伟．再论差序格局的贡献、局限与理论遗产［J］．中国社会科学，2009，（3）：152－158.

［105］张博，范辰辰．宗族文化与微型金融机构贷款：以小额贷款公司为例［J］．经济评论，2019，（60）：134－147.

［106］张国清，肖华．高管特征与公司环境信息披露——基于制度理论的经验研究［J］．厦门大学学报，2016，（4）：84－95.

［107］张虹．股权结构对环境信息披露影响的实证分析［J］．西南民族

大学学报，2014，(8)：132－135.

[108] 章金霞．企业碳信息实证研究 [M]. 北京：经济科学出版社，2017.

[109] 张俊民，刘晟勇．审计意见、企业投资与实物期权价值：基于我国证券市场的经验证据 [J]. 审计与经济研究，2019，(3)：32－41.

[110] 张淑惠，史玄玄，文雷．环境信息披露能提升权益资本成本吗：来自中国沪市的经验证据 [J]. 经济社会体制比较研究，2011，(6)：166－173.

[111] 张婷婷．区域文化对企业社会责任信息披露质量的影响：来自中国上市公司的证据 [J]. 北京工商大学学报（社会科学版），2019，34 (1)：31－39.

[112] 张秀敏，马默坤，陈婧．外部压力对环境信息披露的监管效应 [J]. 软科学，2016，(2)：74－78.

[113] 张秀敏，汪瑾，薛宇，李晓琳．语义分析方法在环境信息披露研究中的应用 [J]. 会计研究，2016，(1)：87－94.

[114] 张秀敏，薛宇，吴漪，甘田．环境信息披露研究的发展与完善：基于披露指标设计与构建方法的探讨 [J]. 华东师范大学学报，2016，(5)：140－149.

[115] 张玉玲，张捷，赵文慧．居民环境后果认知对保护旅游地环境行为影响研究 [J]. 中国人口·资源与环境，2014，(7)：149－156.

[116] 赵孟营．组织合法性：在组织理性与事实的社会组织之间 [J]. 北京师范大学学报（社会科学版），2005，(2)：119－125.

[117] 赵向阳，李海，孙川．中国区域文化地图：大一统抑或多元化 [J]. 管理世界，2015，(2)：101－119.

[118] 郑建明，许晨曦．新环保法提高了环境信息披露质量吗 [J]. 证券市场导报，2018，(8)：11＋26.

[119] 周中胜，罗正英，周秀园．内部控制、企业投资与公司期权价值 [J]. 会计研究，2017，(12)：38 － 44.

[120] Adam, T., and V. K. Goyal. The Investment Opportunity Set and its Proxy Variables: Theory and Evidence [EB/OL]. Working paper, April, 2000, http://hdl.handle.net/1783.1/213.

[121] Aerts, W., D. Cormier, and M. Magnan. Corporate Environmental Disclosure, Financial Markets and the Media: An International Perspective [J].

Ecological Economics, 2008, 64 (3): 643 - 59.

[122] Akdou, E., and P. Mackay. Investment and Competition [J]. Journal of Financial and Quantitative Analysis, 2009, 43 (2): 299 - 330.

[123] Akerlof, G. A. The Market for Lemons: Quality Uncertainty and the Market Mechanism [J]. Quarterly Journal of Economics, 1970, 84 (3): 488 - 500.

[124] Alesina, A., and P. Giuliano. Family Ties and Political Participation [J]. Journal of the European Economic Association, 2011, 9 (5): 817 - 839.

[125] Baker, D. S., and K. D. Carson. The two Faces of Uncertainty Avoidance: Attachment and Adaptation [J]. Journal of Behavioral and Applied Management, 2011, 12 (2): 128 - 141.

[126] Bayoud, N. S., M. Kavanagh., and G. Slaughter. Factors Influencing Levels of Corporate Social Responsibility Disclosure by Libyan Firms: a Mixed Study [J]. International Journal of Economics and Finance, 2012, 4 (4): 13.

[127] Beck, A. C., D. Campbell., and P. J. Shrives. Content Analysis in Environmental Reporting Research - Enrichment and Rehearsal of the Method in a British - German Context [J]. The British Accounting Review, 2010, 42 (3): 207 - 222.

[128] Belkauoi, A. The Impact of the Disclosure of the Environmental Effects of Organizational Behavior on the Market [J]. Financial Management, 1976, 5 (4): 26 - 31.

[129] Bewley, K., and Y. Li. Disclosure of Environmental Information by Canadian Manufacturing Companies: a Voluntary of Disclosure Perspective [J]. Advance in Environmental Accounting and Management, 2000, (1): 201 - 226.

[130] Buhr, N., and M. Freedman. Culture, Institutional Factors and Differences in Environmental Disclosure between Canada and the United States [J]. Critical Perspectives on Accounting, 2001, 12 (3): 293 - 322.

[131] Burgstahler, D. C., and I. D. Dichev. Earnings, Adaptation and Equity Value [J]. Accounting Review, 1997, 72 (2): 187 - 215.

[132] Burns, G. L., J. Macbeth., S. Moore. Should Dingoes die? Principles for Engaging Eccentric Ethics in Wildlife Tourism Management [J]. Journal of Ecotourism, 2011, 10 (3): 179 - 196.

[133] Chelli, M., S. Durocher., and J. Richard. France's New Economic Regulations: Insights from Institutional Legitimacy Theory [J]. Accounting, Auditing and Accountability Journal, 2014, 27, (2): 283 – 316.

[134] Chen, P., and Q. Jin. Economic Freedom and the Relation between Equity Value, Earnings, and Equity Book Value [C]. Working Paper, The Hong Kong University of Science and Technology, 2009.

[135] Clarkson, P. M., E. Elijido – Ten., and L. Kloot. Extending the Application of Stakeholder Enhance Strategies to Environment Disclosure [J]. Accounting, Auditing and Accountability Journal, 2010, 23 (8): 32 – 59.

[136] Clarkson, P. M., X. Fang., Y. Li., and G. Richardson. The Relevance of Environmental Disclosures: Are Such Disclosures Incrementally Informative [J]. Journal of Accounting and Public Policy, 2013, 32 (5): 410 – 31.

[137] Clarkson, P. M., Y. Li., and G. D. Richardson. The Market Valuation of Environmental Capital Expenditures by Pulp and Paper Companies [J]. The Accounting Review, 2004, 79 (2): 329 – 354.

[138] Clarkson, P. M., Y. Li., G. D. Richardson., and F. P. Vasvari. Revising the Relation between Environmental Performance and Environmental Disclosure: an Empirical Analysis [J]. Accounting, Organizations and Society, 2008, 33 (4/5): 303 – 327.

[139] Cormier, D., M. Magnan., and B. V. Velthoven. Environmental Disclosure Quality in Large German Companies – Economic Incentives, Public Pressures or Institutional Conditions [J]. European Accounting Research, 2005, 14 (1): 3 – 39.

[140] Dacin, M.T., M. J. Ventresca., and B. D. Beal. The Embeddedness of Organization – Dialogue and Direction [J]. Journal of Management, 1999, 25 (3): 317 – 356.

[141] Denis, C., and M. Michel. The Revisited Contribution of Environmental Reporting to Investors' Valuation of a Firm's Earning: An International Perspective [J]. Ecological Economics, 2007, 62 (3 – 4): 613 – 626.

[142] DiMaggio, P. J., and W. W. Powell. The Iron cage Revisited: Institutional Isomorphism and Collective Rationality in Organizational Fields [J]. American Sociological Review, 1983, 48, (2): 147 – 160.

[143] Dunlap, R. E., K. D. Van Liere. The New Environmental Paradigm [J]. The Journal of Environmental Education, 1978, 9 (4): 10 - 19.

[144] Freedman, M., and B. Jaggi. Pollution Disclosures, Pollution Performance and Economic Performance [J]. Omega, 1982, 5 (10): 167 - 176.

[145] Freedman, M., and B. Jaggi. An Analysis of the Association between Pollution Disclosure and Economic Performance [J]. Accounting, Auditing and Accountability Journal, 1988, 1 (2): 43 - 58.

[146] Gao, S. S., S. Hervai., and J. Z. Xiao. Determinants of Corporate Social and Environmental Reporting in Hong Kong: a Research Note [C]. Accounting Forum. Elsevier, 2005, 29 (2): 233 - 242.

[147] Gibson, C. B. Do They Do What They Believe They can: Group Efficacy and Group Effectiveness Across Tasks and Cultures [J]. Academy of Accounting, 1999, 2 (1): 33 - 43.

[148] Goudie, A. S. The Human Impact on the Natural Environment - Past, Present, and Future [M]. 7thed. Hoboken, NJ: Wiley - Blackwell, 2013.

[149] Granovetter, M. Economic Action and Social Structure: The Problem of Embeddedness [J]. American Journal of Sociology, 1985, 91 (3): 481 - 510.

[150] Gray, S. J. Towards a Theory of Cultural Influence on the Development of Accounting Systems Internationally [J]. Abacus, 1988, 24 (1): 1 - 15.

[151] Gray, S. J., and H. M. Vint. The Impact of Culture on Accounting Disclosures: Some International Evidence [J]. Asia - Pacific Journal of Accounting, 1995, 2 (1): 33 - 43.

[152] Grossman, R. P., and A. B. Krueger. Environmental Impacts of a North American Free Trade Agreement [R]. National Bureau of Economic Research, 1991.

[153] Gulati. R. Alliances and Networks [J]. Strategic Management Journal, 1998, 19 (4): 293 - 317.

[154] Guthrie, J., and L. Parker. Corporate Social Disclosure Practice: A Comparative International Analysis [J], Advances in Public Interest Accounting, 1990, 3: 159 - 176.

[155] Hall, E. T. Beyond Culture [M]. New York: Double - day, 1976.

[156] Halme, M., and M. Huse. The Influence of Corporate Governance,

Industry and Country Factors on Environmental Reporting [J]. Scandinavian Journal of Management, 1997, 13 (2): 137 - 156.

[157] Han, S., T. Kang, S. Salter., and Y. K. Yoo. Across - country Study on the Effects of National Culture on Earnings Management [J]. Journal of International Business Studies, 2010, 41 (1): 123 - 141.

[158] Hao, S., Q. Jin., and G. Zhang. Investment Growth and the Relation between Equity Value, Earnings, and Equity Book Value [J]. Accounting Review, 2011, 86: 605 - 635.

[159] Hassel, L., H. Nilsson., and S. Nyquist. The Value Relevance of Environmental Performance [J]. European Accounting Review, 2005, 14 (1): 41 - 61.

[160] Healy, P. M., and K. G. Palepu. Information Asymmetry, Corporate Disclosure, and the Capital Markets: A Review of the Empirical Disclosure Literature [J]. Journal of Accounting and Economics, 2001, 31 (1): 405 -440.

[161] Hofstede, G., G. Hofstede., and M. Minkov. Cultures and Organizations: Software of the Mind [M]. New York: McGraw Hill, 2013.

[162] House, R. J., and M. Javidan. Culture, Leading Ship and Organization: The GLOBE Study of 63 Societies [M]. Thousand Okas, CA: Sage, 2004.

[163] Hungerford, H. R., R. B. Peyton., R. J. Wilke. Goals for Curriculum Development in Environmental Education [J]. The Journal of Environmental Education, 1980, 11 (3): 42 - 47.

[164] Husted, B. W. Culture and Ecology: Across - National Study of the Determinants of Environmental Sustainability [J]. MIR: Management International Review, 2005: 349 - 371.

[165] Iatridis, G. E. Environmental Disclosure Quality: Evidence on Environmental Performance Corporate Governance and Value Relevance [J]. Emerging Markets Review, 2013, 14 (1): 55 - 75.

[166] Kallapur, S., and M. A. Trombley. The Association between Investment Opportunity Set Proxies and Realized Growth [J]. Journal of Business Finance and Accounting, 1999, 26 (3) & (4): 505 - 519.

[167] Khan, A., M. B. Muttakin., and J. Siddiqui. Corporate Governance

and Corporate Social Responsibility Disclosure: Evidence from an Emerging Economy [J]. Journal of Business Ethics, 2013, 114 (2): 207 -223.

[168] Kollmuss, A., and J. Agyeman. Mind the Gap: Why Do People Act Environmentally and What are the Barriers to Pro - environmental Behavior? [J]. Environmental Education Research, 2002, 8 (3): 239 -260.

[169] Kroeber, A. L., and C. Kluchhohn. Culture: A Critical Review of Concepts and Definitions [M]. New York: Alfred A. Knopf, Inc. and Random House, Inc, 1963, Inc.

[170] Leung, K., R. Bhagat, N. R. Buchan., M. Erez., and C. B. Gibson. Beyond National Culture and Culture - centricism: A Reply to Gould and Grein [J]. Journal of International Business Studies, 2011, 42 (1): 177 -181.

[171] Lewis, B. W., J. L. Walls., and G. W. Dowell. Difference in Degrees: CEO Characteristics and Firm Environmental Disclosure [J]. Strategic Management Journal, 2014, (35): 712 -722.

[172] Lu, Y., and I. Abeysekera. Stakeholders' Power, Corporate Characteristics, Social and Environmental Disclosure: Evidence from China [J]. Journal of Cleaner Production, 2014, 64 (1): 426 -436.

[173] Luo, L. L., and Q. L. Tang. Does National Culture Influence Corporate Carbon Disclosure Propensity [J]. Journal of International Accounting Research, 2016, 15 (1): 17 -47.

[174] Marshall, S., D. Brown., and M. Plumlee. the Impact of Voluntary Environmental Disclosure and Investors Reaction [J]. Journal of Accounting and Economics, 2009, 61 (1): 239 -254.

[175] Matias, L. Ensuring Legitimacy through Rhetorical Changes? A Longitudinal Interpretation of the Environmental Disclosures of a Leading Finnish Chemical Company [J]. Accounting, Auditing and Accountability Journal, 2009, 22 (7): 1029 -1054.

[176] Meyer, S. Determinants of Corporate Borrowing [J]. Journal of Financial Economics, 1977, (5): 147 -175.

[177] Meyer, W., and R. Scott. Organizational Environments - Ritual and Rationality [M]. Beverly Hills: Sage, 1983.

[178] Modigliani, F., and M. Miller. The Cost of Capital, Corporate Fi-

nance and the Theory of Investment [J]. The American Economic Review, 1958, 48 (3): 261 -297.

[179] Monterio, D. S. S. M., and B. Aibar - Guzman. Determinants of Environmental Disclosure in the Annual Reports of Large Companies Operating in Portugal [J]. Corporate Social Responsibility and Environmental Management, 2010, 17 (4): 185 -204.

[180] Mulder, M. The Daily Power Game Leaden, Netherlands [M]. Martinus Nijhoff, 1976.

[181] Neu, D., H. Warsame., and K. Powell. Managing Public Impressions: Environmental Disclosures in Annual Reports [J]. Accounting, Organizations and Society, 1998, 23 (3): 342 -351.

[182] North, D. C. Structure and Change in Economic History [M]. New York: Norton, 1981.

[183] Ohlson. Earnings, Book Values and Dividends in Equity Valuation [J]. Contemporary Accounting Research, 1995, 11 (11): 661 -687.

[184] Parsons, T. Toward a General Theory of Social Action [M]. Harvard University Press, 1951.

[185] Patten, D. Intra - industry Environmental Disclosures in Response to the Alaskan Oil Spill: A Note on Legitimacy Theory [J]. Accounting, Organization and Society, 1992, 17 (5): 471 -475.

[186] Plumlee, M., D. Brown., R. M. Hayes., and R. S. Marshall. Voluntary Environmental Disclosure Quality and Firm Value: Further Evidence [J]. Journal of Accounting and Public Policy, 2010, 34 (4): 336 -361.

[187] Richardson, A. J., M. Welker., and T. R. Hutchinson. Managing Capital Market Reactions to Corporate Social Responsibility [J]. International Journal of Management Review, 1999, 1 (1): 17 -43.

[188] Ringov, D., and M. Zollo. The Impact of National Culture on Corporate Social Performance [J]. Corporate Governance, 2007, 7 (4): 476 -485.

[189] Rupley, K. H., D. Brown., and R. S. Marshall. Governance, Media and the Quality of Environmental Disclosure [J]. Journal of Accounting and Public Policy, 2012, 31: 610 -640.

[190] Shane, P. B., and B. H. Spicer. Market Response to Environmental

Information Produced outside the Firm [J]. Accounting Review, 1983, 58 (3): 521 -544.

[191] Shao, L., C. C. Y. Kwok., and O. Guedhami. National Culture and Dividend Policy [J]. Journal of International Business Studies, 2010, 41 (8): 1391 -1414.

[192] Slater, D., and H. Dixon - Fowler. The Future of the Planet in the Hands of MBAs: An Examination of CEO MBA Education and Corporate Environmental Performance [J]. Academy of Management Learning and Education, 2010, 9 (3): 429.

[193] Suchman. Managing Legitimacy - Strategic and Institutional Approaches [J]. Academy of Management Review, 1995, (20): 571 -610.

[194] Triandis, H. C. The Psychological Measurement of Cultural Syndromes [J]. American Psychologist, 1996, (51): 407 -415.

[195] Van. der. Laan, Smith. J., A. Adhikari., and R. H. Tondkar. Exploring Differences in Social Disclosures Internationally - A Stakeholder Perspective [J]. Journal of Accounting and Public Policy, 2005, 24 (2): 123 -151.

[196] Van. Staden, C. J., and J. Hooks. A Comprehensive Comparison of Corporate Environmental Reporting and Responsiveness [J]. The British Accounting Review, 2007, 39 (3): 197 -210.

[197] Walden, W., and B. N. Schwartz. Environmental Disclosures and Public Policy Pressure [J]. Journal of Accounting and Public Policy, 1997, 16: 125 -153.

[198] Williams, S. M. Voluntary Environmental and Social Accounting Disclosure Practices in the Asia - Pacific Region - An International Empirical Test of Political Economy Theory [J]. The International Journal of Accounting, 1999, 34 (2): 209 -238.

[199] Williamson, O. E. The New Institutional Economics: Taking Stock, Looking Ahead [J]. Journal of Economic Literature, 2000, 38 (3): 595 -613.

[200] Wiseman, J. An Evaluation of Environmental Disclosures Made in Corporate Annual Reports [J]. Accounting, Organizations and Society, 1982, 7 (1): 53 -62.

[201] Xiao, J. Z., S. S. Gao., S. Heravi., and Y. C. Q. Cheung. The Im-

pact of Social and Economic Development on Corporate Social and Environmental Disclosure in Hong Kong and the UK [J]. Advances in International Accounting, 2005, 18 (4): 219 -243.

[202] Zarzeski, M. T. Spontaneous Harmonization Effects of Culture and Market Forces on Accounting Disclosures Practices [J]. Accounting Horizons, 1966, 10 (1): 18 -37.

[203] Zeng, S. X., X. D. Xu., H. T. Yin., and C. M. Tam. Factors that Drive Chinese Listed Companies in Voluntary Disclosure of Environmental Information [J]. Journal of Business Ethics, 2012, 109 (3): 309 -321.

[204] Zhang, G. Accounting Information, Capital Investment Decisions and Equity Valuation: Theory and Empirical Implications [J]. Journal of Accounting Research, 2000, 38 (2): 271 -295.

[205] Zingales, L. The Cultural Revolution in Finance [J]. Journal of Financial Economics, 2015, 117 (1): 1 -4.

[206] Zukin, S., and P. DiMaggio. Structures of Capital: the Social Organization of the Economy [M]. New York: Cambridge University Press, 1990.